21世纪高等学校计算机
应用技术规划教材

Visual C++程序设计与应用教程（第3版）题解及课程设计

◎ 马石安 魏文平 编著

清华大学出版社
北京

内容简介

本书是作者编著的《Visual C++程序设计与应用教程》(第3版)的配套辅助教材，其内容包括3个部分。第1部分是《Visual C++程序设计与应用教程》(第3版)各章中的全部习题及参考解答，共分12章，分别与主教材对应，全面具体地对教材中各章的习题进行必要的分析和详细解答，对操作题给出详细实现步骤、代码清单及其填写位置，填写的代码语句都有注释说明和分析，力求通过实例让读者全面掌握Visual C++程序设计的思路和开发技巧。第2部分是《Visual C++程序设计与应用教程》(第3版)一书中全部实验题和参考解答。第3部分是Visual C++课程设计实例，共分5章，第1章介绍课程设计的目标及要求，第2～5章介绍课程设计实例，各个实例相对独立，覆盖了MFC编程的绝大部分内容，深入浅出地说明了MFC编程中最典型和最有用途的程序设计方法。本书实例的应用性极强，实例全都可以运行，读者可以根据这些实例进行研究、修改和扩展，使其符合自己的要求，是主教材的有益延伸和拓展。

本书可作为高等院校计算机及相关专业学生学习Visual C++程序设计的辅助教材，也可供自学者或教师参考。

图书在版编目(CIP)数据

Visual C++程序设计与应用教程(第3版)题解及课程设计/马石安，魏文平编著. —北京：清华大学出版社，2017

(21世纪高等学校计算机应用技术规划教材)

ISBN 978-7-302-48577-3

Ⅰ. ①V…　Ⅱ. ①马… ②魏…　Ⅲ. ①C语言－程序设计－题解　Ⅳ. ①TP312.8-44

中国版本图书馆CIP数据核字(2017)第247704号

责任编辑：魏江江
封面设计：刘　键
责任校对：白　蕾
责任印制：王静怡

出版发行：清华大学出版社
网　　址：http://www.tup.com.cn，http://www.wqbook.com
地　　址：北京清华大学学研大厦A座　　**邮　　编**：100084
社 总 机：010-62770175　　**邮　　购**：010-62786544
投稿与读者服务：010-62776969，c-service@tup.tsinghua.edu.cn
质量反馈：010-62772015，zhiliang@tup.tsinghua.edu.cn
课件下载：http://www.tup.com.cn，010-62795954
印 装 者：北京鑫海金澳胶印有限公司
经　　销：全国新华书店
开　　本：185mm×260mm　**印　　张**：17.75　　**字　　数**：428千字
版　　次：2017年11月第1版　　**印　　次**：2017年11月第1次印刷
印　　数：1～2000
定　　价：39.00元

产品编号：072615-01

出版说明

随着我国改革开放的进一步深化，高等教育也得到了快速发展，各地高校紧密结合地方经济建设发展需要，科学运用市场调节机制，加大了使用信息科学等现代科学技术提升、改造传统学科专业的投入力度，通过教育改革合理调整和配置了教育资源，优化了传统学科专业，积极为地方经济建设输送人才，为我国经济社会的快速、健康和可持续发展以及高等教育自身的改革发展做出了巨大贡献。但是，高等教育质量还需要进一步提高以适应经济社会发展的需要，不少高校的专业设置和结构不尽合理，教师队伍整体素质亟待提高，人才培养模式、教学内容和方法需要进一步转变，学生的实践能力和创新精神亟待加强。

教育部一直十分重视高等教育质量工作。2007 年 1 月，教育部下发了《关于实施高等学校本科教学质量与教学改革工程的意见》，计划实施“高等学校本科教学质量与教学改革工程(简称‘质量工程’)”，通过专业结构调整、课程教材建设、实践教学改革、教学团队建设等多项内容，进一步深化高等学校教学改革，提高人才培养的能力和水平，更好地满足经济社会发展对高素质人才的需要。在贯彻和落实教育部“质量工程”的过程中，各地高校发挥师资力量强、办学经验丰富、教学资源充裕等优势，对其特色专业及特色课程(群)加以规划、整理和总结，更新教学内容、改革课程体系，建设了一大批内容新、体系新、方法新、手段新的特色课程。在此基础上，经教育部相关教学指导委员会专家的指导和建议，清华大学出版社在多个领域精选各高校的特色课程，分别规划出版系列教材，以配合“质量工程”的实施，满足各高校教学质量和教学改革的需要。

本系列教材立足于计算机公共课程领域，以公共基础课为主、专业基础课为辅，横向满足高校多层次教学的需要。在规划过程中体现了如下一些基本原则和特点。

(1) 面向多层次、多学科专业，强调计算机在各专业中的应用。教材内容坚持基本理论适度，反映各层次对基本理论和原理的需求，同时加强实践和应用环节。

(2) 反映教学需要，促进教学发展。教材要适应多样化的教学需要，正确把握教学内容和课程体系的改革方向，在选择教材内容和编写体系时注意体现素质教育、创新能力与实践能力的培养，为学生的知识、能力、素质协调发展创造条件。

(3) 实施精品战略，突出重点，保证质量。规划教材把重点放在公共基础课和专业基础课的教材建设上；特别注意选择并安排一部分原来基础比较好的优秀教材或讲义修订再版，逐步形成精品教材；提倡并鼓励编写体现教学质量和教学改革成果的教材。

(4) 主张一纲多本，合理配套。基础课和专业基础课教材配套，同一门课程可以有针对不同层次、面向不同专业的多本具有各自内容特点的教材。处理好教材统一性与多样化，基本教材与辅助教材、教学参考书，文字教材与软件教材的关系，实现教材系列资源配套。

（5）依靠专家，择优选用。在制定教材规划时依靠各课程专家在调查研究本课程教材建设现状的基础上提出规划选题。在落实主编人选时，要引入竞争机制，通过申报、评审确定主题。书稿完成后要认真实行审稿程序，确保出书质量。

繁荣教材出版事业，提高教材质量的关键是教师。建立一支高水平教材编写梯队才能保证教材的编写质量和建设力度，希望有志于教材建设的教师能够加入到我们的编写队伍中来。

21世纪高等学校计算机应用技术规划教材

联系人：魏江江 weijj@tup.tsinghua.edu.cn

前言

本书是作者编著的《Visual C++程序设计与应用教程》(第 3 版)的配套辅助教材,在解析主教材全部习题和实验题的基础上,增添了课程设计部分,该部分通过生动有趣的、完整的实例开发过程,向读者介绍可视化编程的技术和软件开发的思维方式,并使读者能够领悟一些编程技巧。

本书具有以下特色和价值。

(1) 与主教材紧密结合。

把习题、实验、课程设计与主教材作为学好 Visual C++程序设计课程的有机组成部分,多位一体,互为补充。

(2) 不同习题,不同对待。

为了帮助读者更好地理解程序,对于习题中的操作题,给出了详细实现步骤、代码清单及其填写位置,填写的代码语句都有注释说明和分析。

(3) 课程设计实例是教材的有益延伸和拓展。

各个实例相对独立,覆盖了 MFC 编程的绝大部分内容,深入浅出地说明了 MFC 编程中最典型和最有用途的程序设计方法。本书实例的应用性极强,实例全都可以运行,读者可以根据这些实例进行研究、修改和扩展,使其符合自己的要求,是主教材的有益延伸和拓展。每个实例都包含如下几部分:

① 问题提出及功能描述。从需求的角度,结合相应的实例演示,简单介绍所选实例的功能,并讲述所涉及的关键知识。

② 系统分析及方案设计。对每个应用实例本身进行详细的设计,对应用程序所涉及的数据库表、实现的功能以及它的层次结构进行了详细的设计。

③ 详细设计。根据设计方案给出相应的代码实现。

④ 小结。对本章的主要内容、关键技术以及所要注意的问题进行总结。

为方便教师教学和学生学习,本书提供了全方位的教学资源,包括《Visual C++程序设计与应用教程》(第 3 版)中的全部习题解答的参考程序以及课程设计实例的源代码,可以在清华大学出版社网站(http://www.tup.tsinghua.edu.cn)上下载。

本书由马石安和魏文平编写,全书由马石安统一修改、整理和定稿。

在编写过程中,参考和引用了大量书籍和文献资料,在此向被引用文献的作者表示衷心的感谢,向给予本书帮助的所有人士表示衷心感谢,尤其感谢江汉大学和清华大学出版社领导的大力支持与帮助。

书中列出了全部的习题、实验题及课程设计题目,因此自成一体,可以单独使用。

由于作者水平有限,加之时间仓促,书中难免存在缺点与疏漏,敬请读者及同行们予以批评指正。作者联系方式:wenpingwei@163.com,欢迎各位同仁探讨 Visual C++程序设计教学中的相关问题。

作　者

2017 年 8 月

第 1 部分　习题及上机操作题参考解答

第 2 部分　实验题及参考解答

第 3 部分　课程设计实例

第 1 部分

习题及上机操作题参考解答

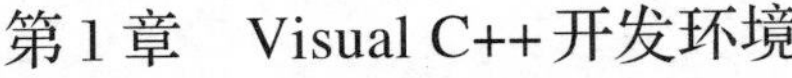

第1章 Visual C++开发环境

1. 填空题

(1) 应用程序向导 AppWizard 的作用是________。通过________向导可以增加消息映射和成员变量。

【问题解答】帮助用户一步步生成一个新的应用程序,并且自动生成应用程序所需的基本代码; ClassWizard

(2) 项目工作区窗格一般在集成开发环境的左侧。它展示一个项目的几个方面,它们分别是________、________和________。

【问题解答】ClassView; ResourceView; FileView

(3) 用户可以通过项目工作区窗口的________视图来查看资源。

【问题解答】ResourceView

(4) 项目工作区文件的扩展名为________。

【问题解答】dsw

(5) 菜单选择可以通过两种方法来进行: 一种是________; 另一种是________。

【问题解答】鼠标操作; 键盘操作

(6) 编译程序的快捷键是________,链接程序的快捷键是________,运行程序的快捷键是________。

【问题解答】Ctrl+F7; F7; Ctrl+F5

(7) 编译微型条工具栏最右边按钮的功能是________。

【问题解答】Insert/Remove Breakpoint

(8) 快捷键或菜单及相关资源的资源符号的前缀是________。

【问题解答】IDR

2. 选择题

(1) 用应用程序向导 AppWizard 创建 C++源文件,应选择(　　)选项卡。

A. Files　　B. Projects　　C. Workspaces　　D. Other Documents

【问题解答】A

(2) 项目文件的扩展名是(　　)。

A. exe　　B. dsp　　C. dsw　　D. cpp

【问题解答】B

(3) Standard 工具栏中最左边按钮与(　　)菜单命令的功能一样。

A. New　　B. New File　　C. New Text File　　D. New Workspace

【问题解答】C

(4) Windows 资源提供的资源编辑器不能编辑(　　)。

A. 菜单　　B. 工具栏　　C. 状态栏　　D. 位图

【问题解答】C

3. 判断题

(1) 通过应用程序向导 AppWizard 建立的程序不能被立即执行。　　(　　)

【问题解答】错。利用 AppWizard 建立的程序可以正常地编译、运行,生成应用程序的框架。

(2) 打开一个项目,只需打开对应的项目工作区文件。　　(　　)

【问题解答】对。项目工作区含有工作区的定义和项目中所包含文件的所有信息。所以,要打开一个项目,只需打开对应的项目工作区文件即可。

(3) 用户可以通过 Tools | Customize 菜单命令设置集成开发环境的工具栏。　　(　　)、

【问题解答】对。

(4) 在同一项目中,Visual C++内部用来标识资源的资源符号不能重复。　　(　　)

【问题解答】对。

(5) 在 Windows 环境下,资源与程序源代码紧密相关。　　(　　)

【问题解答】错。在 Windows 环境下,资源是独立于程序源代码的。

4. 简答题

(1) 什么是项目?它是由什么组成的?

【问题解答】在 Visual C++集成开发环境中,把实现程序设计功能的一组相互关联的 C++源文件、资源文件以及支撑这些文件的类的集合称为一个项目。项目是 Visual C++IDE 开发程序的基本单位,一个项目至少包含一个项目文件,项目文件的扩展名为 dsp。项目文件保存了项目中所用到的源代码文件和资源文件的信息,如文件名和路径等。同时,项目文件还保存了项目的编译设置等信息,如调试版(debug)和发布版(release)。另外,根据项目类型的不同,一个项目包含有不同的源文件、资源文件和其他类别的文件。

(2) 解释项目工作区中各个视图的功能。

【问题解答】ClassView 用于显示项目中定义的类;ResourceView 用于显示项目中所包含的资源文件;FileView 用于显示项目中所有的文件。

(3) WizardBar 工具栏的作用是什么?

【问题解答】WizardBar 工具栏可以对 ClassView 和 ClassWizard 中的命令进行快速访问,使类和成员函数的操作更加方便,WizardBar 会自动跟踪用户程序的上下文。

(4) 简述向项目添加一个资源的方法。

【问题解答】用户可以通过选择 Insert| Resource 命令,打开 Insert Resource 对话框。首先在对话框的左侧选择资源类型,然后根据具体情况单击右侧的不同按钮。若资源需要

临时创建,则单击 New 按钮,在打开的相应资源编辑器中创建资源。若资源文件已经存在,则单击 Import 按钮,在 Import Resource 对话框中选择资源文件,然后单击 Import 按钮。

(5) 如何在项目中添加一个 MFC 常用类的派生类。

【问题解答】 在 MFC ClassWizard 对话框的每个选项卡上都有 Add Class 按钮,单击该按钮可以添加一个 MFC 常用类的派生类。

单击 Add Class 按钮会出现一个弹出式菜单,选择 New 菜单项打开 New Class 对话框。在 Name 文本框中输入新类的类名,在 Base class 下拉列表中选择一个 MFC 类作为新类的基类,该下拉列表中列出了经常使用的 MFC 类。对于基于对话框的类,可从 Dialog ID 下拉框中选择一个对话框资源模板。Automation 栏用于选择是否使用基类的自动化服务。File name 框显示定义新类的文件名,用户可以通过 Change 按钮来修改默认的文件名。单击 OK 按钮,ClassWizard 类向导就为项目添加一个新类,并生成与类对应的头文件和实现文件。

5. 操作题

编写一个单文档的应用程序,试着修改它的图标、标题和版本信息。

【操作步骤】

(1) 利用 MFC AppWizard[exe]向导创建一个单文档应用程序 XiTi1_1。

(2) 将应用程序的图标修改为 。

打开 ResourceView 视图中的 Icon 文件夹,双击 IDR_MAINFRAME 打开图形编辑器,如图 1.1 所示。用其他图形软件编辑新的图标文件,并将其放在剪贴板上。分别选择 16×16 像素和 32×32 像素两种规格的图标,将其粘贴在原有图标上,调整其大小。

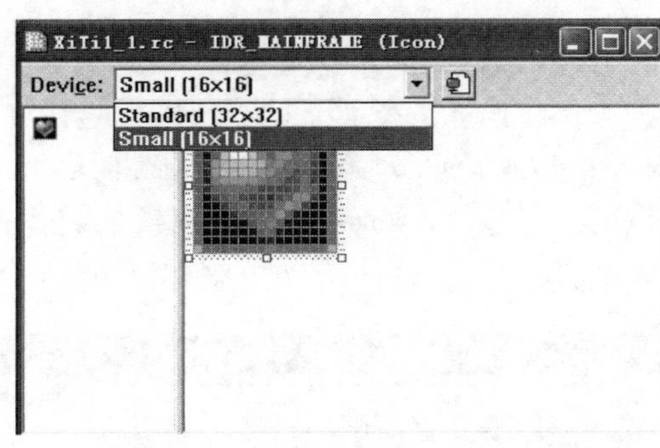

图 1.1 图形编辑器

(3) 将程序运行时标题栏的信息改为"XiTi1_1—练习资源编辑器的使用"。

打开 ResourceView 视图中的 String Table 文件夹,双击 String Table 打开串表编辑器,如图 1.2 所示。双击 IDR_MAINFRAME,打开其属性对话框,将 Caption 内容改为"练习资源编辑器的使用\nXiTi1_1\n\n\nXiTi11.Document\nXiTi1_1 Document"。

(4) 在版本信息的 CompanyName 中添加"清华大学出版社",并将 FileDescription 修改为"练习资源编辑器的使用",将 ProductName 修改为"练习资源编辑器的使用"。

打开 ResourceView 视图中的 Version 文件夹,双击 VS_VERSION_INFO 打开版本编辑器,如图 1.3 所示。双击 CompanyName 项,输入"清华大学出版社"。用同样的方法修改

FileDescription 项和 ProductName 项的内容。

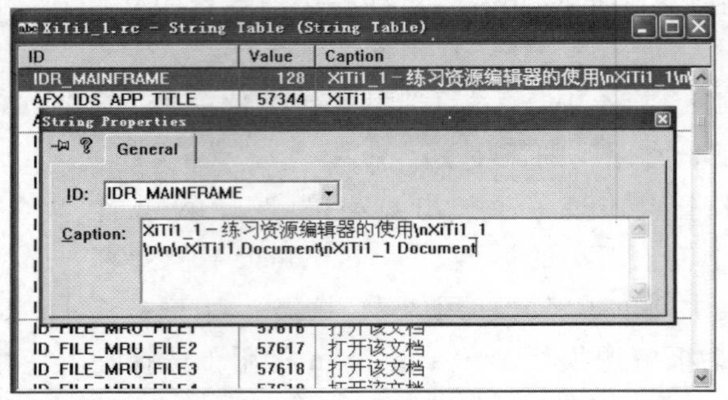

图 1.2　串表编辑器

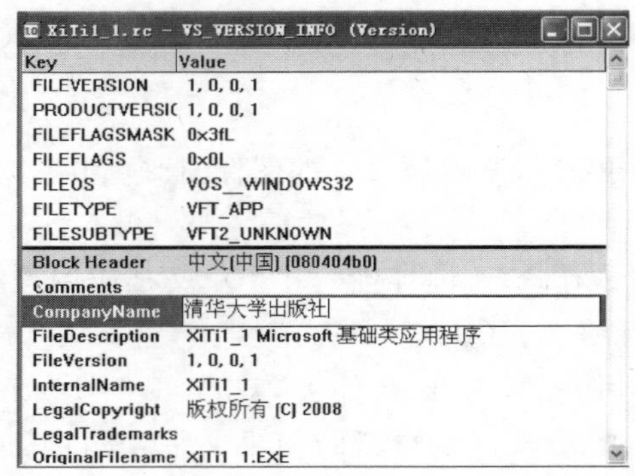

图 1.3　版本编辑器

(5) 修改“关于”对话框中显示信息，显示部分更改内容。

打开 ResourceView 视图中的 Dialog 文件夹，双击 IDD_ABOUTBOX 打开对话框编辑器，如图 1.4 所示。单击对话框模板中的第一排静态文本，选择 View|Properties 命令打开静态文本属性编辑对话框，将 Caption 内容改为“资源编辑器的使用 1.0 版”。用同样的方法将第二排静态文本的 Caption 修改为“清华大学出版社 2008.12”。

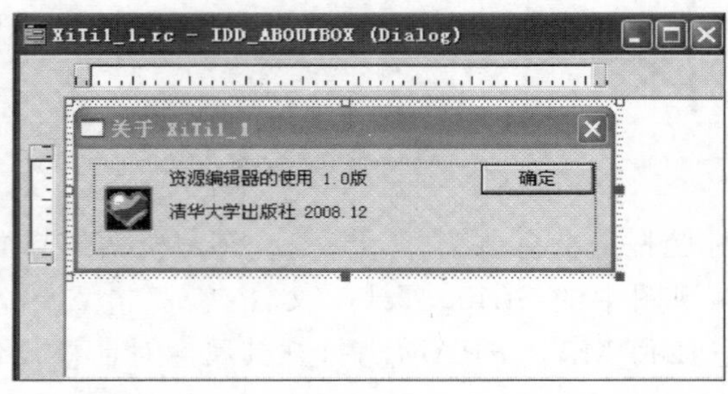

图 1.4　对话框编辑器

(6) 编译、链接并运行程序。打开“关于”对话框，结果如图 1.5 所示。

(7) 显示版本信息。

打开 Windows 资源管理器，在存放本例项目 XiTi1_1 的文件夹中找到 Debug 子文件夹。打开 Debug 文件夹，右击 XiTi1_1 应用程序文件，打开文件属性对话框，如图 1.6 所示。

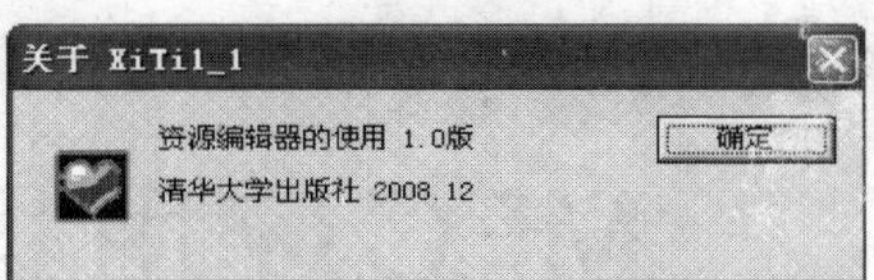

图 1.5　资源编辑器的使用

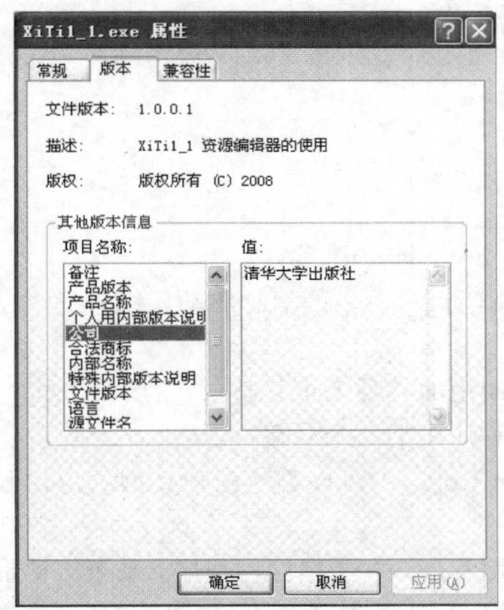

图 1.6　应用程序版本信息

第2章 MFC应用程序概述

1. 填空题

(1) MFC的全称是________。

【问题解答】Microsoft Foundation Class

(2) Windows是一个基于________的消息驱动系统。

【问题解答】事件

(3) 句柄是Windows使用的一种无重复整数,主要用来________。

【问题解答】标识应用程序中的一个对象

(4) 利用MFC AppWizard[exe]可以创建三种类型的应用程序,即________、________和________。

【问题解答】单文档应用程序;多文档应用程序;基于对话框的应用程序

(5) 一个单文档的MFC应用程序框架一般包括5个类,它们分别是________、________、________、________和________。

【问题解答】应用程序类;框架窗口类;视图类;文档类;文档模板类

(6) Windows消息主要有三种类型,即________、________和________。

【问题解答】标准Windows消息;控件消息;命令消息

(7) MFC采用________来处理消息。

【问题解答】消息映射

(8) CWinApp类提供________个成员函数来实现传统SDK应用程序WinMain函数完成的工作。

【问题解答】4

2. 选择题

(1) Windows应用程序是按照(　　)非顺序的机制运行的。

A. 事件→消息→处理　　B. 消息→事件→处理

C. 事件→处理→消息　　D. 以上都不对

【问题解答】A

(2) 下面(　　)不是MFC应用程序外观的选项。

A. Docking toolbar　　B. Context-sensitive Help

C. ActiveX Controls　　D. Printing and print preview

【问题解答】C

(3) 对 MFC 类的下列描述中,(　　)是错误的。

A. 应用程序类 CWinApp 是 CWinThread 的子类

B. 窗口类 CWnd 提供了 MFC 中所有窗口类的基本功能

C. CView 类是 CWnd 类的子类

D. CDocTemplate 类是 Template 类的子类

【问题解答】D

(4) 下列(　　)不是 MFC 消息映射机制有关的宏。

A. DECLARE_MESSAGE_MAP 宏

B. BEGIN_MESSAGE_MAP 宏

C. DECLARE_SERIAL 宏

D. END_MESSAGE_MAP 宏

【问题解答】C

(5) 利用 ClassWizard 不能(　　)。

A. 建立新类　　B. 进行消息映射

C. 增加类的成员变量　　D. 插入资源

【问题解答】D

3. 判断题

(1) 窗口是 Windows 应用程序的基本操作单元,是应用程序与用户之间交互的接口环境,也是系统管理应用程序的基本单位。(　　)

【问题解答】对。

(2) 所有的 Windows 应用程序都是消息驱动的。(　　)

【问题解答】对。

(3) 所有的 Windows 应用程序都是用 MFC AppWizard[exe]向导创建的。(　　)

【问题解答】错。用 MFC AppWizard[exe]向导可以创建 Windows 应用程序,但不是唯一的途径,如可以直接利用 API 来进行。

(4) 使用 MFC AppWizard[exe]向导创建应用程序框架时,向导生成的文件名和类名是不可更改的。(　　)

【问题解答】错。可以修改向导生成的文件名和类名。

(5) 消息映射是将消息处理函数与它要处理的特定消息连接起来的一种机制。(　　)

【问题解答】对。

(6) 命令消息是由菜单项、工具栏按钮和快捷键等用户界面对象发出的 WM_COMMAND 消息。(　　)

【问题解答】对。

(7) 利用 MFC 编程时,所有的消息与消息处理函数的添加都必须采用 ClassWizard 类向导来完成。(　　)

【问题解答】错。可以人工添加消息与消息处理函数。

（8）WinMain 函数是所有 Windows 应用程序的入口。（ ）

【问题解答】对

（9）用快捷键 F9 既可设置断点，又可取消断点。（ ）

【问题解答】对

（10）调试程序时，会同时出现 Variable 窗口和 Watch 窗口。（ ）

【问题解答】对。

4. 简答题

（1）简述 MFC 应用程序的执行过程。

【问题解答】MFC 应用程序启动时，首先创建应用程序对象 theApp。这时将自动调用应用程序类的构造函数初始化对象 theApp，然后由应用程序框架调用 MFC 提供的 AfxWinMain 主函数。在 AfxWinMain 主函数中，首先通过调用全局函数 AfxGetApp 来获取 theApp 的指针 pApp，然后通过该指针调用 theApp 的成员函数 InitInstance 来初始化应用程序。在应用程序的初始化过程中，同时还构造了文档模板，产生最初的文档、视图和主框架窗口，并生成工具栏和状态栏。当 InitInstance 函数执行完毕后，AfxWinMain 函数将调用成员函数 Run，进入消息处理循环，直到函数 Run 收到 WM_QUIT 消息。MFC 首先调用 CWinApp 类的成员函数 ExitInstance，然后调用静态对象的析构函数，包括 CWinApp 对象，最后退出应用程序，将控制权交给操作系统。

在初始化的最后，应用程序将收到 WM_PAINT 消息，框架会自动调用视图类的 OnDraw 函数绘制程序客户区窗口。这时，应用程序的基本窗口已经生成，应用程序准备接收系统或用户的消息，以便完成用户需要的功能。如果消息队列中有消息且不是 WM_QUIT 消息，则将消息分发给窗口函数，以便通过 MFC 消息映射宏调用指定对象的消息处理函数。如果消息队列中没有消息，函数 Run 就调用函数 OnIdle 进行空闲时间的处理。

（2）简述文档/视图与其他类对象的关系。

【问题解答】在 MFC 应用程序中，文档类和视图类是用户最常用的两个类，它们之间是密切相关的。文档/视图体系结构是 MFC 应用程序框架结构的基石，它定义了一种程序结构，这种结构利用文档对象保存应用程序的数据，依靠视图对象控制视图显示数据，文档与视图的关系是一对多的关系，也就是说，文档中的数据可以以不同的方式显示。MFC 在 CDocument 类和 CView 类中为文档和视图提供了基础结构。CWinApp 类、CFrameWnd 类和其他类与 CDocument 类和 CView 类共同把所有的程序片段连在一起。图 2.1 说明了文档/视图与其他类对象的关系。

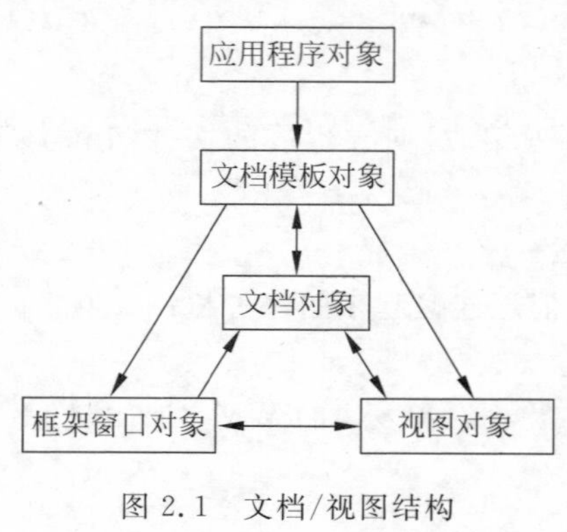

图 2.1 文档/视图结构

（3）简述 MFC 消息映射机制。

【问题解答】MFC 采用消息映射来处理消息。这种消息映射机制包括一组消息映射宏，用于把一个 Windows 消息和其消息处理函数联系起来。MFC 应用程序框架提供了消息映射功能，所有从 CCmdTarget 类派生出来的类都能够拥有自己的消息映射。

(4) 消息 WM_LBUTTONDOWN 的消息映射宏和消息处理函数是什么？

【问题解答】 消息 WM_LBUTTONDOWN 的消息映射宏是 ON_WM_LBUTTONDOWN，消息处理函数是 OnLButtonDown。

(5) 如何自定义消息？如何发送自定义消息？

【问题解答】 Windows 将所有的消息值分为 4 段：0x0000～0x03FF 消息值范围段用于 Windows 系统消息，0x0400～0x7FFF 段用于用户自定义的窗口消息，0x8000～0xBFFF 段为 Windows 保留值，0xC000～0xFFFF 段用于应用程序的字符串消息。

常量 WM_USER(为 0x0400)与第一个自定义消息值相对应，用户必须为自己的消息定义相对于 WM_USER 的偏移值，利用 #define 语句直接定义自己的消息，如下所示：

```
#define WM_MYMESSAGE WM_USER + 3;          // 自定义消息 WM_MYMESSAGE
```

也可以调用窗口消息注册函数 RegisterWindowMessage 来定义一个 Windows 消息，由系统分配给消息一个整数值。该函数原型为：

```
UINT RegisterWindowMessage(LPCTSTR lpString);
```

其中参数 lpString 是要定义的消息名，调用成功后将返回该消息的 ID 值。

发送自定义消息采用的函数是 SendMessage。

5. 操作题

(1) 编写一个单文档的应用程序，当单击时，在消息窗口中显示“鼠标左键被按下!”；当右击时，则显示“鼠标右键被按下!”。

【操作步骤】

① 利用 MFC AppWizard[exe]向导创建一个单文档应用程序 XiTi2_1。

② 利用 ClassWizard 类向导在视图类 CXiTi2_1View 中添加 WM_LBUTTONDOWN 消息的处理函数，如图 2.2 所示。

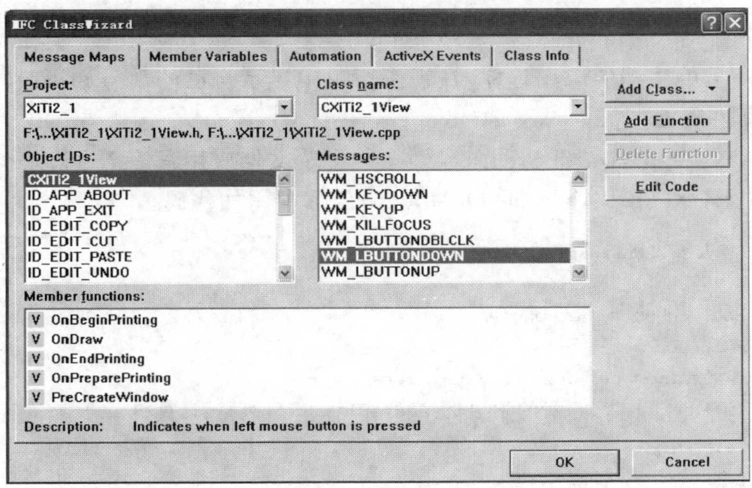

图 2.2　添加 WM_LBUTTONDOWN 消息处理函数

单击 Edit Code 按钮，为 WM_LBUTTONDOWN 消息处理函数添加代码。

```
void CXiTi2_1View::OnLButtonDown(UINT nFlags, CPoint point)
{
  // TODO: Add your message handler code here and/or call default
  MessageBox("鼠标左键被按下");
  CView::OnLButtonDown(nFlags, point);
}
```

③ 利用 ClassWizard 类向导在视图类 CXiTi2_1View 中添加 WM_RBUTTONDOWN 消息的处理函数，并添加代码。

```
void CXiTi2_1View::OnRButtonDown(UINT nFlags, CPoint point)
{
  // TODO: Add your message handler code here and/or call default
  MessageBox("鼠标右键被按下");
  CView::OnRButtonDown(nFlags, point);
}
```

④ 编译、链接并运行程序。在视图窗口中单击，效果如图 2.3 所示。

图 2.3　程序 XiTi2_1 的运行效果

(2) 编写一个单文档的应用程序，在视图窗口中显示自己的学号和班级。

【操作步骤】

① 利用 MFC AppWizard[exe]向导创建一个单文档应用程序 XiTi2_2。

② 在视图类 CXiTi2_2View 的 OnDraw()函数中添加代码。

```
void CXiTi2_2View::OnDraw(CDC * pDC)
{
  CXiTi2_2Doc * pDoc = GetDocument();
  ASSERT_VALID(pDoc);
  // TODO: add draw code for native data here
  pDC->TextOut(100,100,"我的学号是:20071011111,班级是:计算机 1 班");
}
```

③ 编译、链接并运行程序，运行结果如图 2.4 所示。

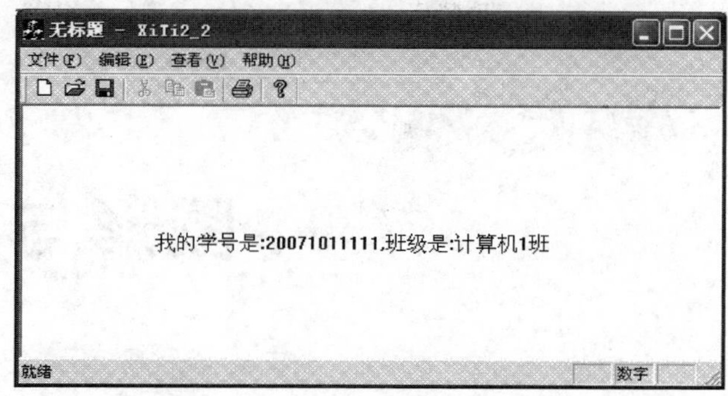

图 2.4　程序 XiTi2_2 的运行结果

(3) 编写一个单文档的应用程序，当按下 A 键时，在消息窗口中显示“输入字符 A!”。

【操作步骤】

① 利用 MFC AppWizard[exe]向导创建一个单文档应用程序 XiTi2_3。

② 利用 ClassWizard 类向导在视图类 CXiTi2_3View 中添加 WM_CHAR 消息的处理函数，并添加代码。

```
void CXiTi2_3View::OnChar(UINT nChar, UINT nRepCnt, UINT nFlags)
{
  // TODO: Add your message handler code here and/or call default
  if(nChar == 'A')
      MessageBox("输入字符 A!");
  CView::OnChar(nChar, nRepCnt, nFlags);
}
```

③ 编译、链接并运行程序。按下 A 键时，结果如图 2.5 所示。

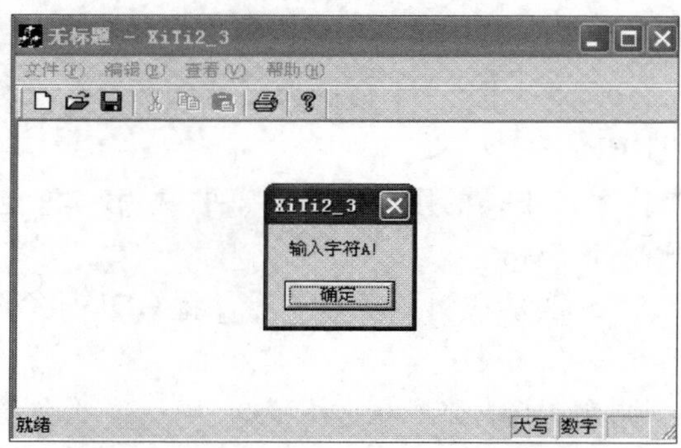

图 2.5　程序 XiTi2_3 的运行结果

第3章 图形与文本

1. 填空题

(1) Windows 引入 GDI 的主要目的是为了实现________。

【问题解答】设备无关性

(2) 与 DOS 字符方式下的输出不同,Windows 是按________方式输出的。

【问题解答】图形

(3) 为了体现 Windows 的设备无关性,应用程序的输出面向一个称为________的虚拟逻辑设备。

【问题解答】设备环境

(4) 在一个 MFC 应用程序中获得 DC 的方法主要有两种:一种是________;另一种是________,并使用________指针为该对象赋值。

【问题解答】接受一个参数为指向 CDC 对象的指针;声明一个 MFC 设备环境类的对象;this

(5) Windows 用________类型的数据存放颜色,它实际上是一个________位整数。它采用三个参数表示红、绿、蓝分量值,这三个值的取值范围为________。

【问题解答】COLORREF;32;0~255

(6) 库存对象是由操作系统维护的用于绘制屏幕的常用对象,包括库存________等。

【问题解答】画笔、画刷和字体

(7) 可以利用 CGdiObject 类的成员函数________将 GDI 对象设置成指定的库存对象。

【问题解答】CreateStockObject()

(8) 创建画笔后必须调用 CDC 类的成员函数________将创建的画笔选入当前设备环境。

【问题解答】SelectObject()

(9) 在默认情况下输出文本时,字体颜色是________,背景颜色是________,背景模式为________。

【问题解答】黑色;白色;不透明模式

(10) 创建画笔的方法有两种,一种是________,另一种是________。

【问题解答】定义画笔对象时直接创建;先定义一个没有初始化的画笔对象,再调用 CreatePen()函数创建指定画笔。

2. 选择题

(1) 下面(　　)不是 MFC 设备环境类 CDC 类的派生类。

A. GDI 类　　B. CPaintDC 类　　C. CClientDC 类　　D. CWindowDC 类

【问题解答】A

(2) 下面(　　)不是 GDI 对象。

A. CFont 类　　B. CPalette 类　　C. CClientDC 类　　D. CBitmap 类

【问题解答】C

(3) 下列描述中,(　　)是错误的。

A. CreatePointFont()是 CFont 类提供的创建函数

B. 可使用 SetTextAlign()函数改变文本对齐方式

C. 使用函数 GetTextMetrics()可以获得所选字体中指定字符串的宽度和高度

D. 可使用 DrawText()函数在给定的矩形区域内输出文本

【问题解答】C

(4) 下列(　　)不是 MFC CDC 类中常用的文本输出函数。

A. TextOut()　　B. DrawText()　　C. ExtTextOut()　　D. ExtDrawText()

【问题解答】D

3. 判断题

(1) CDC 类是 MFC 设备环境类的基类。　　(　　)

【问题解答】对。由 MFC 设备环境类的层次结构可知。

(2) CClientDC 代表整个窗口的设备环境。　　(　　)

【问题解答】错。CClientDC 代表窗口客户区的设备环境。

(3) CPen 和 CFont 均是 GDI 对象。　　(　　)

【问题解答】对。GDI 对象包括 CPen、CBrush、CFont、CBitmap 和 CPalette 等。

(4) 深绿色 RGB 值为(0,128,0)　　(　　)

【问题解答】对。

(5) 删除 CPen 对象可调用 CPen 对象的 DeleteObject()函数。　　(　　)

【问题解答】错。调用 CPen 对象的 DeleteObject()只是删除与之相关联的画笔对象所占用的系统资源,而 C++ 语义上的 CPen 对象并没有被删除,还可以调用其成员函数 CreatePen()创建新的画笔对象并将它们与 CPen 对象相关联。

(6) 创建阴影画刷函数是 CreateHatchBrush()。　　(　　)

【问题解答】对。

(7) 默认的对齐方式是 TA_LEFT| TA_BOTTOM。　　(　　)

【问题解答】错。默认的对齐方式是 TA_LEFT| TA_TOP。

(8) DDB 又称 GDI 位图,它依赖于具体设备,只能存在于内存中。　　(　　)

【问题解答】对。

4. 简答题

（1）GDI 创建哪几种类型的图形输出？

【问题解答】应用程序可以使用 GDI 创建三种类型的图形输出：矢量图形、光栅图形和文本。

（2）什么是设备环境？它的主要功能有哪些？

【问题解答】设备环境(DC)也称设备描述表或设备上下文。设备环境是由 GDI 创建、用来代表设备连接的数据结构。DC 的主要功能有以下几种。

① 允许应用程序使用一个输出设备。

② 提供 Windows 应用程序、设备驱动和输出设备之间的连接。

③ 保存当前信息，例如当前的画笔、画刷、字体和位图等图形对象及其属性，以及颜色和背景等影响图形输出的绘图模式。

④ 保存窗口剪切区域，限制程序输出到输出设备中窗口覆盖的区域。

（3）什么是 GDI？它有什么功能？MFC 将 GDI 函数封装在哪个类中？

【问题解答】GDI 是 Windows 提供的一个图形设备接口的抽象接口。GDI 负责管理用户绘图操作时功能的转换，其主要功能是实现设备无关性。MFC 将 GDI 函数封装在 CDC 类中。

（4）请叙述设备无关性的含义，实现设备无关性需要哪几个环节？

【问题解答】所谓设备无关性，是指操作系统屏蔽了硬件设备的差异，使用户编程时一般无须考虑设备的类型，如不同种类的显示器或打印机。当然，实现设备无关性的另一个重要环节是设备驱动程序。不同设备根据其自身不同的特点(如分辨率和色彩数目)提供相应的驱动程序。图 3.1 描述了 Windows 应用程序的绘图过程。

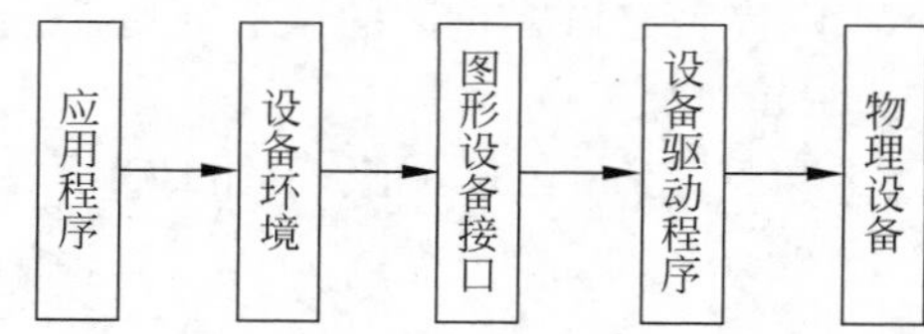

图 3.1　Windows 应用程序的绘图过程

（5）MFC 提供了哪几种设备环境类？它们各自有什么用途？

【问题解答】MFC 提供的设备环境类包括 CDC、CPaintDC、CClientDC、CWindowDC 和 CmetaFileDC 等，其中 CDC 类是 MFC 设备环境类的基类，其他 MFC 设备环境类都是 CDC 类的派生类。各个设备环境类的功能如表 3.1 所示。

3.1　设备环境类的功能

设备环境类	功 能 描 述
CDC	所有设备环境类的基类，对 GDI 的所有绘图函数进行了封装。可用来直接访问整个显示器或非显示设备(如打印机等)的上下文
CPaintDC	用于响应窗口重绘消息(WM_PAINT)的绘图输出，不仅可对客户区进行操作，还可以对非客户区进行操作

续表

设备环境类	功 能 描 述
CClientDC	代表窗口客户区的设备环境，一般在响应非窗口消息并对客户区绘图时要用到该类
CWindowDC	代表整个窗口的设备环境，包括客户区和非客户区。除非要自己绘制窗口边框和按钮，否则一般不用它
CMetaFileDC	代表 Windows 图元文件的设备环境。一个 Windows 图元文件包括一系列的图形设备接口命令，可以通过重放这些命令来创建图形。对 CMetaFileDC 对象进行的各种绘制操作可以被记录到一个图元文件中

(6) 简述传统的 SDK 获取设备环境的方法。

【问题解答】传统的 SDK 获取设备环境的方法有两种：在 WM_PAINT 消息处理函数中通过调用 API 函数 BeginPaint()获取设备环境，在消息处理函数返回前调用 API 函数 EndPaint()释放设备环境。如果绘图操作不是在 WM_PAINT 消息处理函数中，需要通过调用 API 函数 GetDC()获取设备环境，调用 API 函数 ReleaseDC()释放设备环境。

(7) 简述创建和使用自定义画笔的步骤。

【问题解答】如果要在设备环境中使用自己的画笔绘图，首先需要创建一个指定风格的画笔，然后选择所创建的画笔，最后还原画笔。

(8) 简述采用 MFC 方法编程时，显示一个 DDB 位图的步骤。

【问题解答】采用 MFC 方法编程时，显示一个 DDB 位图需要执行以下几个步骤。

① 声明一个 CBitmap 类的对象，使用 LoadBitmap 函数将位图装入内存。

② 声明一个 CDC 类的对象，使用 CreateCompatibleDC 函数创建一个与显示设备环境兼容的内存设备环境。

③ 使用 CDC::SelectObject 函数将位图对象选入设备环境中，并保存原来设备环境的指针。

④ 利用 CDC 的相关输出函数输出位图。

⑤ 使用 CDC::SelectObject 函数恢复原来设备环境。

5. 操作题

(1) 编写程序在客户区显示一行文本，要求文本颜色为红色、背景色为黄色。

【操作步骤】

① 利用 MFC AppWizard[exe]向导创建一个单文档应用程序 XiTi3_1。

② 在视图类 CXiTi3_1View 的 OnDraw 函数中添加代码。

```
void CXiTi3_1View::OnDraw(CDC * pDC)
{
  CXiTi3_1Doc * pDoc = GetDocument();
  ASSERT_VALID(pDoc);
  // TODO: add draw code for native data here
  pDC->SetBkColor(RGB(255,255,0));//背景色为黄色
  pDC->SetTextColor(RGB(255,0,0));//文本颜色为红色
  pDC->TextOut(10,10,"文本颜色为红色、背景色为黄色!");
}
```

③ 编译、链接并运行程序，运行效果如图 3.2 所示。

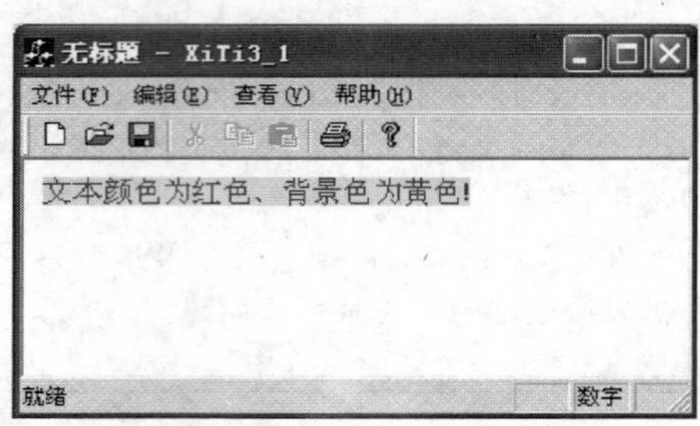

图 3.2　程序 XiTi3_1 的运行效果

(2) 编写一个单文档应用程序，在客户区使用不同的画笔和画刷绘制点、折线、曲线、圆角矩形、弧、扇形和多边形等几何图形。

【操作步骤】

① 利用 MFC AppWizard[exe]向导创建一个单文档应用程序 XiTi3_2。

② 在视图类 CXiTi3_2View 的 OnDraw 函数中添加代码。

```
void CXiTi3_2View::OnDraw(CDC * pDC)
{
  CXiTi3_2Doc * pDoc = GetDocument();
  ASSERT_VALID(pDoc);
  // TODO: add draw code for native data here
  for(int x = 20;x < 100;x += 10)
      pDC->SetPixel(x,10,RGB(0,0,0));                    //绘制点
  CPen * PenOld,PenNew;
  PenNew.CreatePen(PS_SOLID,2,RGB(255,0,0));             //创建画笔
  PenOld = pDC->SelectObject(&PenNew);                   //选用画笔
  POINT polypt[5] = {{10,100},{50,60},{120,80},{80,150},{30,130}};
  pDC->Polyline(polypt,5);                               //绘制折线
  POINT polypt1[4] = {{150,160},{220,60},{300,180},{330,20}};
  pDC->PolyBezier(polypt1,4);                            //绘制贝塞尔曲线
  pDC->Arc(20,200,200,300,200,250,20,200);
  CBrush * BrushOld,BrushNew;
  BrushNew.CreateHatchBrush(HS_CROSS,RGB(0,0,0));
  BrushOld = pDC->SelectObject(&BrushNew);               //选用画刷
  pDC->RoundRect(20,20,120,50,10,10);                    //绘制圆角矩形
  pDC->Chord(420,120,540,240,520,160,420,180);           //绘制弧
  pDC->Pie(220,200,400,380,380,270,240,220);             //绘制扇形
  POINT polypt2[5] = {{450,200},{530,220},{560,300},{480,320},{430,280}};
  pDC->Polygon(polypt2,5);                               //绘制多边形
  pDC->SelectObject(PenOld);                             //还原画笔
  PenNew.DeleteObject();                                 //释放画笔
  pDC->SelectObject(BrushOld);                           //还原画刷
  BrushNew.DeleteObject();                               //释放画刷
}
```

③ 编译、链接并运行程序，运行效果如图 3.3 所示。

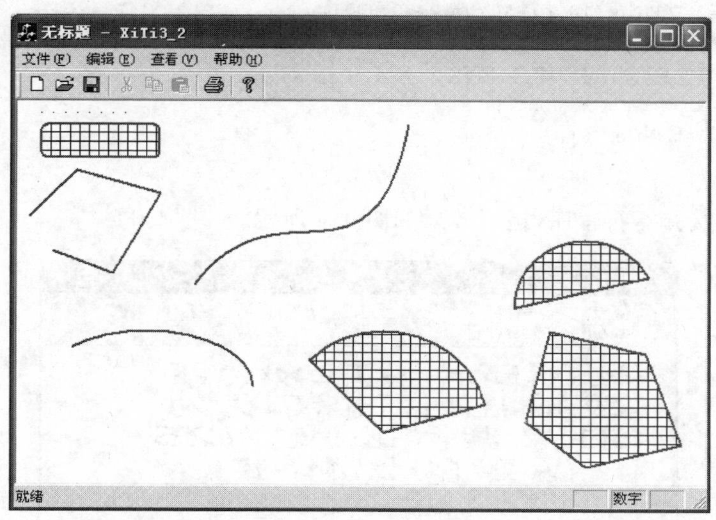

图 3.3　程序 XiTi3_2 的运行效果

(3) 编程利用函数 CreateFontIndirect()创建黑体字体,字体高度为 30 像素,宽度为 25 像素,并利用函数 DrawText()在客户区以该字体输出文本。

【操作步骤】

① 利用 MFC AppWizard[exe]向导创建一个单文档应用程序 XiTi3_3。

② 在视图类 CXiTi3_3View 的 OnDraw 函数中添加代码。

```
void CXiTi3_3View::OnDraw(CDC * pDC)
{
  CXiTi3_3Doc * pDoc = GetDocument();
  ASSERT_VALID(pDoc);
  // TODO: add draw code for native data here
  CFont * OldFont,NewFont;
  LOGFONT MyFont = {
          30,//字体高度
          25,//字体宽度
          0,
          0,
          0,
          0,
          0,
          0,
          ANSI_CHARSET,
          OUT_DEFAULT_PRECIS,
          CLIP_DEFAULT_PRECIS,
          DEFAULT_QUALITY,
          DEFAULT_PITCH,
          "黑体"//黑体字体
          };
  NewFont.CreateFontIndirect(&MyFont);
  OldFont = pDC->SelectObject(&NewFont);
  CRect rect;
```

```
  rect.SetRect(CPoint(10,10),CPoint(450,600));
  pDC->DrawText("利用 DrawText()函数输出字体高度为 30 像素,宽度为 25 像素的黑体字!",
      &rect,DT_WORDBREAK|DT_CENTER);
  pDC->SelectObject(OldFont);
  NewFont.DeleteObject();
}
```

③ 编译、链接并运行程序，运行效果如图 3.4 所示。

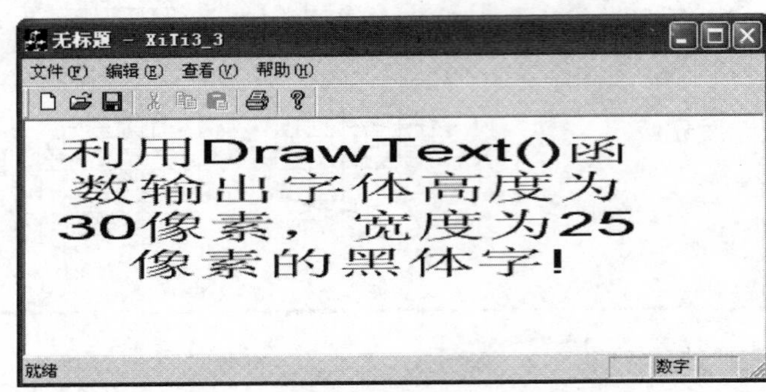

图 3.4　程序 XiTi3_3 的运行效果

（4）编写一个单文档应用程序，在视图窗口中显示三个圆，通过使用不同颜色的画笔及画刷来模拟交通红绿灯。

【操作步骤】

① 利用 MFC AppWizard[exe]向导创建一个单文档应用程序 XiTi3_4。

② 在 CXiTi3_4View 类中添加三个私有数据成员。

```
int i;//计数
int y;//图形的位置
COLORREF m_col;//画刷颜色
```

③ 在 CXiTi3_4View 类的构造函数 CXiTi3_4View()中初始化数据成员。

```
CXiTi3_4View::CXiTi3_4View()
{
  // TODO: add construction code here
  i = 0;
  y = 50;
  m_col = RGB(0,0,0);
}
```

④ 在 CXiTi3_4View 类的 OnDraw()函数中添加代码绘制三个圆，分别代表红灯、黄灯和绿灯的轮廓，并通过 SetTimer()函数设置计时器。

```
void CXiTi3_4View::OnDraw(CDC * pDC)
{
  CXiTi3_4Doc * pDoc = GetDocument();
  ASSERT_VALID(pDoc);
  // TODO: add draw code for native data here
  pDC->Ellipse(100,50,150,100);
  pDC->Ellipse(100,150,150,200);
```

```
    pDC->Ellipse(100,250,150,300);
    SetTimer(1,2000,NULL);
}
```

⑤ 利用 ClassWizard 向导在 CXiTi3_4View 类中添加 WM_TIMER 的消息处理函数 OnTimer()，并添加代码，使用画刷按照一定的顺序，在不同的位置分别绘制红色、黄色和绿色的圆。

```
void CXiTi3_4View::OnTimer(UINT nIDEvent)
{
    // TODO: Add your message handler code here and/or call default
    switch(i % 3)
    {
    case 0:
        m_col = RGB(255,0,0);       //红色
        y = 50;
        break;
    case 1:
        m_col = RGB(255,255,0);     //黄色
        y = 150;
        break;
    case 2:
        m_col = RGB(0,255,0);       //绿色
        y = 250;
    }

    CClientDC dc(this);
    CBrush mybrush, * oldbrush;
    CBrush mybrush1, * oldbrush1;
    mybrush.CreateSolidBrush(m_col);
    oldbrush = dc.SelectObject(&mybrush);
    dc.Ellipse(100,y,150,y + 50);
    mybrush1.CreateSolidBrush(RGB(0,0,0));
    oldbrush1 = dc.SelectObject(&mybrush1);
    if(y == 50)                     //红灯亮时
    {
        dc.Ellipse(100,150,150,200);
        dc.Ellipse(100,250,150,300);
    }
    else if(y == 150)               //黄灯亮时
    {
        dc.Ellipse(100,50,150,100);
        dc.Ellipse(100,250,150,300);
    }
    else                            //绿灯亮时
    {
        dc.Ellipse(100,50,150,100);
        dc.Ellipse(100,150,150,200);
    }
```

```
    dc.SelectObject(oldbrush);
    mybrush.DeleteObject();
    dc.SelectObject(oldbrush1);
    mybrush1.DeleteObject();
    i++;
    CView::OnTimer(nIDEvent);
}
```

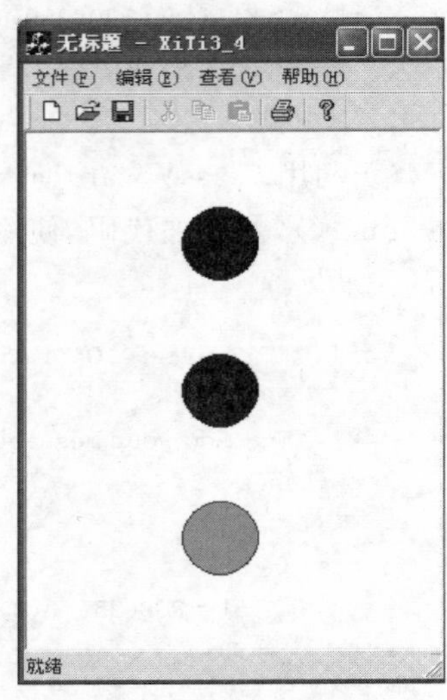

图 3.5　程序 XiTi3_4 的运行效果

⑥ 编译、链接并运行程序，运行效果如图 3.5 所示。

(5) 编写一个程序，实现一行文本的水平滚动显示。要求每个周期文本为红、黄两种颜色，字体为宋、楷两种字体。

【操作步骤】

① 利用 MFC AppWizard[exe]向导创建一个单文档应用程序 XiTi3_5。

② 在 CXiTi3_5View 类中添加两个私有数据成员。

```
int i;//计数
int x;//横坐标
```

③ 在 CXiTi3_5View 类的构造函数 CXiTi3_5View()中初始化数据成员。

```
CXiTi3_5View::CXiTi3_5View()
{
  // TODO: add construction code here
  x = 600;
  i = 1;
}
```

④ 在 CXiTi3_5View 类的 OnDraw()函数中通过 SetTimer 函数设置定时器。

```
void CXiTi3_5View::OnDraw(CDC * pDC)
{
  CXiTi3_5Doc * pDoc = GetDocument();
  ASSERT_VALID(pDoc);
  // TODO: add draw code for native data here
  SetTimer(1,5,NULL);                //设置定时器
}
```

⑤ 利用 ClassWizard 向导在 CXiTi3_5View 类中添加 WM_TIMER 的消息处理函数 OnTimer()，并添加代码。

```
void CXiTi3_5View::OnTimer(UINT nIDEvent)
{
  // TODO: Add your message handler code here and/or call default
  CClientDC dc(this);
  LOGFONT st = {
          30,
          10,
          0,0,
```

```
        0,
        0,
        0,
        0,
        ANSI_CHARSET,
        OUT_DEFAULT_PRECIS,
        CLIP_DEFAULT_PRECIS,
        DEFAULT_QUALITY,
        DEFAULT_PITCH,
        "宋体"                                  //字体为宋体
        };
    dc.SetTextColor(RGB(255,255,0));            //黄色文本
    CFont font, * oldfont;
    if(i % 2)                                   //奇数次时
    {
        strcpy(st.lfFaceName,"楷体");           //字体为楷体
        dc.SetTextColor(RGB(255,0,0));          //红色文本
    }
    font.CreateFontIndirect(&st);
    oldfont = dc.SelectObject(&font);
    CString str;
    str = "Visual C++程序设计!";                //用于显示的一行文本
    dc.TextOut(x,100,str);                      //显示一行文本
    x--;                                        //左移文本
    if(x + 10 * str.GetLength()< 0)             //重置显示位置
    {
        x = 600;
        i++;
    }
    dc.SelectObject(oldfont);
    font.DeleteObject();
    CView::OnTimer(nIDEvent);
}
```

⑥ 编译、链接并运行程序,运行效果如图 3.6 所示。

图 3.6 程序 XiTi3_5 的运行效果

菜单、工具栏和状态栏

1. 填空题

(1) 常见的菜单类型有________、________和________三种。

【问题解答】主菜单；弹出菜单；快捷菜单

(2) 在 Visual C++中,每一个快捷键除了 ID 属性外,还有两个属性:________和________。

【问题解答】键；类型

(3) 基于对话框的应用程序在运行时________菜单栏。

【问题解答】没有

(4) 在 MFC 中,工具栏的功能由类________实现。

【问题解答】CToolBar

(5) 调用 CToolBar 类的成员函数________创建并初始化工具栏窗口对象。

【问题解答】CToolBar::Create()或 CreateEx()

(6) 设置工具栏停靠特性,需要调用________函数。

【问题解答】EnableDocking

(7) 状态栏实际上是一个窗口,一般分为几个________,用来显示不同的信息。

【问题解答】窗格

(8) 在 MFC 中,状态栏的功能由________ 类实现。

【问题解答】CStatusBar

(9) 状态栏显示的内容由数组________决定,需要在状态栏中显示各窗格的________、________以及________。

【问题解答】indicators；标识符；位置；个数

(10) CStatusBar 类的成员函数________用来设置给定索引值的窗格 ID、风格和宽度,成员函数________用来更新窗格的文本。

【问题解答】SetPaneInfo()；SetPaneText()

2. 选择题

(1) 在编辑某菜单项时,若要指明该菜单项是一个弹出式子菜单,必须选择属性对话框中的(　　)。

A. Separator　　B. Pop-up　　C. Inactive　　D. Grayed

【问题解答】B

(2) 要使鼠标箭头在按钮上暂停时能显示工具栏按钮提示，必须设置工具栏的风格为(　　)。

A. CBRS_TOOLTIPS　　B. CBRS_FLYBY

C. CBRS_NOALIGN　　D. WS_VISIBLE

【问题解答】B

(3) MFC 应用程序框架为状态栏定义的静态数组 indicators 放在文件(　　)中。

A. MainFrm. cpp　　B. MainFrm. h　　C. stdAfx. cpp　　D. stdAfx. h

【问题解答】A

(4) 下列有关菜单的叙述中，不正确的是(　　)。

A. & 字符的作用是使其后的字符加上下画线

B. \t 转移字符表示使快捷键按右对齐显示

C. 自定义菜单项 ID 不能与系统菜单项 ID 相同

D. 选中菜单项属性对话框中的 Separator，指明菜单项是一个水平线分隔条

【问题解答】C

3. 判断题

(1) 给菜单项定义快捷键，只需在菜单项属性设置对话框的 Caption 文本框中说明即可。(　　)

【问题解答】错。此处仅起提示作用，要真正成为快捷键还需要使用快捷键编辑器进行设置。

(2) 快捷菜单一般出现在鼠标箭头的位置。(　　)

【问题解答】对。

(3) UPDATE_COMMAND 是更新命令用户接口消息。(　　)

【问题解答】错。UPDATE_COMMAND_UI 是更新命令用户接口消息。

(4) 工具栏停靠特性只能设置一次。(　　)

【问题解答】对。

(5) 状态栏的功能由 CStatusBar 类实现。(　　)

【问题解答】对。

(6) CMenu 类、CToolBar 类和 CStatusBar 类的根基类是相同的。(　　)

【问题解答】对。它们的根基类都是 CObject 类。

4. 简答题

(1) 简述菜单设计的主要步骤。

【问题解答】菜单设计一般需要经过下面两步。

① 使用菜单编辑器编辑菜单资源。

② 使用 ClassWizard 进行消息映射，编辑成员函数，完成菜单所要实现的功能。

(2) 为应用程序创建快捷菜单主要有哪些方法?

【问题解答】为应用程序创建快捷菜单主要有以下两种方法。

① 使用 Component Gallery 创建快捷菜单。

② 使用 TrackPopupMenu 函数创建快捷菜单。

(3) 如何动态创建菜单?

【问题解答】动态创建菜单分为以下三个步骤。

① 利用 CreateMenu 函数创建一个空的弹出式菜单。

② 调用 AppendMenu 或 InsertMenu 函数在菜单中加入菜单项。

③ 调用函数 SetMenu()加载动态菜单。

(4) 创建工具栏的基本步骤有哪些?

【问题解答】创建工具栏的基本步骤如下。

① 创建工具栏资源。

② 构建一个 CToolBar 对象。

③ 调用 CToolBar::Create 或 CreateEx 函数创建工具栏窗口。

④ 调用 CToolBar::LoadToolBar 载入工具栏资源。

(5) 简述 MFC 创建状态栏所做的工作。

【问题解答】首先在 CMainFrame 类中定义一个成员变量 m_wndStatusBar,它是状态栏类 CStatusBar 的对象;其次在 MFC 应用程序框架的实现文件 MainFrm.cpp 中,为状态栏定义一个静态数组 indicators;最后 CWnd::Create 函数以主框架窗口为父窗口创建状态栏。

5. 操作题

(1) 编写一个单文档应用程序 SDIDisp,为程序添加主菜单“显示”,且“显示”菜单中包含“文本”和“图形”两个菜单项。当程序运行时,用户单击“文本”菜单项,可以在视图窗口中显示“我已经学会了如何设计菜单程序!”文本信息;单击“图形”菜单项,在视图窗口中画一个红色的实心矩形。

【操作步骤】

① 利用 MFC AppWizard[exe]向导生成一个项目名为 SDIDisp 的单文档应用程序。

② 为程序添加主菜单“显示”。

打开 ResourceView 视图中的 Menu 文件夹,双击 IDR_MAINFRAME 打开菜单编辑器,如图 4.1 所示。

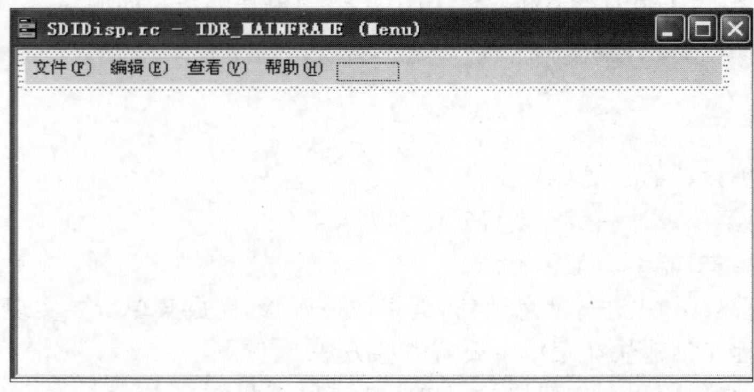

图 4.1　菜单编辑器

双击菜单栏右侧的虚线空白菜单项，弹出菜单项属性对话框，在 Caption 文本框中输入“显示[&D]”，其他采用系统默认值，如图 4.2 所示。

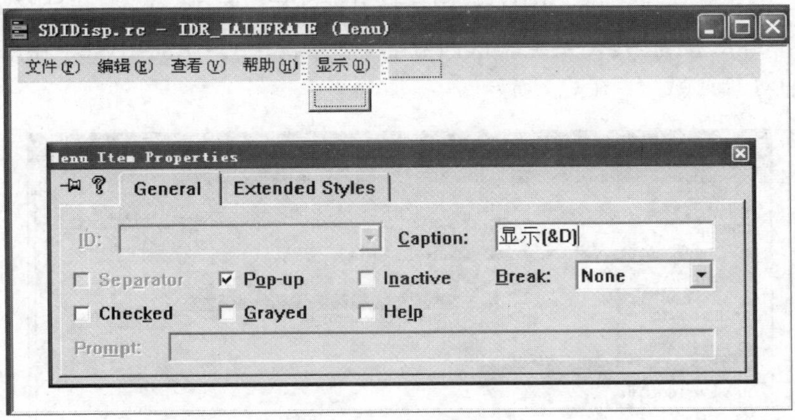

图 4.2　添加主菜单

③ 为主菜单“显示”添加菜单项。

右击“显示”菜单下的虚线空白菜单项，在弹出的快捷菜单中选择 Properties 命令，打开菜单项属性设置对话框。在 ID 下拉列表框中输入 ID_TEXT，Caption 文本框中输入“文本”，如图 4.3 所示。用同样的方法添加“图形”菜单项，它的 ID 和 Caption 分别为 ID_PICTURE 和“图形”。

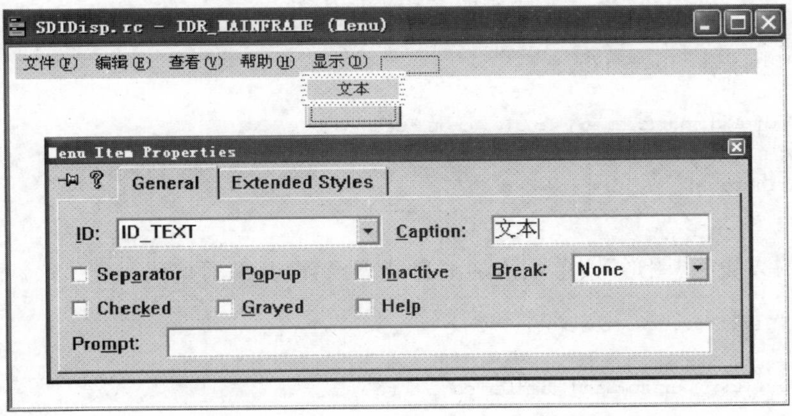

图 4.3　添加菜单项

④ 为 CSDIDispView 类添加一个类型为 int 的私有数据成员 m，并在构造函数中将其初始化为 0。

```
CSDIDispView::CSDIDispView()
{
    //TODO: add construction code here
     m = 0;  //标明图形的类别
}
```

⑤ 为“文本”和“图形”菜单项添加消息处理函数。

打开 MFC ClassWizard 类向导，在 MFC ClassWizard 对话框的 Class name 栏下拉列表中选择 CSDIDispView，在 Object IDs 栏中选择 ID_TEXT，在 Messages 栏选择 COMMAND，单击 Add Function 按钮，接受系统默认函数名，这样就在 CSDIDispView 中添加了“文本”菜单项的消息处理函数，如图 4.4 所示。

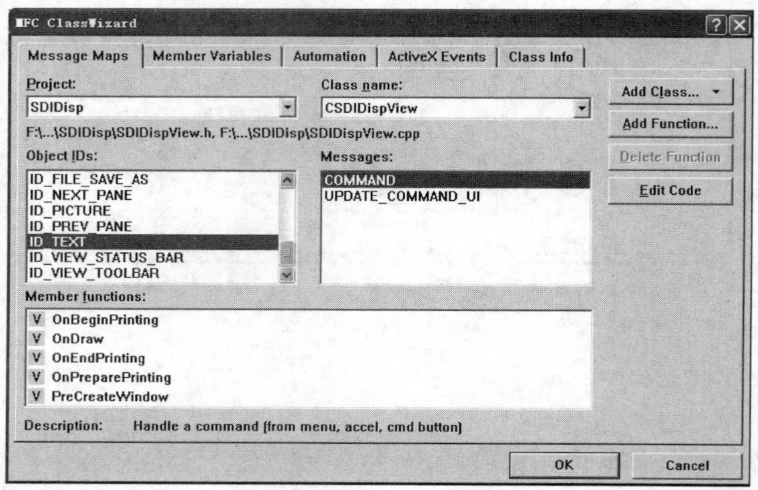

图 4.4　添加菜单项消息处理函数

单击 Edit Code 按钮，为该消息处理函数添加代码。

```
void CSDIDispView::OnText()
{
    //TODO: Add your command handler code here
    m = 1;
    Invalidate();
}
```

用同样的方法为“图形”菜单项添加消息处理函数，并编写代码。

```
void CSDIDispView::OnPicture()
{
    //TODO: Add your command handler code here
    m = 2;
    Invalidate();
}
```

⑥ 在视图类 CSDIDispView 的 OnDraw()函数中添加代码。

```
void CSDIDispView::OnDraw(CDC * pDC)
{
    CSDIDispDoc * pDoc = GetDocument();
    ASSERT_VALID(pDoc);
    //TODO: add draw code for native data here
    if(m == 1)
    {
```

```
        CClientDC dc(this);
        dc.TextOut(20,20,"我已经学会了如何设计菜单程序!");
    }
    else if(m == 2)
    {
        CClientDC dc(this);
        CBrush *BrushOld,BrushNew;
        BrushNew.CreateSolidBrush(RGB(255,0,0));
        BrushOld = dc.SelectObject(&BrushNew);     //选用画刷
        dc.Rectangle(50,50,250,150);
        dc.SelectObject(BrushOld);                 //还原画刷
        BrushNew.DeleteObject();                   //释放画刷
    }
}
```

⑦ 编译、链接并运行程序，分别选择“文本”和“图形”菜单项，结果如图 4.5 所示。

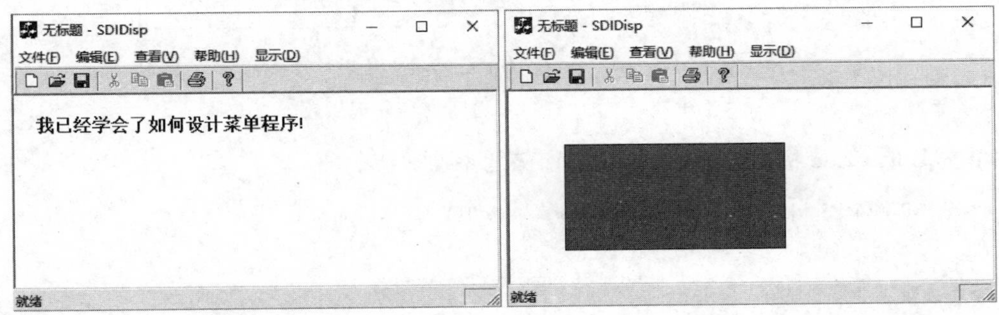

图 4.5　SDIDisp 运行结果 1

(2) 为题(1)中应用程序 SDIDisp 新增的菜单项添加控制功能。当“文本”菜单项被选中后，该菜单项失效，“图形”菜单项有效；当“图形”菜单项被选中后，该菜单项失效，“文本”菜单项有效。

【操作步骤】

① 启动 Visual C++ IDE，打开题(1)中应用程序 SDIDisp。

② 为 CSDIDispView 类添加 2 个类型为 BOOL、属性为 public 的成员变量 m_text 和 m_picture，并在构造函数 CSDIDispView ()中添加阴影部分的代码，将它们初始化。

```
CSDIDispView::CSDIDispView()
{
    // TODO: add construction code here
    m = 0;//
    m_text = true;                          //记录"文本"菜单项的有效性
    m_picture = true;                       //记录"图形"菜单项的有效性
}
```

③ 利用 ClassWizard 类向导，为“文本”和“图形”菜单项添加更新消息处理函数。

在 MFC ClassWizard 对话框的 Class name 下拉列表中选择 CSDIDispView，在 Object IDs 列表框中选择 ID_TEXT，在 Messages 列表框中选择 UPDATE_COMMAND_UI，单击

Add Function 按钮，接受系统默认函数名。这样就在 CSDIDispView 中添加了“文本”菜单项的更新消息处理函数，如图 4.6 所示。

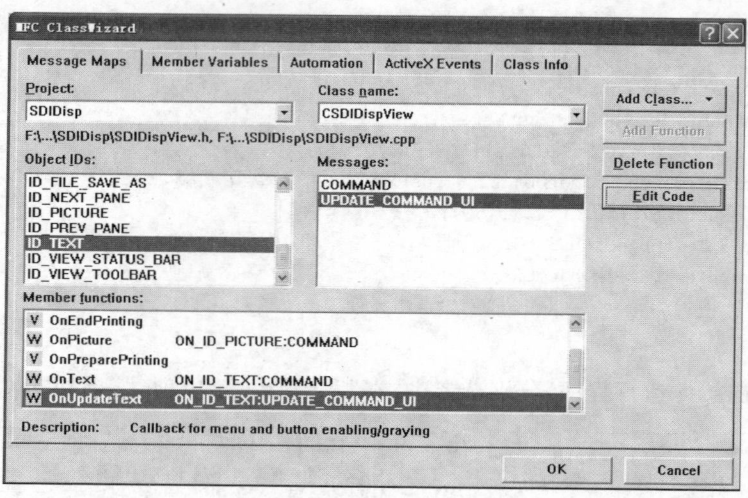

图 4.6　添加菜单项更新消息处理函数

单击 Edit Code 按钮，为更新消息处理函数添加代码。

```
void CSDIDispView::OnUpdateText(CCmdUI * pCmdUI)
{
    // TODO: Add your command update UI handler code here
    pCmdUI->Enable(m_text);
}
```

用同样的方法为“图形”菜单项添加更新消息处理函数，并在相应的处理函数中添加代码。

```
void CSDIDispView::OnUpdatePicture(CCmdUI * pCmdUI)
{
    // TODO: Add your command update UI handler code here
    pCmdUI->Enable(m_picture);
}
```

④ 编辑菜单项消息处理函数，修改菜单项有效性参数。

展开 ClassView 视图中的 CSDIDispView 类，双击打开“文本”和“图形”菜单项的消息处理函数 OnText()及 OnPicture()，在函数中添加如下有阴影部分的代码。

```
void CSDIDispView::OnText()
{
    //TODO: Add your command handler code here
    m_picture = false;
    m = 1;
    Invalidate();
}
void CSDIDispView::OnPicture()
{
    //TODO: Add your command handler code here
```

```
    m_text = false;
    m = 2;
    Invalidate();
}
```

⑤ 编译、链接并运行程序，结果如图 4.7 所示。图中显示的是单击“图形”菜单项后的效果。

(3) 创建一个单文档的应用程序。为该应用程序添加两个按钮到默认工具栏中，单击第一个按钮，在视图窗口中弹出“打开”对话框；单击第二个按钮，在消息框中显示“我已经学会使用默认工具栏了！”文本信息。

【操作步骤】

① 利用 MFC AppWizard[exe]向导生成一个项目名为 XiTi4_3 的单文档应用程序。

② 选择项目工作区中的 ResourceView 视图，展开 Toolbar 文件夹，双击 IDR_MAINFRAME 工具栏资源，打开工具栏资源编辑器，如图 4.8 所示。

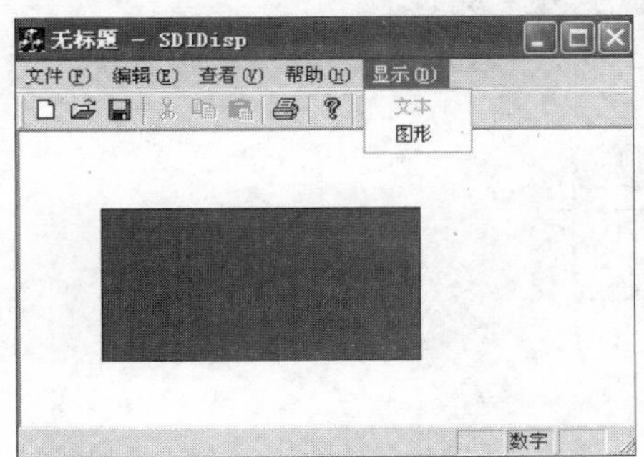

图 4.7　SDIDisp 运行结果 2

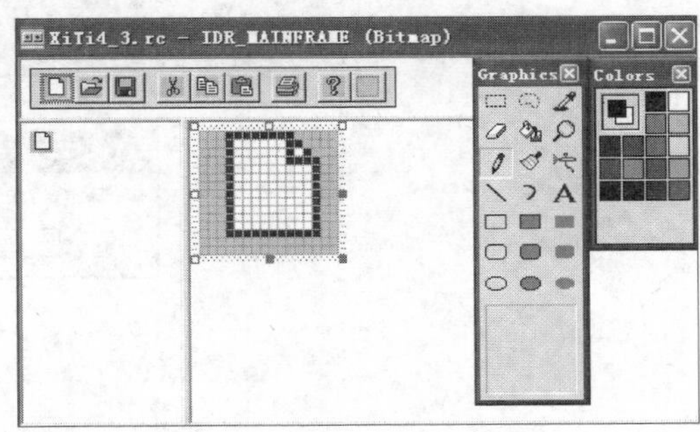

图 4.8　工具栏编辑器

③ 编辑工具栏资源。

用绘图工具及调色板制作 F 按钮，双击工具栏中刚绘制的新按钮，打开其属性设置对话框，设置 ID 为 ID_FILE_OPEN，如图 4.9 所示。用同样的方法定义 T 按钮，设置其 ID 为 ID_TEXT。

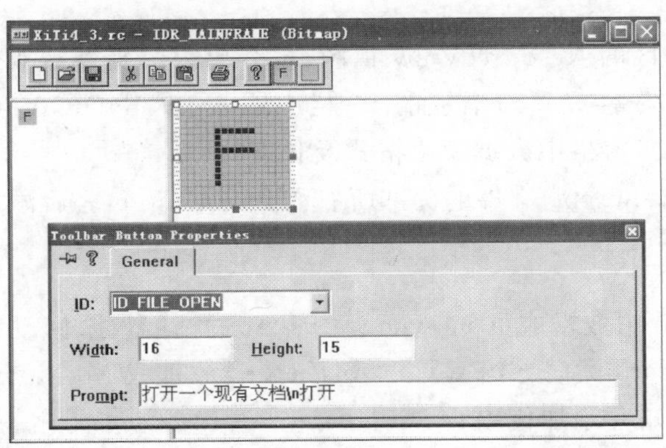

图 4.9　添加工具栏按钮

由于第一个按钮的功能与菜单项“文件”|“打开”一致，只需将它们的ID设为一致即可，不需再给它添加消息处理函数。

④ 利用ClassWizard类向导添加第二个按钮的消息处理函数。

打开MFC ClassWizard对话框，选择Message Maps选项卡，在Class name下拉列表中选择CXiTi4_3View，在Object IDs列表框中选择ID_TEXT，在Messages列表框中选择COMMAND，单击Add Function按钮，再单击Edit Code按钮，在函数中添加如下代码。

```
void CXiTi4_3View::OnText()
{
    // TODO: Add your command handler code here
    MessageBox("我已经学会了使用默认工具栏了!");
}
```

⑤ 编译、链接并运行程序。单击T按钮，结果如图4.10所示。

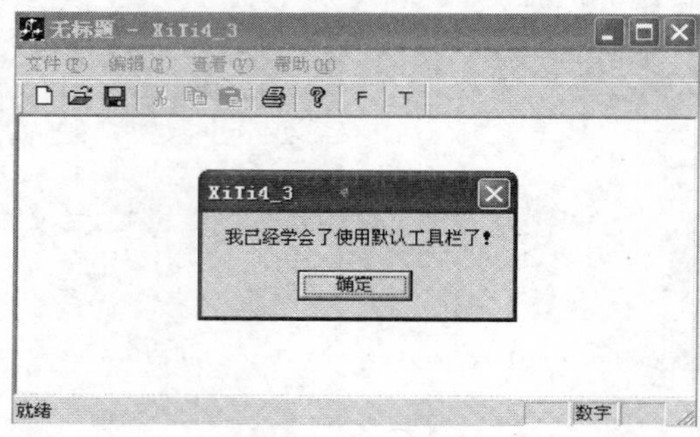

图4.10　XiTi4_3的运行结果

(4) 编写一个单文档的应用程序，在状态栏中显示鼠标光标的坐标。

【操作步骤】

① 使用MFC AppWizard[exe]向导创建一个单文档应用程序XiTi4_4。

② 选择项目工作区的FileView视图，打开MainFrm.cpp文件。在状态栏的静态数组indicators的第一项后面添加ID_INDICATOR_COR，为状态栏增加一个窗格，用来显示鼠标光标的坐标。

③ 选择项目工作区的ResourceView视图，打开串表编辑器。双击串表编辑器中的空白框，在弹出的字符串属性设置对话框的ID栏中输入ID_INDICATOR_COR，在Caption栏中输入000,000，定义窗格中数据输出格式及长度。

④ 在CXiTi4_4View.cpp文件的头部所有的include语句之后添加如下语句：

```
#include "MainFrm.h"
```

⑤ 将MainFrm.h中数据成员m_wndStatusBar的访问权限修改为public。

⑥ 利用ClassWizard类向导给CXiTi4_4View类添加WM_MOUSEMOVE消息处理函数OnMouseMove()，并添加代码。

```
void CXiTi4_4View::OnMouseMove(UINT nFlags, CPoint point)
{
```

```
    // TODO: Add your message handler code here and/or call default
    CString str;
    CMainFrame * pFrame = (CMainFrame * )AfxGetApp() - > m_pMainWnd;
    CStatusBar  * pStatus = &pFrame - > m_wndStatusBar;
    str.Format(" %d, %d",point.x,point.y);
    pStatus - > SetPaneText(pStatus - > CommandToIndex(ID_INDICATOR_COR),str);
    CView::OnMouseMove(nFlags, point);
}
```

⑦ 编译、链接并运行程序。移动鼠标，效果如图 4.11 所示。

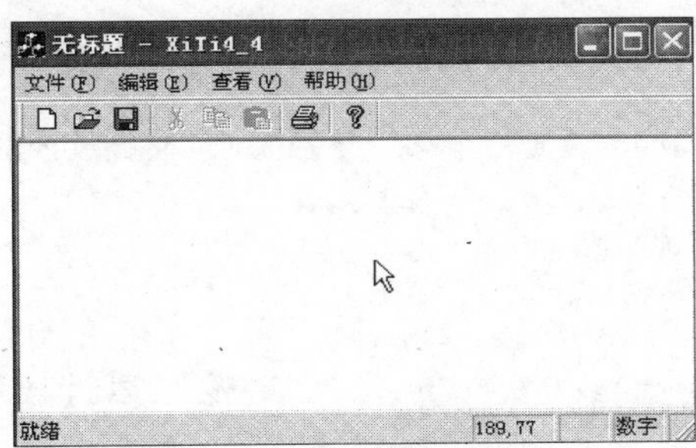

图 4.11　XiTi4_4 的运行效果

(5) 编写一个带有"时间"菜单的应用程序 STime。"时间"菜单中包含"时"、"分"和"秒"三个选项，选择这些选项，可以在视图窗口中分别显示当前系统时间的小时、分钟以及秒。

【操作步骤】

① 利用 MFC AppWizard[exe]向导生成一个项目名为 STime 的单文档应用程序。

② 为程序添加主菜单"时间"。打开菜单编辑器，双击菜单栏右侧的虚线空白菜单项，弹出菜单项属性对话框，在 Caption 栏中输入"时间(&T)"。其他采用系统默认值。

③ 为主菜单"时间"添加菜单项。右击"时间"菜单下的虚线空白菜单项，在弹出的快捷菜单中选择 Properties 命令，打开菜单项属性设置对话框。在 ID 栏中输入 ID_HOUR，Caption 栏中输入"时"。用同样的方法添加"分" 和"秒"菜单项，它们的 ID 和 Caption 分别为 ID_MINUTE、分、ID_SECOND 和秒。

④ 为 CSTimeView 类添加一个类型为 CTime、属性为 public 的成员变量 time，用来记录系统时间。

⑤ 利用 ClassWizard 类向导在 CSTimeView 类中为新增的菜单项添加消息处理函数，并添加代码。

```
void CSTimeView::OnHour()
{
    // TODO: Add your command handler code here
    time = CTime::GetCurrentTime();          //获得系统时间
    CString str = time.Format(" %H");        //将系统时间转换成时格式的字符串
    CClientDC dc(this);
    dc.TextOut(100,100,"现在是" + str + "时");
}
```

```
void CSTimeView::OnMinute()
{
    // TODO: Add your command handler code here
    time = CTime::GetCurrentTime();          //获得系统时间
    CString str = time.Format(" %M");        //将系统时间转换成分格式的字符串
    CClientDC dc(this);
    dc.TextOut(100,100,"现在是" + str + "分");
}
void CSTimeView::OnSecond()
{
    // TODO: Add your command handler code here
    time = CTime::GetCurrentTime();          //获得系统时间
    CString str = time.Format(" %S");        //将系统时间转换成秒格式的字符串
    CClientDC dc(this);
    dc.TextOut(100,100,"现在是" + str + "秒");
}
```

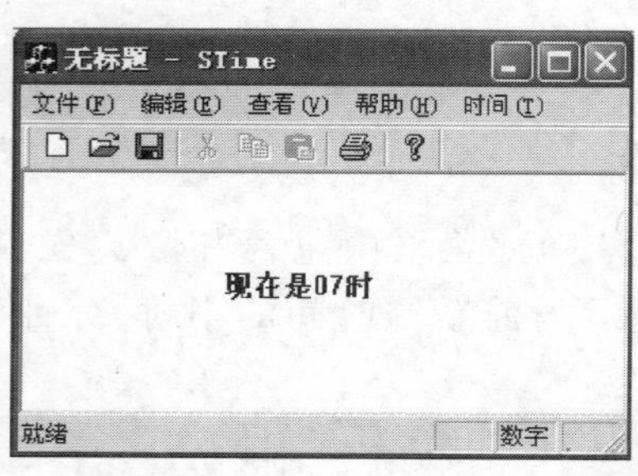

图 4.12 运行结果

⑥ 编译、链接并运行程序，选择“时”菜单项，结果如图 4.12 所示。

(6) 为题(5)中应用程序 STime 新增的菜单添加快捷菜单、工具栏，并在状态栏中显示当前系统时间。

【操作步骤】

① 启动 Visual C++ IDE，打开题(5)中的应用程序 STime。

② 选择 Project | Add To Project | Components and Controls 命令，弹出 Components and Controls Gallery 对话框，如图 4.13 所示。双击打开对话框中的 Visual C++ Components 文件夹，如图 4.14 所示。

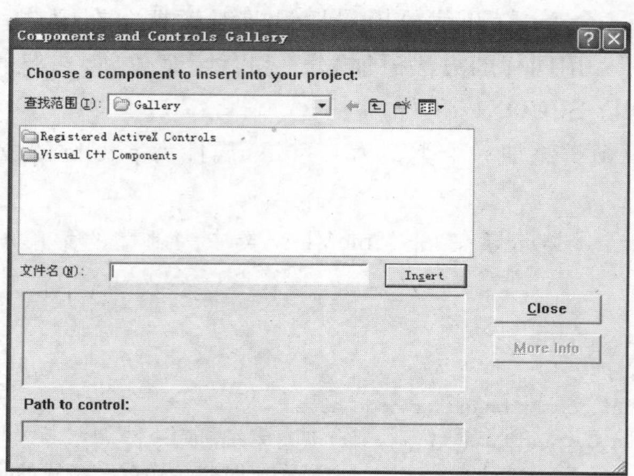

图 4.13 Components and Controls Gallery 对话框

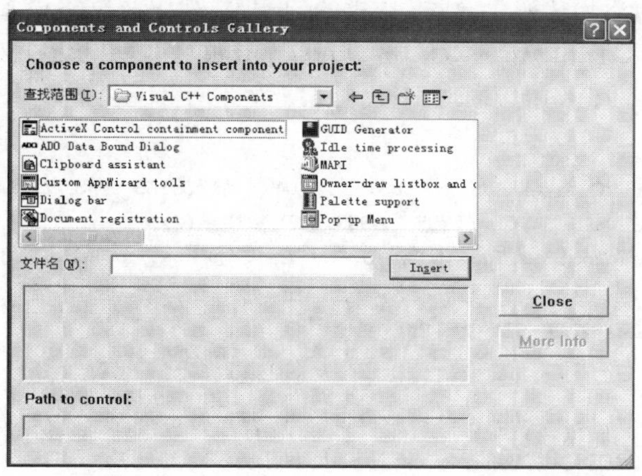

图 4.14　Visual C++Components 列表

③ 选择对话框列表中的 Pop-up Menu 项，单击 Insert 按钮，在弹出的提示对话框中单击 OK 按钮，弹出 Pop-up Menu 对话框，如图 4.15 所示。在 Pop-up Menu 对话框的 Add pop-up menu to 下拉列表中选择 CSTimeView 项，即将创建的快捷菜单与视图类相关联。采用默认的菜单 ID 值，单击 OK 按钮，插入快捷菜单。

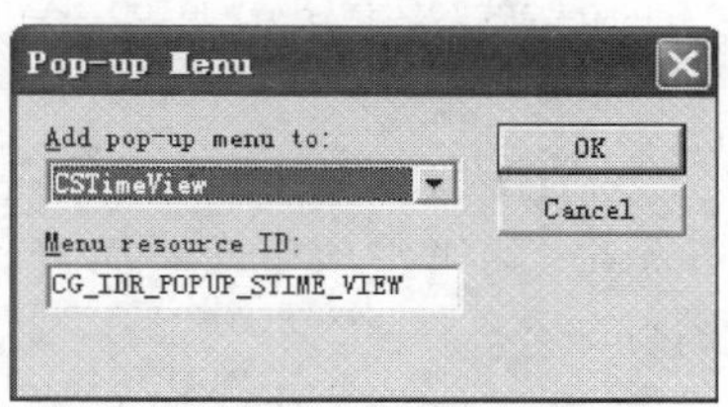

图 4.15　Pop-up Menu 对话框

④ 编辑快捷菜单。展开 ResourceView 视图中的 Menu 文件夹，双击新的菜单资源 CG_IDR_POPUP_STIME_VIEW，打开菜单资源编辑器，删除菜单 POPUP 下的默认菜单项。打开 IDR_MAINFRAME 菜单资源，将主菜单“时间”的所有菜单项复制到剪贴板上。返回到新菜单资源编辑器，将复制的内容粘贴到新的快捷菜单上。这样，快捷菜单就具有了与“时间”主菜单完全相同的功能。

⑤ 选择 Insert | Resource 菜单项，打开 Insert Resource 对话框，如图 4.16 所示。选择 Toolbar 资源，单击 New 按钮插入一个新的工具栏资源，其 ID 采用系统默认值 IDR_TOOLBAR1。在随后打开的工具栏资源编辑器中创建各个按钮，如图 4.17 所示，并设置其 ID 属性与对应的菜单项一致。

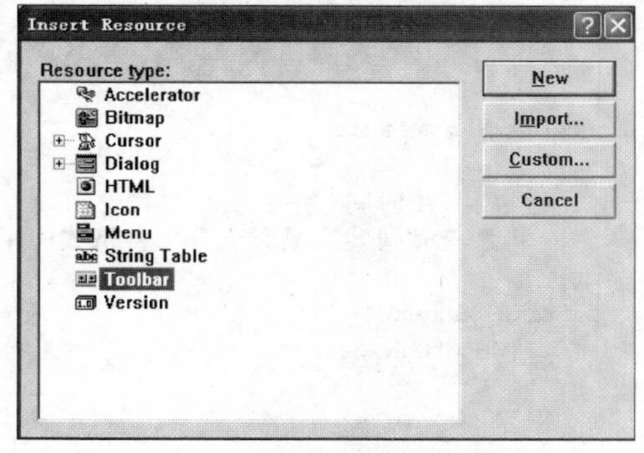

图 4.16　Insert Resource 对话框

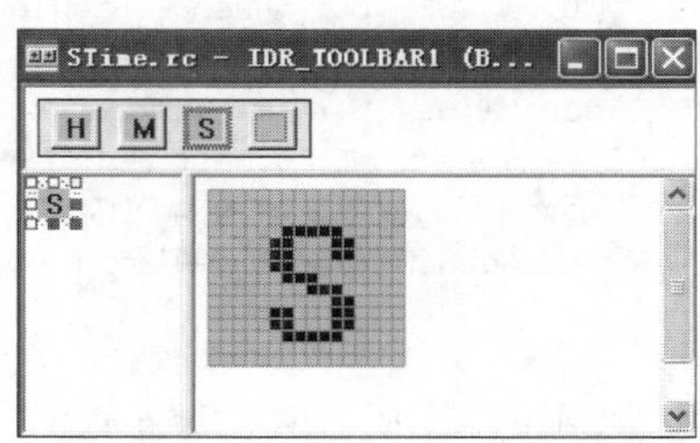

图 4.17　新的工具栏资源

⑥ 在应用程序中添加代码，完成工具栏的创建、装载以及风格设置。在 MainFrm.h 头文件中加入工具栏类 CToolBar 的对象 m_wndToolBar1。打开文件 MainFrm.cpp，在函数 OnCreate()的 return 0;语句前添加如下代码。

```
⋮
if (!m_wndToolBar1.CreateEx(this, TBSTYLE_FLAT, WS_CHILD | WS_VISIBLE | CBRS_TOP | CBRS_
GRIPPER | CBRS_TOOLTIPS | CBRS_FLYBY | CBRS_SIZE_DYNAMIC)||
!m_wndToolBar1.LoadToolBar(IDR_TOOLBAR1))           //创建、装载工具栏，并设置风格
    {
        TRACE0("Failed to create toolbar1\n");
        return -1;                                   //创建失败
    }
//以上设定的工具栏风格为：工具栏初始可见、并放置在窗口顶部，当鼠标箭头在按钮上暂停时，
//显示工具栏提示及工具栏按钮提示，工具栏大小可变
m_wndToolBar1.EnableDocking(CBRS_ALIGN_ANY);          //设置停靠特性
EnableDocking(CBRS_ALIGN_ANY);
DockControlBar(&m_wndToolBar1);                       //指定停靠位置
⋮
```

⑦ 选择项目工作区的 FileView 视图，打开 MainFrm.cpp 文件。在状态栏的静态数组 indicators 的第一项后面添加 ID_INDICATOR_CLOCK，为状态增加一个窗格，用来显示系统时间。

⑧ 选择项目工作区的 ResourceView 视图，打开串表编辑器。双击串表编辑器中的空白框，在弹出的字符串属性设置对话框的 ID 栏中输入 ID_INDICATOR_CLOCK，在 Caption 栏中输入 00：00：00，定义窗格中数据输出格式及长度。

⑨ 在 CMainFrame 类的 OnCreate 函数中添加如下代码。

```
int CMainFrame::OnCreate(LPCREATESTRUCT lpCreateStruct)
{
⋮
  SetTimer(1,1000,NULL);
  return 0;
}
```

⑩ 利用 ClassWizard 类向导给 CMainFrame 类添加 WM_TIMER 和 WM_CLOSE 消息处理函数 OnTimer()和 OnClose()，并添加代码。

```
void CMainFrame::OnTimer(UINT nIDEvent)
{
    // TODO: Add your message handler code here and/or call default
    CTime time;
    time = CTime::GetCurrentTime();                  //获得系统时间
    CString s = time.Format("%H: %M: %S");          //将系统时间转换成时：分：秒格式的字符串
    //更新时间窗格显示的时间内容
    m_wndStatusBar.SetPaneText(m_wndStatusBar.CommandToIndex(
                                          ID_INDICATOR_CLOCK),s);

    CFrameWnd::OnTimer(nIDEvent);
}
void CMainFrame::OnClose()
{
```

```
    // TODO: Add your message handler code here and/or call default
    KillTimer(1);                                    //关闭计时器
    CFrameWnd::OnClose();
}
```

⑪ 编译、链接并运行程序。选择"时"菜单项，结果如图 4.18 所示。

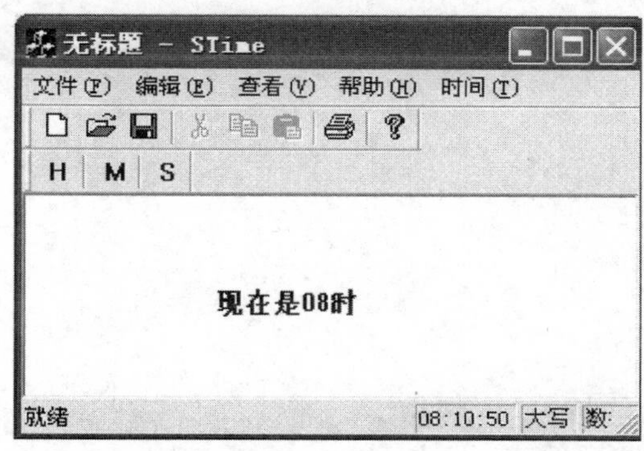

图 4.18　运行结果

第5章 对话框

1. 填空题

(1) 对话框的主要功能是________和________。

【问题解答】输出信息；接收用户的输入

(2) 从对话框的工作方式看，对话框可分为________和________两种类型。

【问题解答】模式对话框；非模式对话框

(3) 对话框主要由________与________两部分组成。

【问题解答】对话框模板资源；对话框类

(4) 使用________函数可以创建模式对话框，使用________函数可以创建非模式对话框。

【问题解答】DoModal；Create

(5) 为了支持属性页对话框，MFC 提供了________类和________类。

【问题解答】CPropertySheet；CPropertyPage

2. 选择题

(1) 对话框的功能被封装在(　　)类中。

A. CWnd　　B. CDialog　　C. CObject　　D. CCmdTarget

【问题解答】B

(2) (　　)是非模式对话框。

A. "查找"对话框　　B. "字体"对话框　　C. "段落"对话框　　D. "颜色"对话框

【问题解答】A

(3) 要将模式对话框在屏幕上显示需要用到(　　)。

A. Create()　　B. DoModal()　　C. OnOK()　　D. 构造函数

【问题解答】B

(4) 通常将对话框的初始化工作放在(　　)函数中进行。

A. OnOK　　B. OnCancel　　C. OnInitDialog　　D. DoModal

【问题解答】C

(5) 使用(　　)通用对话框类可以打开文件。

A. CFileDialog　　B. CColorDialog　　C. CPrintDialog　　D. CFontDialog

【问题解答】A

3. 简答题

(1) 简述创建和使用模式对话框的主要步骤。

【问题解答】 创建和使用模式对话框的主要步骤如下。

① 使用对话框编辑器创建包含不同控件的对话框模板资源。

② 从 MFC 的 CDialog 中派生出一个类,用来负责对话框行为。

③ 利用 ClassWizard 把这个类和先前产生的对话框资源连接起来。

④ 对话框的初始化。

⑤ 创建一个对话框对象,调用 CDialog::DoModal 函数打开对话框。

(2) 如何向对话框模板资源添加控件? 如何添加与控件关联的成员变量?

【问题解答】 在一个对话框资源中增加控件的操作十分方便,只需从控件工具栏中选中要增加的控件,再将此控件拖动至对话框模板中的确定位置上,松开鼠标按键即添加了一个控件。调整控件的位置和大小的操作与 Word 中对文本框的操作完全一样。

可以利用 ClassWizard 类向导的 Member Variables 选项卡为对话框类添加与对话框控件关联的成员变量。在 Member Variables 选项卡中,双击一个 ID 或选定 ID 后,单击 Add Variable 按钮,将弹出 Add Member Variable 对话框。在 Member variable name 文本框中输入成员变量名,在 Category 下拉列表框中选择成员变量的类别。

(3) 什么是 DDX 和 DDV? 编程时如何使用 MFC 提供的 DDX 功能?

【问题解答】 DDX 为对话框数据交换,它用于将成员变量与对话框控件相连接,完成数据在成员变量和控件之间的交换。DDV 为对话框数据验证,它能自动校验输入的数据是否符合设计要求。只需通过 ClassWizard 为对话框类添加与对话框控件关联的成员变量即可使用 MFC 提供的 DDX 功能。

(4) 简述创建属性页对话框的主要步骤。

【问题解答】 创建属性页对话框的主要步骤如下。

① 设计对话框资源。分别为各个页创建对话框模板,每页的模板最好具有相同尺寸,如果尺寸不统一,则框架将根据尺寸最大的页来确定属性页对话框的大小。

② 用 ClassWizard 为每页创建新类,并加入与控件对应的成员变量。

③ 打开属性页对话框。

4. 操作题

(1) 编写一个 SDI 应用程序,执行某菜单命令时打开一个对话框,通过该对话框输入一对坐标值,单击 OK 按钮在视图区中该坐标位置显示自己的姓名。

【操作步骤】

① 利用 MFC AppWizard[exe]向导生成一个项目名为 XiTi5_1 的单文档应用程序。

② 插入新的对话框模板。使用菜单项 Insert|Resource 打开 Insert Resource 对话框,选中 Dialog 后单击 New 按钮,插入一个新的对话框模板。Develop Studio 提供的对话框模板创建了一个基本界面,包括一个 OK(确定)按钮和一个 Cancel(取消)按钮等。可以看到,在项目工作区的 Resource View 面板的 Dialog 文件夹下增加了一个对话框资源 IDD_DIALOG1,如图 5.1 所示。

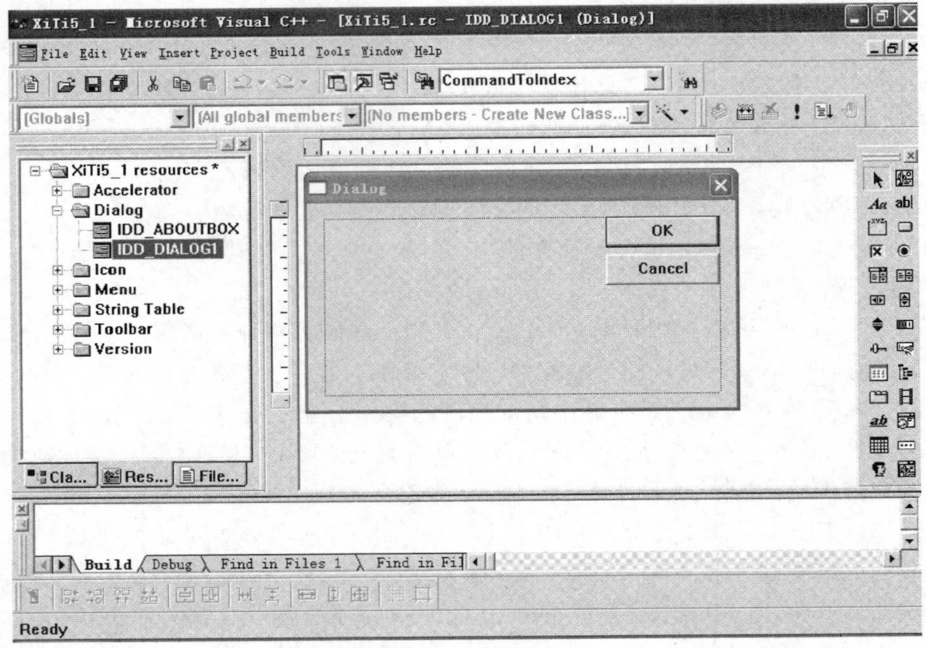

图 5.1　对话框编辑器

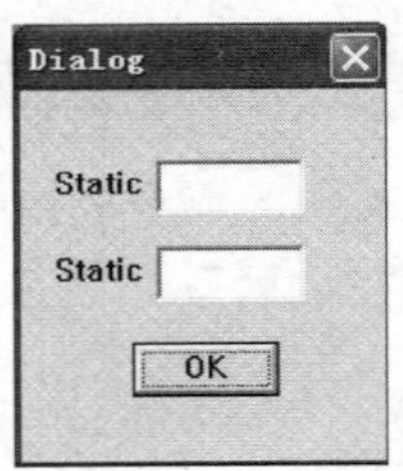

图 5.2　对话框界面

③ 设计对话框的界面。首先删除 Cancel 按钮，然后从 Controls 工具栏选取两个 Aa 静态文本控件，作为输入框的提示文本，再从 Controls 工具栏选取两个 abl 编辑框控件，用来接收输入的数据，最后调整控件的大小和位置，效果如图 5.2 所示。

④ 设置控件的属性。将鼠标指向第一个静态文本控件，右击，在弹出的快捷菜单中选择 Properties 命令，打开属性对话框，将其 Caption 修改为 x:，如图 5.3 所示。用同样的方法修改其他控件

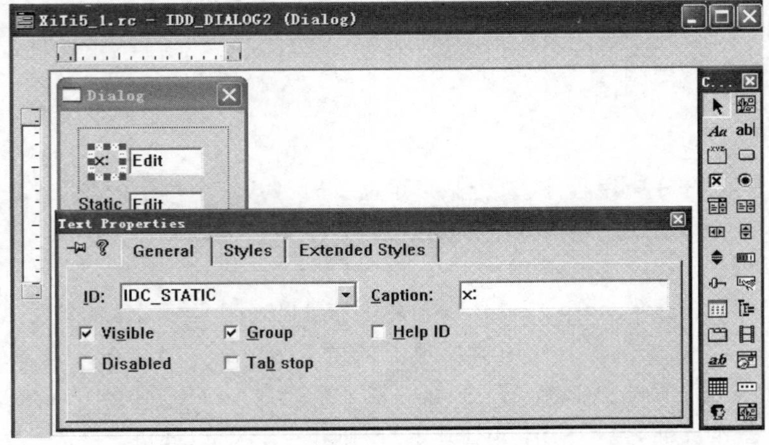

图 5.3　控件属性对话框

的属性。控件的属性如表 5.1 所示。

表 5.1 控件属性

控件类型	ID	Caption
编辑框	IDC_X	
编辑框	IDC_Y	
静态文本	IDC_STATIC	x：
静态文本	IDC_STATIC	y：

⑤ 设置对话框的属性。在对话框任意空白处单击鼠标右键，在弹出的快捷菜单中选择 Properties 命令，在弹出的对话框属性对话框中将 Caption 设置为"输入坐标值"，如图 5.4 所示。

⑥ 创建对话框类。双击对话框任意空白处或打开 MFC ClassWizard 窗口，弹出图 5.5 所示的 Adding a Class 对话框。在弹出的 Adding a Class 对话框中，单击 OK 按钮，弹出 New Class 对话框。在 New Class 对话框中的 Name 文本框中输入新类的名称 CInput，如图 5.6 所示。单击 OK 按钮回到 MFC ClassWizard 对话框，再单击 OK 按钮关闭 ClassWizard。

图 5.4 对话框属性对话框

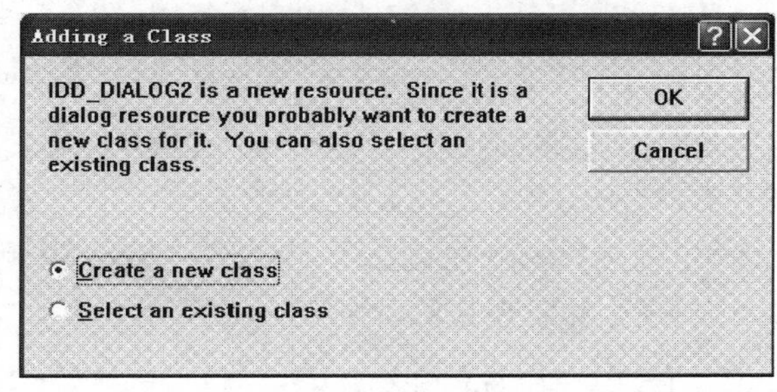

图 5.5 Adding a Class 对话框

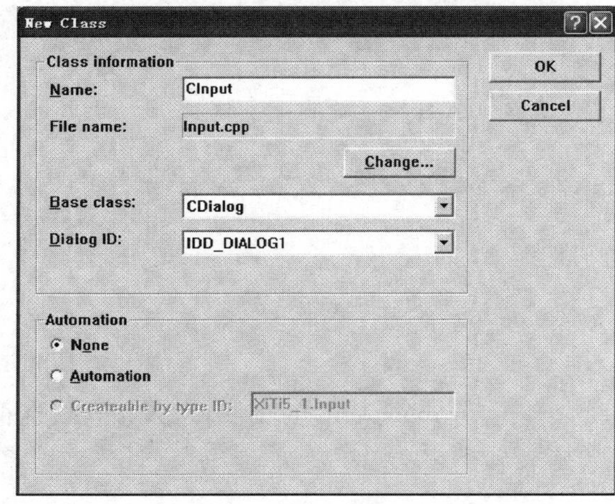

图 5.6 New Class 对话框

⑦ 添加与编辑框控件关联的成员变量。打开 MFC ClassWizard 对话框并选中 Member Variables 选项卡。在 Class name 下拉框中选择 CInput，双击 Control IDs 栏中的编辑框 IDC_X。通过 Add Member Variable 对话框添加成员变量。在 Member variable name 文本框中填写变量名 m_x，在 Category 下拉列表框中选择 Value，在 Variable type 下拉列表框选择数据类型 int，如图 5.7 所示。用同样的方法添加与编辑框 IDC_Y 关联的成员变量 m_y，类型为 int。单击 OK 按钮，关闭 ClassWizard 对话框。

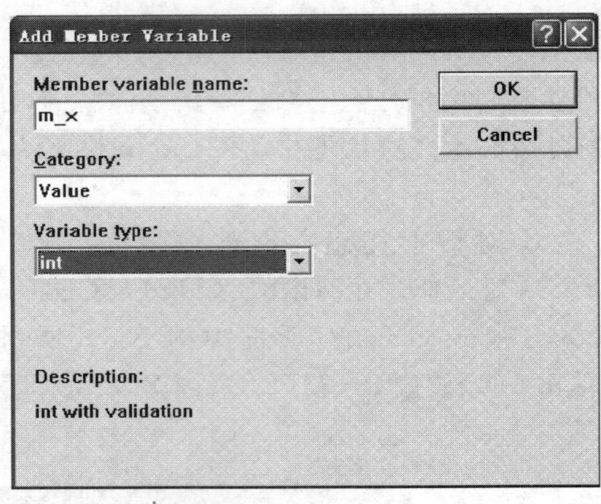

图 5.7　Add Member Variable 对话框

⑧ 使用菜单编辑器增加一个“坐标”主菜单，并在其中添加“坐标值”菜单项，其 ID 为 ID_INPUT。

⑨ 利用 ClassWizard 在视图类 CXiTi5_1View 中为 ID_INPUT 菜单项添加 COMMAND 消息的处理函数，并添加代码。

```
void CXiTi5_1View::OnInput()
{
  // TODO: Add your command handler code here
  int x,y;
  CClientDC dc(this);
  CInput dlg;
  if(dlg.DoModal() == IDOK)
  {
      x = dlg.m_x;
      y = dlg.m_y;
  }
  dc.TextOut(x,y,"自己姓名");
}
```

⑩ 在视图类实现文件 XiTi5_1View.cpp 的头部，加入包含对话框类头文件的语句：

```
#include "Input.h"
```

⑪ 编译、链接并运行程序，选择执行“坐标”|“坐标值”菜单项，打开“输入坐标值”对话框。输入坐标值后，单击 OK 按钮，结果如图 5.8 所示。

图 5.8 XiTi5_1 的运行结果

(2) 采用非模式对话框的方式编写题(1)中的应用程序。

【操作步骤】

① 利用 MFC AppWizard[exe]向导生成一个项目名为 XiTi5_2 的单文档应用程序。

② 与应用程序 XiTi5_1 一样创建对话框资源和对话框类,并在类中添加与控件相关联的成员变量。

③ 定义对话框指针。

在 CXiTi5_2View 视图类中增加 CInput 指针类型的公有成员变量 m_pDlg,并初始化为 NULL。在 Li5_2View.h 文件的头部预编译命令之前增加类的前向声明语句如下:

```
class CInput;
class CXiTi5_2Doc;
```

类的前向声明语句的作用为:由于在 CXiTi5_2View 类中有一个 CInput 类的指针和一个返回值为 CXiTi5_2Doc 指针的 GetDocument 函数,因此必须保证 CInput 类和 CXiTi5_2Doc 类的声明出现在 CXiTi5_2View 之前,否则会产生编译错误。

④ 增加对话框类成员变量接收视图指针。

在 CInput 类中增加 CXiTi5_2View 指针类型的公有成员变量 m_pParent,并在 CInput 类的构造函数中添加对该变量初始化的语句:

```
m_pParent = (CXiTi5_2View * )pParent;
```

这样就可以在 CInput 类的其他函数中利用这个指针向主窗口发送消息了。

在 Input.h 文件的头部预编译命令之前增加类的前向声明语句:

```
class CXiTi5_2View;
```

⑤ 在 XiTi5_2View.cpp 文件的头部添加 include 语句,将对话框类的头文件包含进来。

```
#include "Input.h"
```

⑥ 增加菜单项,使用对话框。使用菜单编辑器在菜单栏中增加一个"坐标"主菜单,并在其中添加"坐标值"菜单项,其 ID 为 ID_INPUT。利用 ClassWizard 在视图类中为 ID_INPUT 菜单项添加 COMMAND 消息的处理函数,并在函数中添加如下代码。

```
void CXiTi5_2View::OnInput()
{
  // TODO: Add your command handler code here
```

```
    if(m_pDlg)
        m_pDlg->SetActiveWindow();          //激活非模态对话框
    else
    {
        //创建非模态对话框
        m_pDlg = new CInput(this);          //创建对话框对象
        m_pDlg->m_pParent = this;           //对话框对象获取主窗口视图指针
        m_pDlg->Create(IDD_DIALOG1,this);  //创建对话框窗口
        m_pDlg->ShowWindow(SW_SHOW);        //显示对话框
    }
}
```

⑦ 在 Input.cpp 文件的头部所有 include 语句之后添加 include 语句，将视图类的头文件包含进来。

```
#include "XiTi5_2View.h"
```

⑧ 利用 ClassWizard 为对话框中的 OK 和 CANCEL 按钮添加自己的处理函数，并添加代码。

```
void CInput::OnOK()
{
  // TODO: Add extra validation here
  UpdateData(true);                       //获取用户数据
  CClientDC dc(m_pParent);                //创建指向主窗口视图的 CClientDC 对象
  dc.TextOut(m_x,m_y,"自己姓名");
}

void CInput::OnCancel()
{
  // TODO: Add extra cleanup here
  if(m_pParent != NULL)
  {
      m_pParent->m_pDlg = NULL;           //表明对话框对象已不存在了
      DestroyWindow();                    //删除对话框窗口
  }
}
```

⑨ 利用 ClassWizard 在对话框类 CInput 中添加 PostNcDestroy 消息的处理函数，并添加代码。

```
void CSquare::PostNcDestroy()
{
  // TODO: Add your specialized code here and/or call the base class
  CDialog::PostNcDestroy();
  delete this;                            //删除对话框对象
}
```

⑩ 编译、链接并运行程序，选择执行“坐标”|“坐标值”菜单项，打开“输入坐标值”对话框。输入坐标值后，单击 OK 按钮，结果如图 5.9 所示。

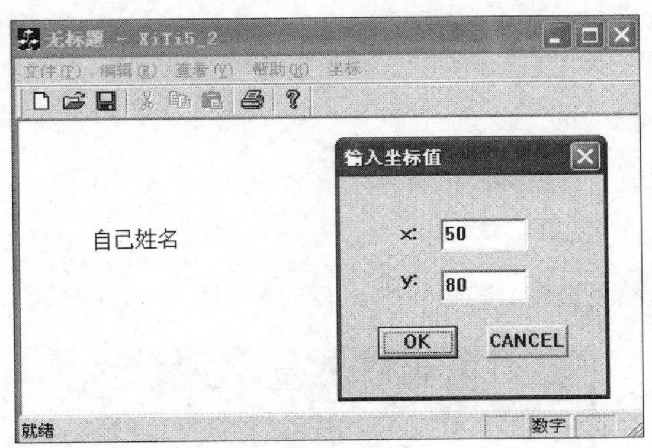

图 5.9　XiTi5_2 的运行结果

(3) 编写一个单文档的应用程序，为该应用程序添加两个按钮到工具栏中，单击第一个按钮，在视图窗口中弹出“打开”对话框，并在该对话框中列出当前目录下的所有位图文件；单击第二个按钮，利用颜色选择对话框选择颜色，并在视图区画一个该颜色的矩形。

【操作步骤】

① 利用 MFC AppWizard[exe]向导生成一个项目名为 XiTi5_3 的单文档应用程序。

② 选择项目工作区中的 ResourceView 视图，展开 Toolbar 文件夹，双击 IDR_MAINFRAME 工具栏资源，打开工具栏资源编辑器。

③ 编辑工具栏资源。用绘图工具及调色板制作 O 按钮，双击工具栏中刚绘制的新按钮，打开其属性设置对话框，设置 ID 为 ID_MYOPEN。用同样的方法定义 C 按钮，设置其 ID 为 ID_COLOR。

④ 利用 ClassWizard 在视图类中为两个新增按钮添加 COMMAND 消息的处理函数，并在函数中添加代码。

```
void CXiTi5_3View::OnMyopen()
{
  // TODO: Add your command handler code here
  CString FilePathName;
  CFileDialog dlg(TRUE,"bmp","*.bmp",
              OFN_HIDEREADONLY|OFN_ALLOWMULTISELECT,
              "位图文件(*.bmp)|*.bmp||");
  dlg.DoModal();
}

void CXiTi5_3View::OnColor()
{
  // TODO: Add your command handler code here
  COLORREF m_cc;
  CColorDialog dlg;                        //构建一个 CColorDialog 对象
  if(dlg.DoModal() == IDOK)
  {
      CPen newpen, *oldpen;
      CClientDC dc(this);
      m_cc = dlg.GetColor();               //得到在对话框中选择的颜色
```

```
        //用得到的颜色画矩形
        newpen.CreatePen(PS_SOLID,2,m_cc);
        oldpen = dc.SelectObject(&newpen);
        dc.Rectangle(50,100,200,200);
        dc.SelectObject(oldpen);
    }
}
```

⑤ 编译、链接并运行程序。单击 C 按钮，结果如图 5.10 所示。

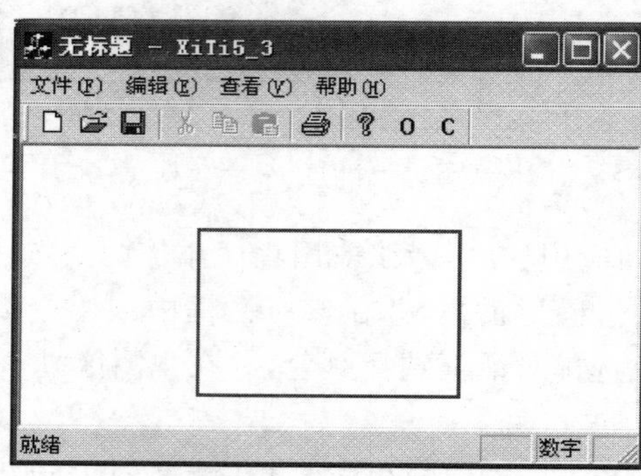

图 5.10　XiTi5_3 的运行结果

第6章 Windows常用控件

1. 填空题

(1) Windows系统提供的标准控件主要包括________、________、________、________、________和________等。

【问题解答】静态控件；编辑框；按钮；列表框；组合框；滚动条

(2) Windows标准控件的属性设置通常由________、________及________三个选项卡构成。

【问题解答】General；Style；Extend Styles

(3) 当编辑框中的文本已被修改，在新的文本显示之后发送________通知消息。

【问题解答】EN_CHANGE

(4) CButton类控件包括________、________、________和________四种类型。

【问题解答】按键按钮；单选按钮；复选框；组框

(5) 一组单选按钮在对话框类中只能映射一个________类型值变量，对应单选按钮在组中的序号，序号从________开始。

【问题解答】int；0

(6) 向列表框增加列表项使用CListBox类成员函数________或________。

【问题解答】AddString；InsertString

(7) 组合框是多个控件的组合，包括________、________和________。

【问题解答】编辑框；列表框；按钮

(8) 一个旋转按钮控件通常是与一个相伴的控件一起使用的，这个控件称为________。该控件的Tab键次序必须________旋转按钮。

【问题解答】"伙伴窗口"；小于

(9) 当滑块滑动时，滑动条控件将发送滚动消息来通知父窗口。垂直滑动条发送________消息，水平滑动条发送________消息。

【问题解答】WM_VSCROLL；WM_HSCROLL

(10) MFC的________类封装了进度条控件的各种操作，该类的成员函数________用来设置进度条的范围。

【问题解答】CProgressCtrl；SetRange()

2. 简答题

（1）在应用程序中访问控件的方法有哪些？

【问题解答】在应用程序中访问控件一般有三种方法。

① 利用对话框的数据交换功能访问控件。

② 通过控件对象来访问控件。

③ 利用 CWnd 类的一些用于管理控件的成员函数来访问控件。

（2）单选按钮控件如何成组？

【问题解答】将一组单选按钮放在一个组框控件中，并为同组中的第一个单选按钮设置 Group 属性。

（3）组合框与列表框相比有什么不同？如何给组合框添加初始的列表项？

【问题解答】列表框可列出各种可能的选项，但用户不能在列表框中输入新的列表项。而组合框不仅可以显示列表项供用户进行选择，而且允许用户输入新的列表项。

可以通过组合框控件属性对话框的 Data 选项卡给组合框添加初始的列表项。

3. 操作题

（1）编写一个对话框应用程序，程序运行时，通过编辑框输入被减数与减数的值，单击"计算"按钮，将显示这两个数的差。

【操作步骤】

① 利用 MFC AppWizard[exe]向导创建基于对话框的应用程序 XiTi6_1，将对话框的 Caption 改为"计算两数的差"。

② 设计对话框界面，如图 6.1 所示。

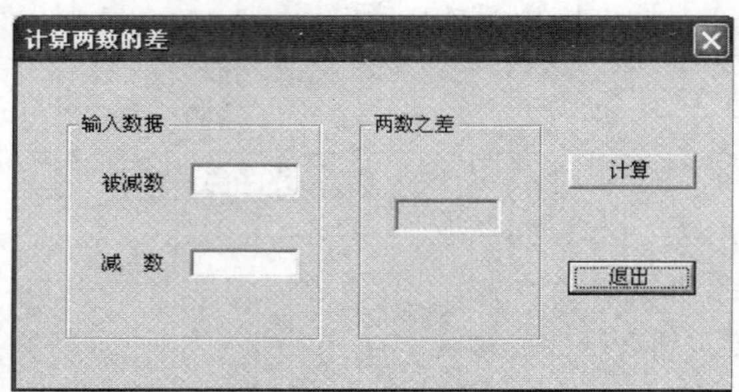

图 6.1　对话框界面

③ 设置控件属性，并利用 ClassWizard 类向导为有关控件添加关联成员变量，如表 6.1 所示。

表 6.1　对话框控件及成员变量

控件类型	ID	Caption	属性	成员变量
组框	IDC_STATIC	输入数据	默认	
组框	IDC_STATIC	两数之差	默认	
静态文本	IDC_STATIC	被减数	默认	

续表

控件类型	ID	Caption	属性	成员变量
静态文本	IDC_STATIC	减数	默认	
编辑框	IDC_BJS		默认	double m_bjs
编辑框	IDC_JS		默认	double m_js
编辑框	IDC_CHA		Rea-only	double m_cha
按钮	IDC_JISUAN	计算	默认	
按钮	IDCANCEL	退出	默认	

④ 利用 ClassWizard 类向导为"计算"按钮在对话框类 CXiTi6_1Dlg 中添加 BN_CLICKED 消息处理函数,并添加代码。

```
void CXiTi6_1Dlg::OnJisuan()
{
  // TODO: Add your control notification handler code here
  UpdateData(true);           //将控件显示的数据传给关联的成员变量
  m_cha = m_bjs - m_js;
  UpdateData(false);          //将成员变量数据传给控件,并在控件中显示
}
```

⑤ 编译、链接并运行程序。在编辑框输入被减数与减数的值后,单击"计算"按钮,效果如图 6.2 所示。

(2) 编写一个单文档应用程序,用菜单命令打开一个对话框,通过该对话框中的红色、绿色和蓝色单选按钮选择颜色,在视图中绘制不同颜色的矩形。

【操作步骤】

① 利用 MFC AppWizard[exe]向导生成一个项目名为 XiTi6_2 的单文档应用程序。

② 插入新的对话框模板,将对话框的 Caption 值改为"选择颜色",并利用 ClassWizard 类向导创建对话框类 CColorDlg。

③ 设计对话框的界面,如图 6.3 所示。

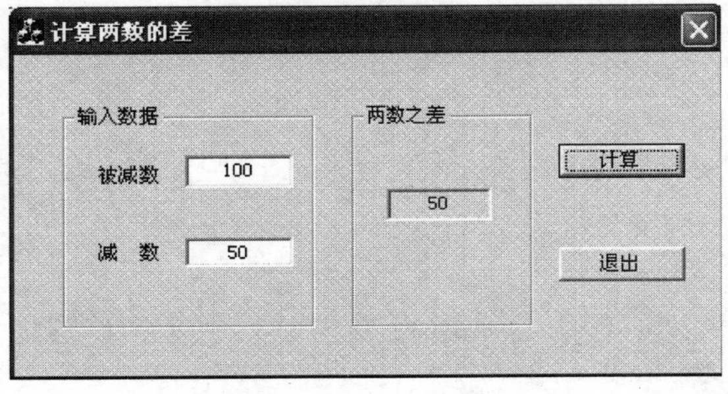

图 6.2 XiTi6_1 的运行结果

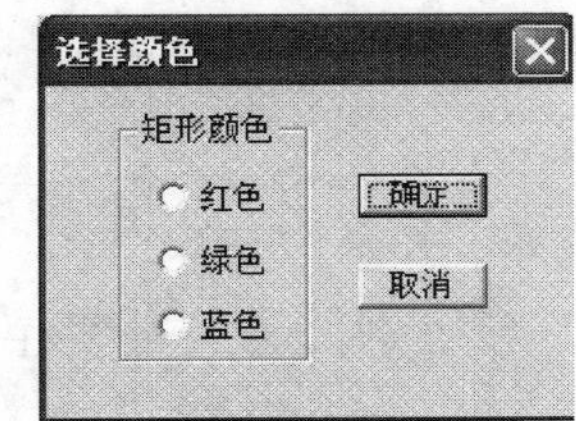

图 6.3 对话框界面

④ 设置控件的属性,并利用 ClassWizard 类向导为有关控件添加关联成员变量,如表 6.2 所示。

表 6.2　对话框控件及成员变量

控件类型	ID	Caption	属性	成员变量
组框	IDC_STATIC	矩形颜色	默认	
单选按钮	IDC_RED	红色	Group	int　m_color
单选按钮	IDC_GREEN	绿色	默认	
单选按钮	IDC_BLUE	蓝色	默认	
按钮	IDOK	确定	默认	
按钮	IDCANCEL	取消	默认	

⑤ 使用菜单编辑器增加一个“选择”主菜单，并在其中添加“颜色”菜单项，其 ID 为 ID_COLOR。

⑥ 利用 ClassWizard 在视图类 CXiTi6_2View 中为 ID_COLOR 菜单项添加 COMMAND 消息的处理函数，并添加代码。

```
void CXiTi6_2View::OnColor()
{
  // TODO: Add your command handler code here
  CClientDC dc(this);
  CColorDlg dlg;
  if(dlg.DoModal() == IDOK)
  {
      switch(dlg.m_color)
      {
      case 0:
          color = RGB(255,0,0);
          break;
      case 1:
          color = RGB(0,255,0);
          break;
      case 2:
          color = RGB(0,0,255);
      }
  CPen mypen;
  mypen.CreatePen(PS_SOLID,2,color);
  dc.SelectObject(&mypen);
  dc.Rectangle(100,30,180,90);
  }
}
```

⑦ 在视图类实现文件 XiTi6_2View.cpp 的头部，加入包含对话框类头文件的语句：

```
#include "ColorDlg.h"
```

⑧ 编译、链接并运行程序，选择“选择”|“颜色”菜单项，打开“选择颜色”对话框。选择“红色”，再单击“确定”按钮，结果如图 6.4 所示。

(3) 编写一个单文档应用程序，为程序添加一个工具栏按钮，单击该按钮弹出一个对话框，通过该对话框中的红色、绿色和蓝色复选按钮选择颜色，在视图中输出一行文本。

【操作步骤】

① 利用 MFC AppWizard[exe]向导生成一个项目名为 XiTi6_3 的单文档应用程序。

② 插入新的对话框模板，将对话框的 Caption 值改为“选择颜色”，并利用 ClassWizard 类向导创建对话框类 CColorDlg。

③ 设计对话框的界面，如图 6.5 所示。

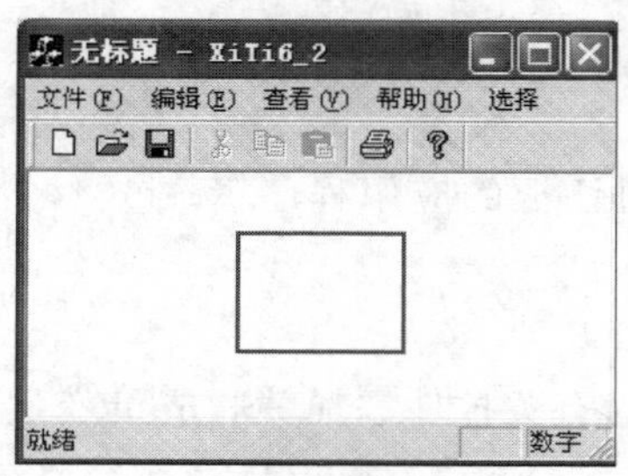

图 6.4　XiTi6_2 的运行结果

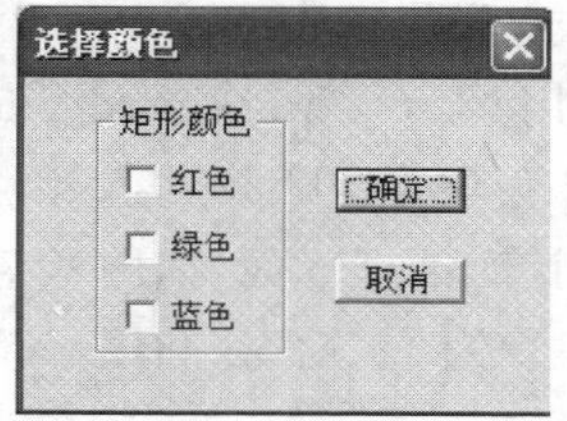

图 6.5　对话框界面

④ 设置控件的属性，并利用 ClassWizard 类向导为有关控件添加关联成员变量，如表 6.3 所示。

表 6.3　对话框控件及成员变量

控件类型	ID	Caption	属性	成员变量
组框	IDC_STATIC	矩形颜色	默认	
复选按钮	IDC_RED	红色	默认	BOOL　m_red
复选按钮	IDC_GREEN	绿色	默认	BOOL　m_green
复选按钮	IDC_BLUE	蓝色	默认	BOOL　m_blue
按钮	IDOK	确定	默认	
按钮	IDCANCEL	取消	默认	

⑤ 使用工具栏资源编辑器增加一个 C 按钮，设置其 ID 为 ID_COLOR。

⑥ 利用 ClassWizard 在视图类 CXiTi6_3View 中为 ID_COLOR 按钮添加 COMMAND 消息的处理函数，并添加代码。

```
void CXiTi6_3View::OnColor()
{
  // TODO: Add your command handler code here
  CClientDC dc(this);
  COLORREF color = RGB(0,0,0);
  CColorDlg dlg;
  if(dlg.DoModal() == IDOK)
  {
      color = RGB(dlg.m_red? 255:0,dlg.m_green? 255:0,dlg.m_blue? 255:0);
      dc.SetTextColor(color);
      dc.TextOut(100,50,"演示文本");
  }
}
```

⑦ 在视图类实现文件 XiTi6_3View.cpp 的头部，加入包含对话框类头文件的语句：

```
#include "ColorDlg.h"
```

⑧ 编译、链接并运行程序，单击 C 按钮，打开"选择颜色"对话框。选择"红色"和"蓝色"的组合，再单击"确定"按钮，结果如图 6.6 所示。

(4) 编写一个对话框应用程序，根据用户从列表框中选择的线条样式，在对话框中绘制一个矩形区域。线条样式有水平线、竖直线、向下斜线和十字线 4 种画刷。

【操作步骤】

① 利用 MFC AppWizard[exe]向导创建基于对话框的应用程序 XiTi6_4，将对话框的 Caption 值改为"使用列表框"。

② 设计对话框界面，如图 6.7 所示。

③ 设置控件属性，并利用 ClassWizard 类向导为有关控件添加关联成员变量，如表 6.4 所示。

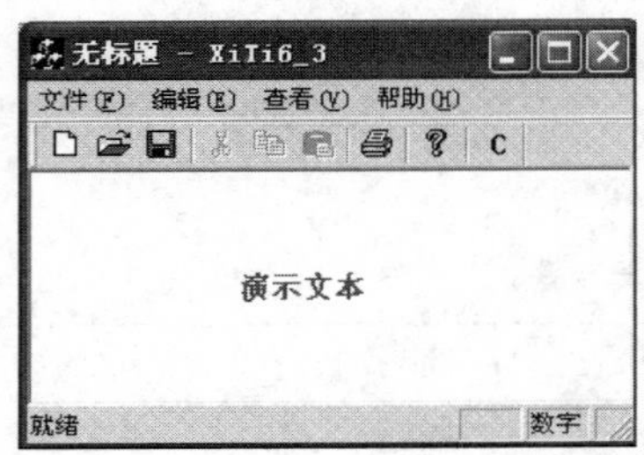

图 6.6 XiTi6_3 的运行结果

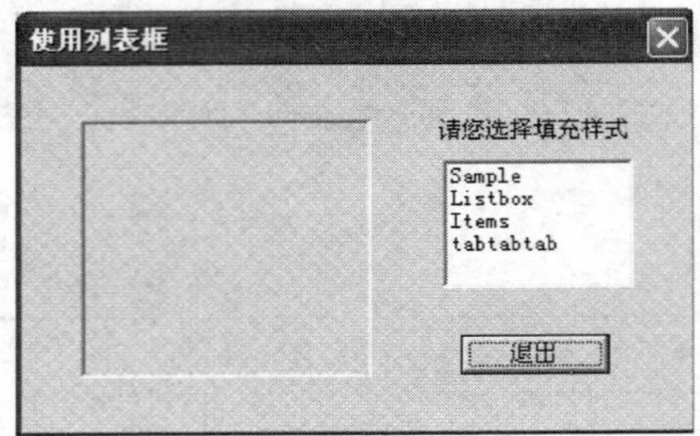

图 6.7 对话框界面

表 6.4 对话框控件及成员变量

控件类型	ID	Caption	属性	成员变量
静态文本	IDC_STATIC	请您选择填充样式	默认	
静态文本	IDC_DRAW		Border	
列表框	IDC_LIST		取消 Sort	CListBox m_list
按钮	IDOK	退出		

④ 在 XiTi6_4Dlg.h 头文件中定义一个 int 型的私有成员变量 m_Drawlist，用于保存绘图的样式。

⑤ 在 CXiTi6_4Dlg::OnInitDialog 函数中添加初始化代码。

```
BOOL CXiTi6_4Dlg::OnInitDialog()
{
    ...
    // TODO: Add extra initialization here
    CString str[4] = {"水平线","垂直线","向下斜线","十字线"};
    int nIndex;
    for(int i = 0;i < 4;i++)
    {
        nIndex = m_list.AddString(str[i]);                //向列表框添加线条样式
```

```
        m_list.SetItemData(nIndex,i);                   //建立列表项与i关联
    }
    m_list.SetCurSel(0);
    m_Drawlist = 0;
    return TRUE;  // return TRUE unless you set the focus to a control
}
```

⑥ 在CXiTi6_4Dlg∷OnPaint函数的首部添加代码,绘制一个矩形区域。

```
void CXiTi6_4Dlg::OnPaint()
{
    CWnd *pWnd = GetDlgItem(IDC_DRAW);                  //获取绘图区域
    pWnd->UpdateWindow();
    CDC *pDC = pWnd->GetDC();                           //获得设备环境
    CBrush drawBrush;
    drawBrush.CreateHatchBrush(m_Drawlist,RGB(0,0,0));  //创建阴影画刷
    CBrush *pOldBrush = pDC->SelectObject(&drawBrush);
    CRect rcClient;
    pWnd->GetClientRect(rcClient);                      //获取绘图区域的大小
    pDC->Rectangle(rcClient);
    pDC->SelectObject(pOldBrush);
    …
}
```

⑦ 利用ClassWizard类向导为列表框添加消息LBN_SELCHANGE的处理函数,并添加代码,根据从列表框中选择的线条样式,更新矩形区域。

```
void CXiTi6_4Dlg::OnSelchangeList()
{
    // TODO: Add your control notification handler code here
    int nIndex = m_list.GetCurSel();                    //获得当前列表项的索引
    if(nIndex!= LB_ERR)
    {
        m_Drawlist = m_list.GetItemData(nIndex);        //获得关联数据
        Invalidate();                                   //更新显示
        if(m_Drawlist == 3) m_Drawlist = 4;
    }
}
```

⑧ 编译、链接并运行程序,选择"十字线",效果如图6.8所示。

(5) 用组合框取代列表框,实现操作题(4)相同功能。

【操作步骤】

① 利用MFC AppWizard[exe]向导创建基于对话框的应用程序XiTi6_5,将对话框的Caption值改为"使用组合框"。

② 设计对话框界面,如图6.9所示。

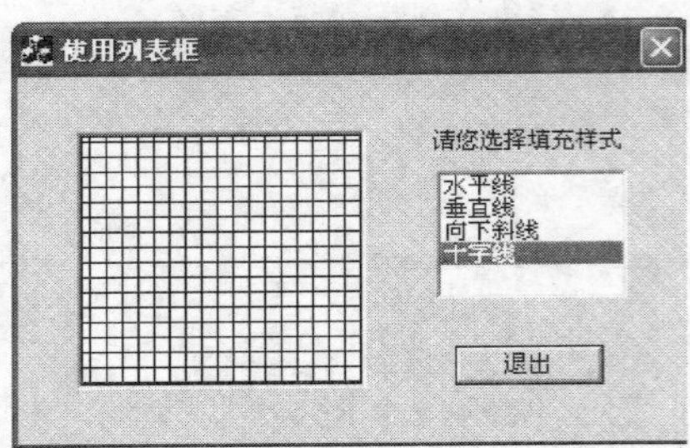

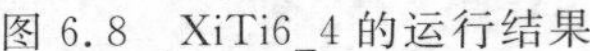
图 6.8 XiTi6_4 的运行结果

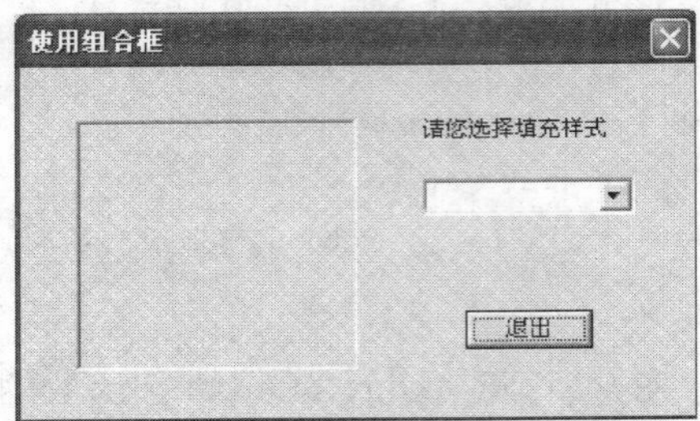

图 6.9 对话框界面

③ 设置控件属性，并利用 ClassWizard 类向导为有关控件添加关联成员变量，如表 6.5 所示。

表 6.5 对话框控件及成员变量

控件类型	ID	Caption	属性	成员变量
静态文本	IDC_STATIC	请您选择填充样式	默认	
静态文本	IDC_DRAW		Border	
组合框	IDC_PATTERN		取消 Sort	CComboBox m_Pattern
按钮	IDOK	退出	默认	

④ 在 XiTi6_5Dlg.h 头文件中定义一个整型的私有成员变量 m_DrawPattern，用于保存绘图的样式。

⑤ 在 CXiTi6_5Dlg::OnInitDialog 函数中添加初始化代码。

```
BOOL CXiTi6_5Dlg::OnInitDialog()
{
    ...
    // TODO: Add extra initialization here
    CString str[4] = {"水平线","垂直线","向下斜线","十字线"};
    int nIndex;
    for(int i = 0;i < 4;i++)
    {
        nIndex = m_Pattern.AddString(str[i]);
        m_Pattern.SetItemData(nIndex,i);
    }
    m_Pattern.SetCurSel(0);
    m_DrawPattern = 0;
    return TRUE; // return TRUE unless you set the focus to a control
}
```

⑥ 在 CXiTi6_5Dlg:: OnPaint 函数的首部添加代码，绘制一个矩形区域。

```
void CXiTi6_5Dlg::OnPaint()
{
    CWnd * pWnd = GetDlgItem(IDC_DRAW);                    //获取绘图区域
    pWnd -> UpdateWindow();
    CDC * pDC = pWnd -> GetDC();                           //获得设备环境
```

```
    CBrush drawBrush;
    drawBrush.CreateHatchBrush(m_DrawPattern,RGB(0,0,0));  //创建阴影画刷
    CBrush *pOldBrush = pDC->SelectObject(&drawBrush);
    CRect rcClient;
    pWnd->GetClientRect(rcClient);                       //获取绘图区域的大小
    pDC->Rectangle(rcClient);
    pDC->SelectObject(pOldBrush);
    …
}
```

⑦ 利用 ClassWizard 类向导为组合框添加消息 CBN_SELCHANGE 的处理函数，并添加代码，根据从组合框中选择的线条样式，更新矩形区域。

```
void CXiTi6_5Dlg::OnSelchangePattern()
{
    // TODO: Add your control notification handler code here
    int nIndex = m_Pattern.GetCurSel();
    if(nIndex!= CB_ERR)
    {
        m_DrawPattern = m_Pattern.GetItemData(nIndex);
        Invalidate();
        if(m_DrawPattern == 3) m_DrawPattern = 4;
    }
}
```

⑧ 编译、链接并运行程序，选择“十字线”，效果如图 6.10 所示。

(6) 编写一个基于对话框的应用程序，程序运行时，用红色填充一块矩形区域，该区域的亮度由旋转按钮调节。

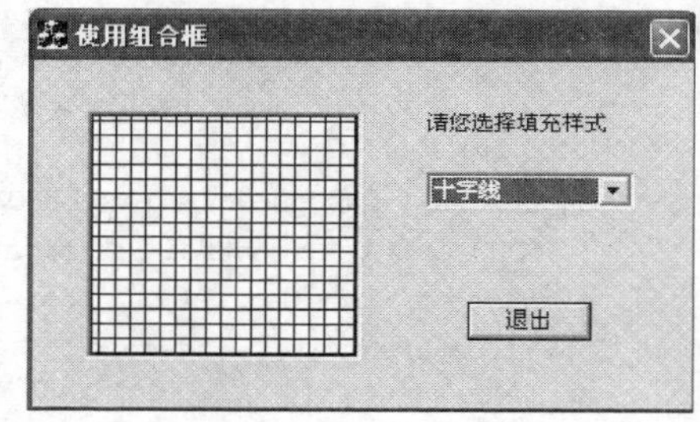

图 6.10 XiTi6_5 的运行结果

【操作步骤】

① 创建基于对话框的应用程序 XiTi6_6。

② 设计对话框界面，如图 6.11 所示。

③ 设置控件属性，并利用 ClassWizard 类向导为有关控件添加关联成员变量，如表 6.6 所示。为了把旋转按钮和编辑框关联在一起，需将它们的 Tab Order 顺序连续设置，如图 6.12 所示，并设置旋转按钮的 Vertical、Right、Auto buddy、Set buddy integer 和 Arrow keys 属性。为了限制用户输入一个无效值，设置编辑框的 Read-only 属性。

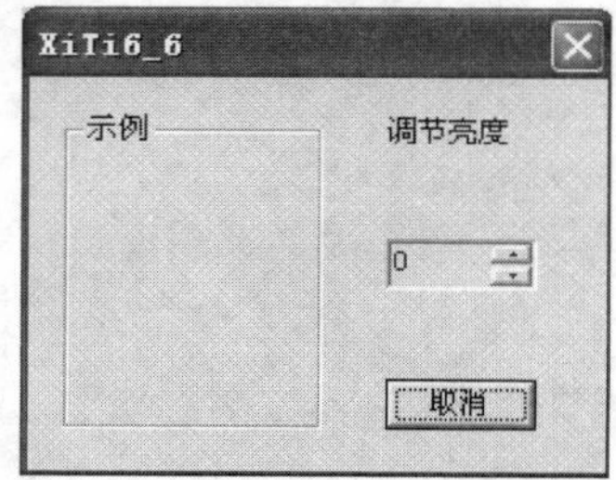

图 6.11 对话框界面

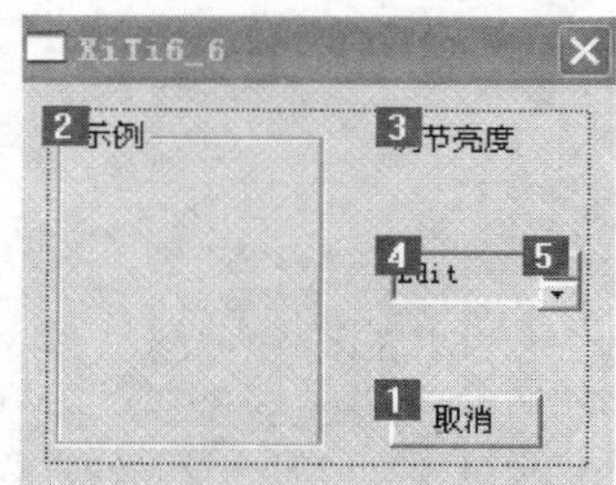

图 6.12 控件 Tab Order 顺序

表 6.6 对话框控件及成员变量

控件类型	ID	Caption	成员变量
组框	IDC_SAMPLE	示例	
静态文本	IDC_STATIC	调节亮度	
编辑框	IDC_LIGHT		
旋转按钮	IDC_SPIN		CSpinButtonCtrl m_spin

④ 为对话框类 CXiTi6_6Dlg 添加两个成员变量，一个是 int 类型的 m_color，用来存放用户输入的亮度值；另一个是 CRect 类型的 m_rectsample，用于指定填充区域。

⑤ 在对话框类 CXiTi6_6Dlg 的初始化成员函数 OnInitDialog()中添加代码，设定填充区域的初始亮度及旋转按钮的调节范围和初始位置。

```
BOOL CXiTi6_6Dlg::OnInitDialog()
{
  ⋮
  // TODO: Add extra initialization here
  m_color = 255;
  m_spin.SetRange(0,255);           //设置旋转按钮的最大值与最小值
  m_spin.SetPos(255);               //设置旋转按钮的初始位置
  return TRUE; // return TRUE unless you set the focus to a control
}
```

⑥ 利用 ClassWizard 类向导为旋转按钮在对话框类 CXiTi6_6Dlg 中添加消息 UDN_DELTAPOS 的处理函数，并添加代码。当输入亮度发生改变时，在示例组框中显示填充效果。

```
void CXiTi6_6Dlg::OnDeltaposSpin(NMHDR * pNMHDR, LRESULT * pResult)
{
  NM_UPDOWN * pNMUpDown = (NM_UPDOWN *)pNMHDR;
  // TODO: Add your control notification handler code here
  m_color = m_spin.GetPos();           //获得颜色值
  InvalidateRect(&m_rectsample);       //使填充区域无效
  UpdateWindow();                      //更新窗口
  * pResult = 0;
}
```

⑦ 修改对话框类 CXiTi6_6Dlg 的成员函数 OnPaint()，实现区域填充。

```
void CXiTi6_6Dlg::OnPaint()
{
      if (IsIconic())
      {
      ⋮
      }
      else
  {
      // 获取填充区域的大小
      GetDlgItem(IDC_SAMPLE) -> GetWindowRect(&m_rectsample);
      // 将填充矩形的屏幕坐标转换为客户端坐标
      ScreenToClient(&m_rectsample);
```

```
        //设定填充矩形左右、上下边线离组框的距离
        m_rectsample.InflateRect(-15,-15);
        CBrush Brush(RGB(m_color,0,0));
        CPaintDC dc(this);
        dc.FillRect(&m_rectsample,&Brush);//填充矩形区域
        CDialog::OnPaint();
    }
}
```

⑧ 编译、链接并运行程序，效果如图 6.13 所示。

(7) 用滑动条控件完成颜色的选择，实现操作题(3)相同功能。

【操作步骤】

① 利用 MFC AppWizard[exe]向导生成一个项目名为 XiTi6_7 的单文档应用程序。

② 插入新的对话框模板，将对话框的 Caption 值改为"设置颜色"，并利用 ClassWizard 类向导创建对话框类 CColorDlg。

③ 设计对话框的界面，如图 6.14 所示。

④ 设置控件的属性，并利用 ClassWizard 类向导为有关控件添加关联成员变量，如表 6.7 所示。

图 6.13　XiTi6_6 的运行结果

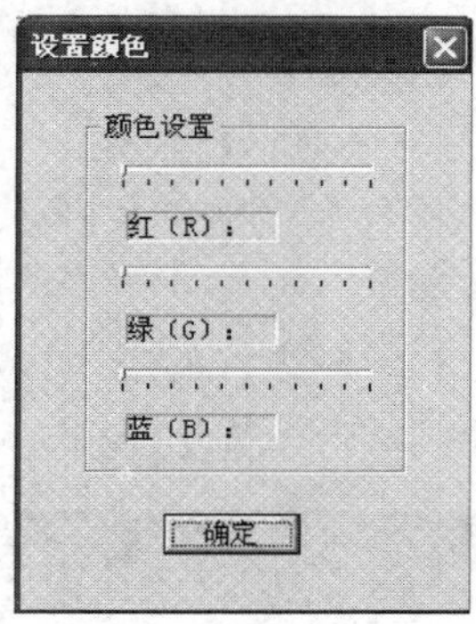

图 6.14　对话框界面

表 6.7　对话框控件及成员变量

控件类型	ID	Caption	属性	成员变量
组框	IDC_STATIC	颜色设置	默认	
静态文本	IDC_STATICRED	红(R):	默认	
静态文本	IDC_STATICGREEN	绿(G):	默认	
静态文本	IDC_STATICBLUE	蓝(B):	默认	
滑动条	IDC_SLIDERRED		Point:Bottom/Right Tick marks Auto ticks Enable selection	CSliderCtrl　m_red
滑动条	IDC_SLIDERGREEN		同上	CSliderCtrl　m_green
滑动条	IDC_SLIDERBLUE		同上	CSliderCtrl　m_blue
按钮	IDOK	确定	默认	

⑤ 使用工具栏资源编辑器增加一个C按钮，设置其ID为ID_SETCOLOR。

⑥ 利用ClassWizard在视图类CXiTi6_7View中为ID_SETCOLOR按钮添加COMMAND消息的处理函数，并添加代码。

```
void CXiTi6_7View::OnSetcolor()
{
  // TODO: Add your command handler code here
  CClientDC dc(this);
  CColorDlg dlg;
  if(dlg.DoModal() == IDOK)
  {
      color = RGB(dlg.m_redvalue,dlg.m_greenvalue,dlg.m_bluevalue);
      dc.SetTextColor(color);
      dc.TextOut(100,50,"演示文本");
  }
}
```

⑦ 在视图类实现文件XiTi6_7View.cpp的头部，加入包含对话框类头文件的语句：

```
#include "ColorDlg.h"
```

⑧ 编译、链接并运行程序，单击C按钮，打开“设置颜色”对话框。设置好颜色，再单击“确定”按钮，结果如图6.15所示。

(8) 编写一个对话框应用程序，单击对话框中的“产生随机数”按钮，产生100个随机数，用进度条控件显示随机数产生的进度。

【操作步骤】

① 创建基于对话框的应用程序XiTi6_8。

② 设计对话框的界面，如图6.16所示。

图6.15　XiTi6_7的运行结果

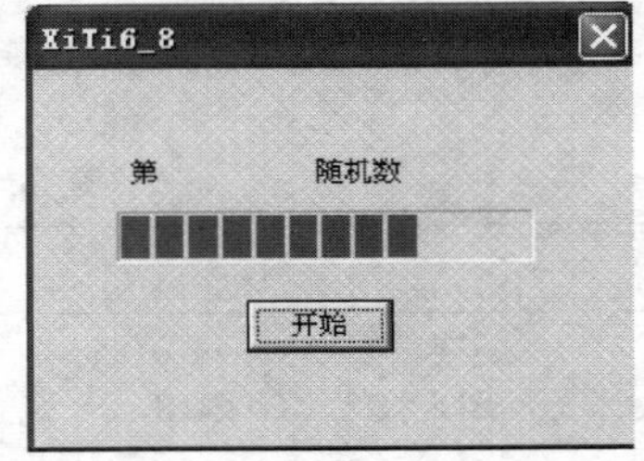

图6.16　对话框界面

③ 设置控件的属性，并利用ClassWizard类向导为有关控件添加关联成员变量，如表6.8所示。

表6.8　对话框控件及成员变量

控件类型	ID	Caption	成员变量
静态文本	IDC_STATIC	第	
静态文本	IDC_COUNT	(动态显示随机数的个数)	

续表

控件类型	ID	Caption	成员变量
静态文本	IDC_STATIC	随机数	
静态文本	IDC_TEXT	（动态显示随机数）	
进度条	IDC_PROGRESS1		CProgressCtrl m_progress
按钮	IDC_BEGIN	开始	

④ 在 CXiTi6_8Dlg 类的 OnInitDialog 函数中添加设置进度条位置、范围及步长的初始化代码。

```
BOOL CXiTi6_8Dlg::OnInitDialog()
{
  …
  // TODO: Add extra initialization here
  m_progress.SetRange(0,100);           //设置进度条范围
  m_progress.SetStep(1);                //设置步长
  m_progress.SetPos(0);                 //设置起始位置
  return TRUE;  // return TRUE unless you set the focus to a control
}
```

⑤ 利用 ClassWizard 类向导在 CXiTi6_8Dlg 类中添加“开始”按钮的单击消息处理函数。

```
void CXiTi6_8Dlg::OnBegin()
{
  // TODO: Add your control notification handler code here
  CString strm,stri;
  int m = 0;
  for(int i = 1;i <= 100;i++)
   {
      m_progress.StepIt();                  //填充蓝色块
      m = rand();
      strm.Format("%d",m);
      stri.Format("%d",i);
      SetDlgItemText(IDC_COUNT,stri);       //显示随机数的个数
      SetDlgItemText(IDC_TEXT,strm);        //显示产生的随机数
      Sleep(100);                           //填充间隔时间
   }
}
```

⑥ 编译、链接并运行程序，运行效果如图 6.17 所示。

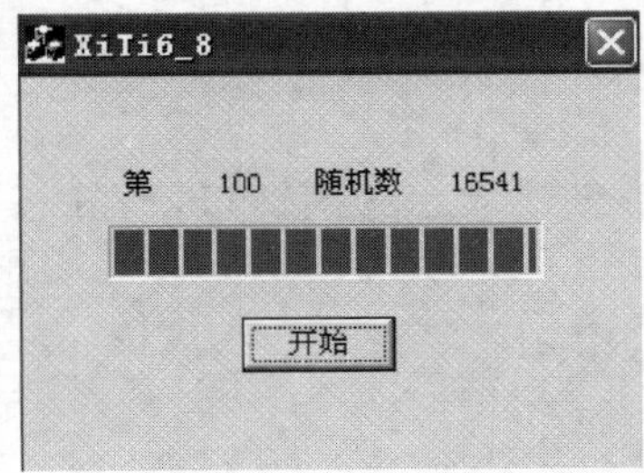

图 6.17 XiTi6_8 的运行结果

第7章 文档与视图

1. 填空题

(1) 在文档/视图结构中,文档是用来________,视图的作用是________。文档与视图是________的关系。

【问题解答】管理和组织数据的;显示和编辑文档数据;一对多

(2) 在文档/视图应用程序中,文档模板负责________,而________管理文档模板,可以在应用程序的________函数中创建一个和多个文档模板。

【问题解答】创建文档/视图结构;应用程序对象;InitInstance

(3) 在通常情况下,视图派生类的成员函数中通过调用________函数得到当前文档对象的指针。

【问题解答】GetDocument

(4) 文档类的数据成员初始化和文档的清理工作分别在________成员函数和________成员函数中完成。

【问题解答】OnNewDocument;DeleteContents

(5) MFC 提供了两种集合类,一种是________,另一种是________。

【问题解答】基于模板的集合类;非模板集合类

(6) MFC 应用程序通过 CDocument 的 protected 类型成员变量________的逻辑值来判断程序员是否对文档进行过修改。程序员可以通过 CDocument 的________成员函数来设置该值。

【问题解答】m_bModified;SetModifiedFlag

(7) MFC AppWizard 在创建文档应用程序框架时已在文档类中重载了________函数,通过在该函数中添加代码可以达到实现文档序列化的目的。

【问题解答】Serialize

(8) 调用________成员函数创建动态分割窗口,而静态分割窗口是调用________成员函数创建的。

【问题解答】Create;CreateStatic

2. 简答题

(1) 通过哪几个主要成员函数完成文档与视图之间的相互作用?并简述这些成员函数

的功能。

【问题解答】 文档与视图的交互是通过下面几个主要成员函数完成的。

① 视图类 CView 的成员函数 GetDocument()。该函数得到与之相关联的文档对象的指针，利用这个指针就可以访问文档类及其派生类的公有数据成员和成员函数。

② CDocument 类的成员函数 UpdateAllViews()。该函数通知与文档相关联的所有或部分视图，更新窗口内容。

③ 视图类的成员函数 OnUpdate()。当应用程序调用 CDocument::UpdateAllViews 函数时，实际上是调用了所有相关视图的 OnUpdate 函数，以更新相关的视图。需要时，可以直接在视图派生类的成员函数中调用该函数刷新当前视图。另外，在初始化视图成员函数 CView::OnInitialUpdate()中也调用了 OnUpdate 函数。

④ CView 类的 OnInitialUpdate 函数。当应用程序被启动，或用户从"文件"菜单中选择了"新建"或"打开"命令时，CView 的 OnInitialUpdate 函数会被调用，该函数是虚函数。CView 的 OnInitialUpdate 函数除了调用 OnUpdate 函数之外，不做其他任何事情。也可以利用派生类的 OnInitialUpdate 函数对视图对象进行初始化。

(2) 简述文档序列化与一般文件处理的区别。

【问题解答】 一般文件处理是通过文件句柄来实现磁盘输入和输出，一个文件句柄与一个磁盘文件相关联。而文档序列化与一般文件处理最大的不同在于：在序列化中，对象本身对读和写负责。CArchive 类对象并不知道也不需要知道它所读写数的内部结构，CArchive 类对象为读写 CFile 类对象中的可序列化数据提供了一种安全的缓冲机制，它们之间形成了如下关系：

Serialize 函数↔CArchive 类对象↔CFile 类对象↔磁盘文件

可见，序列化使得程序员可以不直接面对一个物理文件而进行文档的读写。

(3) 如何让用户定义的类支持序列化?

【问题解答】 要让用户定义的类支持序列化，必须满足以下 5 个条件。

① 从 CObject 类派生，这样派生类就具有 RTTI(Run-time type information)、Dynamic Creation 等功能。

② 类的声明部分必须有 DECLARE_SERIAL 宏，此宏需要一个参数：类名称。

③ 类的实现部分必须有 IMPLEMENT_SERIAL 宏，此宏需要 3 个参数：一是类名称，二是基类名称，三是版本号。

④ 重新定义 Serialize 虚函数，使它能够适当地把类的成员变量写入文件中。

⑤ 为此类加上一个默认构造函数，这是因为如果一个对象来自文件，MFC 必须先动态地创建它，而且在没有任何参数的情况下调用构造函数，然后才从文件中读取对象数据。

3. 操作题

(1) 编写一个单文档应用程序，为文档对象增加数据成员 recno(int 型)，表示学号；stuname(CString 型)，表示姓名，并在视图中输出文档对象中的内容。要求当按向上箭头或按向下箭头时，学号每次递增 1 或递减 1，能在视图中反映学号变化，并保存文档对象的内容。

【操作步骤】

① 利用 MFC AppWizard[exe]向导生成一个项目名为 XiTi7_1 的单文档应用程序。

② 在文档类 CXiTi7_1Doc 中增加两个公有数据成员，分别表示学号和姓名。

```
int recno;
CString stuname;
```

③ 在 CXiTi7_1Doc::OnNewDocument 函数中添加代码，初始化数据成员。

```
BOOL CXiTi7_1Doc::OnNewDocument()
{
  ⋮
  // TODO: add reinitialization code here
  recno = 0;
  stuname = "noname";
  return TRUE;
}
```

④ 在 CXiTi7_1View::OnDraw 函数中添加代码，输出学生信息。

```
void CXiTi7_1View::OnDraw(CDC * pDC)
{
  CXiTi7_1Doc * pDoc = GetDocument();
  ASSERT_VALID(pDoc);
  // TODO: add draw code for native data here
  CString stuinfo;
  stuinfo.Format("%d: %s",pDoc->recno,pDoc->stuname);
  pDC->TextOut(50,50,stuinfo);
}
```

⑤ 利用 MFC ClassWizard 在视图类 CXiTi7_1View 中添加 WM_KEYDOWN 消息的处理函数，并添加代码。

```
void CXiTi7_1View::OnKeyDown(UINT nChar, UINT nRepCnt, UINT nFlags)
{
  // TODO: Add your message handler code here and/or call default
  CXiTi7_1Doc * pDoc = GetDocument();
  if (nChar == VK_UP)//VK_UP 是上箭头键的虚拟码
  {
      pDoc->recno++;                            //学号增 1
      Invalidate();                             //更新视图
  }
  if (nChar == VK_DOWN && pDoc->recno>0 )       //VK_DOWN 是下箭头键的虚拟码
  {
      pDoc->recno--;                            //学号减 1
      Invalidate();                             //更新视图
  }
  CView::OnKeyDown(nChar, nRepCnt, nFlags);
}
```

⑥ 在 CXiTi7_1Doc::Serialize 函数中添加代码，保存和读取学生信息。

```
void CXiTi7_1Doc::Serialize(CArchive& ar)
```

```
{
  if (ar.IsStoring())
  {
      // TODO: add storing code here
      ar << recno << stuname;
  }
  else
  {
      // TODO: add loading code here
      ar >> recno >> stuname;
  }
}
```

⑦ 编译、链接并运行程序，通过向上箭头修改学号的值到 10，选择菜单项“文件”|“保存”，文件取名为 Stu。当选择菜单项“文件”|“新建”时，可以看到学号重新归 0。再选择菜单项“文件”|“打开”，打开 Stu 文件，此时显示学号为 10。程序效果如图 7.1 所示。

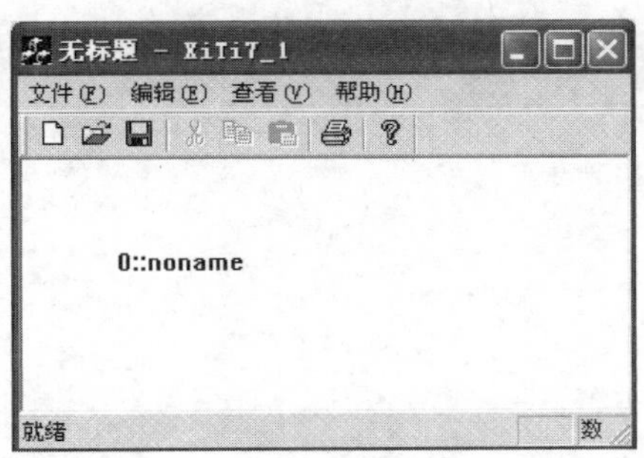

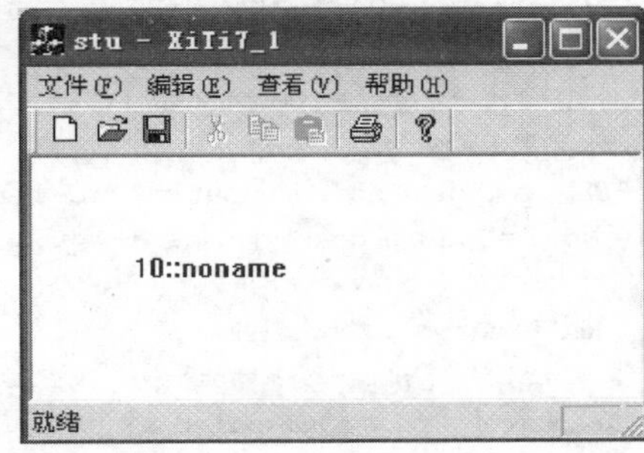

图 7.1　XiTi7_1 的运行结果

(2) 编程实现一个静态切分为左右两个窗口的 MDI 应用程序，并在左视图中统计右视图中绘制圆的个数。

【操作步骤】

① 利用 MFC AppWizard[exe]向导生成一个项目名为 XiTi7_2 的多文档应用程序。

② 在 CChildFrame 类中添加一个公有数据成员。

```
CSplitterWnd m_wndSplitter;
```

③ 利用 MFC ClassWizard 创建新的视图类 CRightView，其基类为 CScrollView。

④ 利用 MFC ClassWizard 在 CChildFrame 类中重新定义 OnCreateClient 函数。

```
BOOL CChildFrame::OnCreateClient(LPCREATESTRUCT lpcs, CCreateContext * pContext)
{
  // TODO: Add your specialized code here and/or call the base class
  m_wndSplitter.CreateStatic(this,1,2);
  m_wndSplitter.CreateView(0,0,RUNTIME_CLASS(CXiTi7_2View),
                          CSize(300,0),pContext);
  m_wndSplitter.CreateView(0,1,RUNTIME_CLASS(CRightView),CSize(0,300),
                          pContext);
  return true;
  CMDIChildWnd::OnCreateClient(lpcs, pContext);
}
```

⑤ 在文件 ChildFrame.cpp 顶部，添加如下包含语句。

```
#include "XiTi7_2View.h"
#include "RightView.h"
```

⑥ 在文件 XiTi7_2View.h 顶部，添加如下包含语句。

```
#include "XiTi7_2Doc.h"
```

⑦ 在 C XiTi7_2Doc 类中添加两个公有数据成员，用于保存圆的信息。

```
CPoint m_point[100];//圆心的位置
int m_num;//圆的个数
```

⑧ 在 CXiTi7_2Doc 类的成员函数 OnNewDocument() 中添加代码，将数据成员 m_num 的值初始化为 0。

⑨ 在 CXiTi7_2View 类的成员函数 OnDraw() 中添加代码，绘制圆。

```
void CXiTi7_2View::OnDraw(CDC * pDC)
{
  CXiTi7_2Doc * pDoc = GetDocument();
  ASSERT_VALID(pDoc);
  // TODO: add draw code for native data here
  for(int i = 0;i < pDoc -> m_num;i++)
  {
      RECT rect;
      rect.left = pDoc -> m_point[i].x - 20;
      rect.top = pDoc -> m_point[i].y - 20;
      rect.bottom = pDoc -> m_point[i].y + 20;
      rect.right = pDoc -> m_point[i].x + 20;
      pDC -> Ellipse(&rect);
  }
}
```

⑩ 利用 MFC ClassWizard 在 CXiTi7_2 View 类中添加 WM_LBUTTONDOWN 的处理函数，并在函数体中添加代码。

```
void CXiTi7_2View::OnLButtonDown(UINT nFlags, CPoint point)
{
  // TODO: Add your message handler code here and/or call default
  CXiTi7_2Doc * pDoc = GetDocument();
  ASSERT_VALID(pDoc);
  pDoc -> m_point[pDoc -> m_num++] = point;
  Invalidate();
  pDoc -> SetModifiedFlag(true);
  pDoc -> UpdateAllViews(NULL);
  CView::OnLButtonDown(nFlags, point);
}
```

⑪ 编辑 CRightView 类的成员函数 OnDraw()，显示绘制圆的个数。

```
void CRightView::OnDraw(CDC * pDC)
{
```

```
    //CDocument * pDoc = GetDocument();
    // TODO: add draw code here
    CXiTi7_2Doc * pDoc = (CXiTi7_2Doc * )GetDocument();
    CString buffer,str = "你已经画了";
    buffer.Format("%d",pDoc->m_num);
    str += buffer;
    str += "个圆";
    pDC->TextOut(10,10,str);
}
```

⑫ 在文件 RightView.cpp 顶部，添加包含语句。

```
#include "XiTi7_2Doc.h"
```

⑬ 在 CXiTi7_2Doc 类的成员函数 Serialize()中添加代码，保存和读取圆的信息。

```
void CXiTi7_2Doc::Serialize(CArchive& ar)
{
    if (ar.IsStoring())
    {
        ar << m_num;
        for(int i = 0;i < m_num;i++)
            ar << m_point[i];
    }
    else
    {
        ar >> m_num;
        for(int i = 0;i < m_num;i++)
            ar >> m_point[i];
    }
}
```

⑭ 编译、链接并运行程序，在左视图中单击，程序效果如图 7.2 所示。

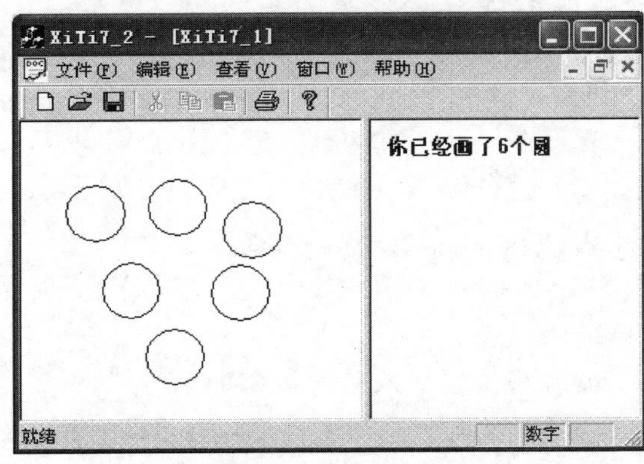

图 7.2　XiTi7_2 的运行结果

(3) 编写一个多文档的应用程序，分别以标准形式和颠倒形式显示同一文本内容。

【操作步骤】

① 利用 MFC AppWizard[exe]应用程序向导创建一个 MDI 应用程序 XiTi7_3。

② 利用 ClassWizard 类向导创建一个新的视图类 CInvertView，其基类为 CView。

③ 在应用程序类的头文件 XiTi7_3. h 中定义一个模板对象指针的成员变量，并声明虚函数 ExitInstance()。

```
class CXiTi7_3App : public CWinApp
{
  public:
      CXiTi7_3App();
      CMultiDocTemplate * m_pTemplateInvert;
  public:
      virtual BOOL InitInstance();
      virtual int ExitInstance();
  …
}
```

④ 在应用程序类实现源文件 XiTi7_3. cpp 的 InitInstance 函数中添加构建新的模板对象的代码，并编写成员函数 ExitInstance()的实现代码。

```
BOOL CXiTi7_3App::InitInstance()
{
…
  CMultiDocTemplate* pDocTemplate;
  pDocTemplate = new CMultiDocTemplate(
      IDR_XITI7_TYPE,
      RUNTIME_CLASS(CXiTi7_3Doc),
      RUNTIME_CLASS(CChildFrame), // custom MDI child frame
      RUNTIME_CLASS(CXiTi7_3View));
  AddDocTemplate(pDocTemplate);
  m_pTemplateInvert = new CMultiDocTemplate(
      IDR_XITI7_TYPE,
      RUNTIME_CLASS(CXiTi7_3Doc),
      RUNTIME_CLASS(CChildFrame), // custom MDI child frame
      RUNTIME_CLASS(CInvertView));
  // create main MDI Frame window
…
}
int CXiTi7_3App::ExitInstance()
{
  delete m_pTemplateInvert;//删除新构建的文档模板对象
  return CWinApp::ExitInstance();
}
```

⑤ 在文件 XiTi7_3. cpp 开头位置加入包含指令。

```
#include "InvertView.h"
```

⑥ 在文档类 CXiTi7_3Doc 中添加成员变量，并对其初始化。

```
class CXiTi7_3Doc : public CDocument
{
…
public:
```

```
        CStringArray m_strText;
    ...
    }
    BOOL CXiTi7_3Doc::OnNewDocument()
    {
        if (!CDocument::OnNewDocument())
            return FALSE;
        m_strText.SetSize(3);
        m_strText[0] = "Here is MDI program";
        m_strText[1] = "It has the same document";
        m_strText[2] = "but It has two switchable view";
        // TODO: add reinitialization code here
        // (SDI documents will reuse this document)
        return TRUE;
    }
```

⑦ 打开 IDR_XITI7_TYPE 菜单资源,在主菜单"窗口"中添加菜单项"颠倒窗口",其 ID 为 ID_WINDOW_INVERT。

⑧ 利用 ClassWizard 类向导在类 CMainFrame 中为"颠倒窗口"菜单项添加命令处理函数,并添加代码。

```
void CMainFrame::OnWindowInvert()
{
    // TODO: Add your command handler code here
    CMDIChildWnd * pActiveChild = MDIGetActive();//获得子窗口
    CDocument * pDocument;
    if (pActiveChild == NULL||
    (pDocument = pActiveChild->GetActiveDocument()) == NULL)
    {
        TRACE0 ("Warning: No active document for WindowNew command.\n");
        AfxMessageBox(AFX_IDP_COMMAND_FAILURE);
        return;
    }
    //获得新的文档模板指针
    CDocTemplate* pTemplate = ((CXiTi7_3App*)AfxGetApp())->m_pTemplateInvert;
    ASSERT_VALID(pTemplate);
    //创建新的框架窗口
    CFrameWnd* pFrame = pTemplate->CreateNewFrame(pDocument, pActiveChild);
    if (pFrame == NULL)
    {
        TRACE0("Warning: failed to create new frame.\n");
        return;
    }
    pTemplate->InitialUpdateFrame(pFrame, pDocument);//更新视图
}
```

⑨ 在文件 MainFrm.cpp 开头位置加入包含指令。

```
#include "XiTi7_3Doc.h"
```

⑩ 修改 CXiTi7_3View::OnDraw 函数,实现文本正常显示的功能。

```
void CXiTi7_3View::OnDraw(CDC * pDC)
{
  CXiTi7_3Doc * pDoc = GetDocument();
  ASSERT_VALID(pDoc);
  // TODO: add draw code for native data here
  TEXTMETRIC tm;
  pDC->GetTextMetrics(&tm);//获得当前字体的 TEXTMETRIC 结构
  int y=100;
  for(int i=0;i<pDoc->m_strText.GetSize();i++)
  {
      pDC->TextOut(240,y,pDoc->m_strText[i]);
      y+=tm.tmHeight+tm.tmExternalLeading;//计算纵坐标
  }
}
```

⑪ 在文件 InvertView.cpp 的开头位置加入包含指令#include "XiTi7_3Doc.h",并改写其中的成员函数 OnDraw(),实现文本颠倒显示的功能。

```
void CInvertView::OnDraw(CDC * pDC)
{
  //CDocument * pDoc = GetDocument();
  // TODO: add draw code here
  CXiTi7_3Doc * pDoc=(CXiTi7_3Doc *)GetDocument();
  LOGFONT lf;
  memset(&lf,0,sizeof(LOGFONT));
  lf.lfEscapement=1800;
  CFont font;
  font.CreatePointFontIndirect(&lf);
  CFont *poldfont=pDC->SelectObject(&font);
  TEXTMETRIC tm;
  pDC->GetTextMetrics(&tm);
  int y=100;
  for(int i=0;i<pDoc->m_strText.GetSize();i++)
  {
      pDC->TextOut(240,y,pDoc->m_strText[i]);
      y-=tm.tmHeight+tm.tmExternalLeading;
  }
  pDC->SelectObject(poldfont);
}
```

⑫ 编译、链接并运行程序。程序运行后,刚开始显示的是默认视图 CXiTi7_3View 窗口,这时文档内容以默认字体显示;当执行“窗口”|“颠倒窗口”菜单命令后,打开一个视图 CInvertView 窗口,并以颠倒方式显示文档内容。效果如图 7.3 所示。

(4) 编写一个多类型文档的应用程序,该应用程序能显示两种类型的窗口,一种是编辑文本;在另一种窗口中,实现鼠标拖动绘制功能,并能保存所绘制图形。

① 利用 MFC AppWizard[exe]应用程序向导创建一个 MDI 应用程序 XiTi7_4。在 MFC APPWizard-step 6 中将 CXiTi7_4View 的基类指定为 CEditView,其他取默认值。

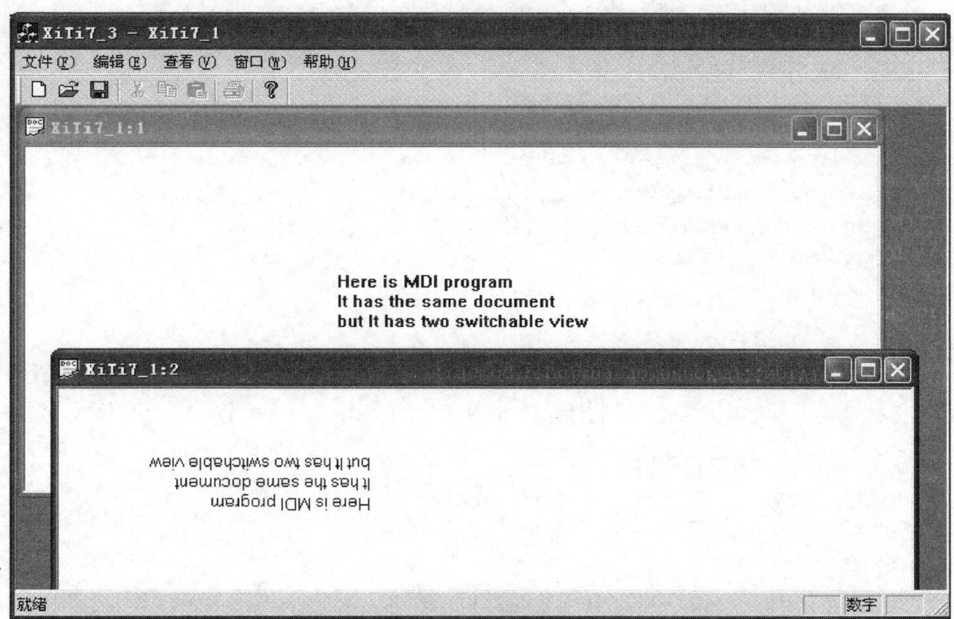

图 7.3　XiTi7_3 的运行结果

② 利用 ClassWizard 类向导按表 7.1 建立另一种用途的子边框类、文档类和视图类。

表 7.1　新建类与基类的关系

子边框类		视图类		文档类	
派生类	基类	派生类	基类	派生类	基类
CPaintChildFrame	CMDIChildWnd	CPaintView	CScrollView	CPaintDoc	CDocument

③ 在 CXiTi7_4App 类的头文件 XiTi7_4.h 中增加文档模板对象指针。

```
CMultiDocTemplate * pDocTemplate1;
```

④ 编辑串表资源。

将 IDR_XITI7_TYPE 改为 IDR_TEXT，其 Caption 字符串改为：

```
\nText\nText\n\n\nText.Document\nText Document
```

插入一个串资源 IDR_PAINT，其 Caption 字符串为：

```
\nPaint\nPaint\n\n\nPaint.Document\nPaint Document
```

⑤ 在 CXiTi7_4App 应用类的 InitInstance()中添加构建新的文档模板对象的代码。

```
BOOL CXiTi7_4App::InitInstance()
{
  …
  CMultiDocTemplate * pDocTemplate;
  pDocTemplate = new CMultiDocTemplate(
      IDR_TEXT,
      RUNTIME_CLASS(CXiTi7_4Doc),
```

```
        RUNTIME_CLASS(CChildFrame), // custom MDI child frame
        RUNTIME_CLASS(CXiTi7_4View));
    AddDocTemplate(pDocTemplate);
    pDocTemplate1 = new CMultiDocTemplate(
            IDR_PAINT,
            RUNTIME_CLASS(CPaintDoc),
            RUNTIME_CLASS(CPaintChildFrame), // 定制 MDI 子边框窗口
            RUNTIME_CLASS(CPaintView));
    AddDocTemplate(pDocTemplate1);
    …
}
```

⑥ 为视图类 CPaintView 添加成员变量。线段起始点坐标定义为 CPoint 类型，鼠标拖动标记定义为 bool 型。绘图时要采用标准的十字光标，定义一个 HCURSOR 型成员变量。

```
protected://定义有关鼠标作图的成员变量
  CPoint m_ptOrigin;             //起始点坐标
  bool m_bDragging;              //拖动标记
  HCURSOR m_hCross;              //光标句柄
```

⑦ 在视图类 CPaintView 的构造函数中设置拖动标记和十字光标。

```
CPaintView::CPaintView()
{
  m_bDragging = false;           //初始化拖动标记
  m_hCross = AfxGetApp() -> LoadStandardCursor(IDC_CROSS);     //获得十字光标句柄
}
```

⑧ 为线段定义新类 CLine。选择 Insert|NewClass 菜单命令，弹出 New Class 对话框，在 Class type 列表框中选择 Generic Class，在类名 Name 文本框中输入 CLine，单击 OK 按钮，自动生成类 CLine 的头文件 Line.h 和实现文件 Line.cpp 的框架。

⑨ 为类 CLine 定义成员变量和成员函数。一条线段需要起点和终点两个点的坐标来确定，在头文件 Line.h 中定义两个表示起点和终点的成员变量 m_pt1 和 m_pt2，其类型为 CPoint 类。定义成员函数 DrawLine()，它根据 pt1 和 pt2 两点画一条直线。按照序列化的条件，在 CLine 类的声明头文件 Line.h 中添加函数 Serialize()的声明和 DECLARE_SERIAL 宏，在实现源文件 Line.cpp 中成员函数定义前添加 IMPLEMENT_SERIAL 宏编写类 CLine 的序列化函数 Serialize()的实现代码。

```
//Line.h
class CLine :public CObject
{
private:
  //定义成员变量，表示一条直线起点和终点的坐标
  CPoint m_pt1;
  CPoint m_pt2;
public:
  CLine();                                    //序列化要求有一个不带参数的构造函数
  virtual ~CLine();
  CLine(CPoint pt1, CPoint pt2);              //构造函数
  void DrawLine(CDC * pDC);                   //绘制线段
```

```
    void Serialize(CArchive&ar);                    //类 CLine 的序列化函数
    DECLARE_SERIAL(CLine)                           //声明序列化函数
};
//Line.cpp
IMPLEMENT_SERIAL(CLine,CObject,1)                   //实现序列化类 CLine
CLine::CLine()
{

}
CLine::CLine(CPoint pt1,CPoint pt2)
{
    m_pt1 = pt1;
    m_pt2 = pt2;
}
CLine::~CLine()
{

}
void CLine::DrawLine(CDC * pDC)
{
    pDC->MoveTo(m_pt1);
    pDC->LineTo(m_pt2);
}
void CLine::Serialize(CArchive&ar)
{
    if(ar.IsStoring())
        ar << m_pt1 << m_pt2;
    else
        ar >> m_pt1 >> m_pt2;
}
```

⑩ 在文档类 CPaintDoc 的头文件 PaintDoc.h 中包含定义类 CLine 的头文件和使用 MFC 类模板的头文件 afxtempl.h,并添加成员变量和成员函数。

```
#include "Line.h"
#include <afxtempl.h>                               //使用 MFC 类模板
class CPaintDoc : public CDocument
{
...
protected:
    CTypedPtrArray<CObArray,CLine *> m_LineArray;   //存放线段对象指针的动态数组
public:
    CLine * GetLine(int nIndex);                    //获取指定序号线段对象的指针
    void AddLine(CPoint pt1,CPoint pt2);            //向动态数组中添加新的线段对象的指针
    int GetNumLines();                              //获取线段的数量
...
};
```

⑪ 在文档类 CPaintDoc 的实现文件 PaintDoc.cpp 中添加成员函数的实现代码。

```
void CPaintDoc::AddLine(CPoint pt1,CPoint pt2)
{
```

```
    CLine * pLine = new CLine(pt1,pt2);           //新建一条线段对象
    m_LineArray.Add(pLine);                       //将该线段对象加到动态数组
    SetModifiedFlag();                            //设置文档修改标志
}
CLine * CPaintDoc::GetLine(int nIndex)
{
    //判断是否越界,函数 GetUpperBound()返回数组下标的上界
    if(nIndex<0||nIndex>m_LineArray.GetUpperBound())
        return NULL;
    return m_LineArray.GetAt(nIndex);//返回给定序号线段对象的指针
}
int CPaintDoc::GetNumLines()
{
    return m_LineArray.GetSize();//返回线段的数量,函数 GetSize()返回数组大小
}
```

⑫ 利用 ClassWizard 类向导为视图类 CPaintView 添加按下鼠标左键 WM_LBUTTONDOWN、鼠标移动 WM_MOUSEMOVE 和左键释放 WM_LBUTTONUP 等消息的处理函数,并添加代码。

```
void CPaintView::OnLButtonDown(UINT nFlags, CPoint point)
{
    // TODO: Add your message handler code here and/or call default
    SetCapture();                                 //捕捉鼠标
    ::SetCursor(m_hCross);                        //设置十字光标
    m_ptOrigin = point;
    m_bDragging = TRUE;                           //设置拖动标记
    //  CScrollView::OnLButtonDown(nFlags, point);
}
void CPaintView::OnMouseMove(UINT nFlags, CPoint point)
{
    // TODO: Add your message handler code here and/or call default
    if(m_bDragging)
    {
        CPaintDoc * pDoc = (CPaintDoc *)GetDocument();     //获得文档对象的指针
        ASSERT_VALID(pDoc);                       //测试文档对象是否运行有效
        pDoc->AddLine(m_ptOrigin,point);          //加入线段到指针数组
        CClientDC dc(this);
        dc.MoveTo(m_ptOrigin);
        dc.LineTo(point);                         //绘制线段
        m_ptOrigin = point;                       //新的起始点
    }
    //  CScrollView::OnMouseMove(nFlags, point);
}
void CPaintView::OnLButtonUp(UINT nFlags, CPoint point)
{
    // TODO: Add your message handler code here and/or call default
    if(m_bDragging)
    {
        m_bDragging = false;
        ReleaseCapture();
```

```
    }
    //  CScrollView::OnLButtonUp(nFlags, point);
}
```

⑬ 为了在改变程序窗口大小或最小化窗口后重新打开窗口时保留窗口原有的图形，必须在 CPaintView 类的 OnDraw 函数中重新绘制前面用鼠标所绘制的线段。这些线段的坐标作为 CLine 类对象的成员变量，所有 CLine 对象的指针已保存在动态数组 m_LineArray 中。

```
void CPaintView::OnDraw(CDC * pDC)
{
  //CDocument * pDoc = GetDocument();
  // TODO: add draw code here
  CPaintDoc * pDoc = (CPaintDoc * )GetDocument();
  ASSERT_VALID(pDoc);
      int nIndex = pDoc -> GetNumLines();                 //取得线段的数量
  TRACE("nIndex1 = % d\n",nIndex);                       //调试程序用
  //循环画出每一段线段
  while(nIndex--)                                         //数组下标从 0 到 nIndex - 1
  {
     TRACE("nIndex2 = % d\n",nIndex);                     //调试程序用
    pDoc -> GetLine(nIndex) -> DrawLine(pDC);             //类 CLine 的成员函数
  }
}
```

⑭ 在 CPaintDoc:: Serialize 函数中添加代码，完成文档的序列化。

```
void CPaintDoc::Serialize(CArchive& ar)
{
  if (ar.IsStoring())
  {
      // TODO: add storing code here
      m_LineArray.Serialize(ar);                          //调用 CPtrArray 类的序列化函数
  }
  else
  {
      // TODO: add loading code here
      m_LineArray.Serialize(ar);                          //调用 CPtrArray 类的序列化函数
  }
}
```

在步骤⑨实现了 CLine 类的序列化，但只是一条线段的序列化。变量 m_LineArray 中存放的是 CLine 类对象的指针，自然会调用类 CLine 的序列化函数。这样，通过对变量 m_LineArray 的序列化完成了多个 CLine 类对象的序列化，即完成所有线段数据的读写操作。

⑮ 重载文档类 CPaintDoc 的 DeleteContents 函数，删除当前文档对象的内容。

```
void CPaintDoc::DeleteContents()
{
  // TODO: Add your specialized code here and/or call the base class
```

```
    int nIndex = GetNumLines();
    while(nIndex--)
        delete m_LineArray.GetAt(nIndex);//清除线段
    m_LineArray.RemoveAll();//释放指针数组
    CDocument::DeleteContents();
}
```

⑯ 将以下三个 include 预编译语句放在 XiTi7_4. cpp 文件的开始处。

```
#include "PaintChildFrame.h"
#include "PaintDoc.h"
#include "PaintView.h"
```

⑰ 编译、链接并运行程序。程序运行后，当在文档模板对象列表“新建”中选择 Text 时，打开一个文本输出窗口；当选择 Paint 后，打开一个图形输出窗口，拖动鼠标，可以绘制图形。效果如图 7.4 所示。

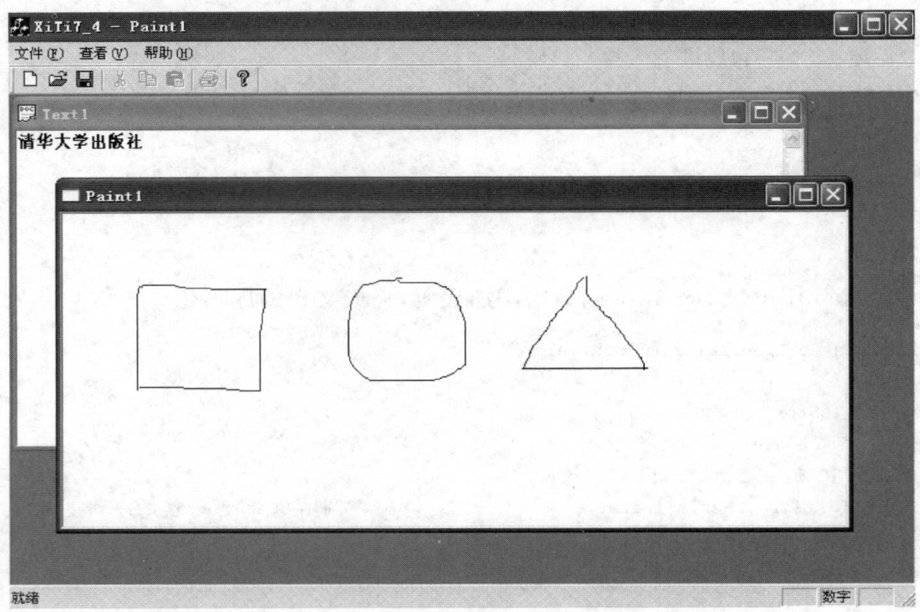

图 7.4 XiTi7_4 的运行结果

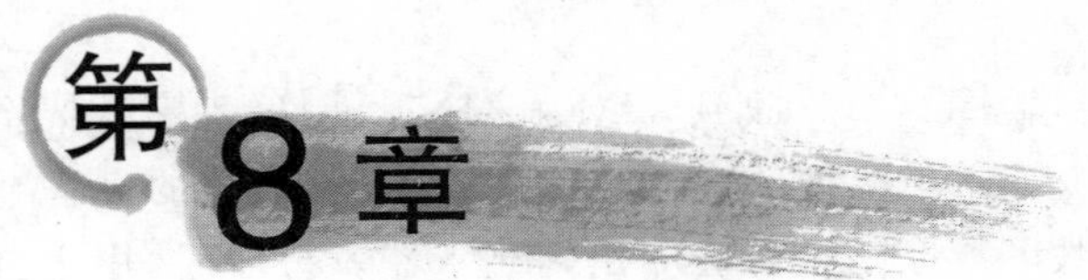

第8章 打印编程

1. 填空题

(1) MFC通过________类提供打印功能和打印预览功能。

【问题解答】CView

(2) 在打印过程中,CPrintInfo类的主要作用是在________和________之间传递消息。

【问题解答】框架窗口; CView类

(3) CPrintInfo类中的成员变量________表示当前打印/预览的页号,成员函数________设置文档的最大打印页数。

【问题解答】m_nCurPage; SetMaxPage()

(4) 在Windows操作系统中,存在两种类型的坐标:________和________。

【问题解答】设备坐标; 逻辑坐标

(5) 不同的映射模式将影响输出设备显示的图形尺寸因子,Windows的默认映射模式是________,在该映射方式中,每一个逻辑单位对应一个设备像素。

【问题解答】MM_TEXT

(6) 在MFC应用程序中,通过调用CDC类的________函数设置映射方式。

【问题解答】SetMapMode

(7) 如果要使程序支持多页打印功能,首先在打印之前设置________,然后设置________。

【问题解答】要打印的页数; 每一页视图原点的打印坐标

(8) 一般在________函数中设置要打印的页数,在OnPrepareDC函数中通过调用CDC类成员函数________设置当前页的视图原点坐标。

【问题解答】OnBeginPrinting; SetViewPortOrg

2. 简答题

(1) 打印和屏幕显示有何异同?

【问题解答】

相同点:在MFC应用程序中,打印和屏幕显示最终都是通过调用视图类的OnDraw函数来完成的。OnDraw函数有一个指向CDC类对象指针的参数,该对象代表了接收OnDraw函数输出的设备上下文,它可以是代表显示器的显示设备上下文,也可以是代表打印机的打印设备上下文。

不同点：当窗口显示文档内容时，视图窗口将收到 WM_PAINT 消息，程序框架将调用 OnPaint 函数，OnPaint 函数会调用 OnDraw 函数，此时传递给 OnDraw 函数的设备上下文参数为显示设备上下文，OnDraw 函数的绘制结果将会输出到显示器。打印时，用于打印和打印预览的 OnPrint 函数也会调用 OnDraw 函数，而此时传递给 OnDraw 函数的设备上下文参数为打印机设备上下文，OnDraw 函数的绘制结果也会输出到打印机。

（2）如何在打印和屏幕显示时输出不同内容？

【问题解答】有如下两种方法。

① 分别在 OnPaint 和 OnPrint 这两个函数中完成屏幕输出和打印输出工作，而不必依赖于 OnDraw 函数。

② OnDraw 函数中，调用 pDC→IsPrinting 或设置变量来识别目前进行的输出工作，并区别对待。

（3）打印预览和打印有何异同？

【问题解答】

相同点：在 MFC 应用程序中，打印和打印预览最终都是通过调用视图类的 OnDraw 函数来完成的。

不同点：打印预览和打印不同，它是应用程序利用屏幕来模拟打印机输出的过程。打印时，传递给 OnDraw 函数的设备上下文参数为打印机设备上下文。而为了实现打印预览的功能，MFC 类库从 CDC 类中派生出 CPreviewDC 类。在打印预览时，传给 OnDraw 函数的是一个指向 CPreviewDC 对象的指针。一般 CDC 类中保存有两套相同的设备描述表，而 CPreviewDC 类则保存有两套不同的设备描述表，其中的属性设备描述表指向打印机，而输出设备描述表指向屏幕。

（4）MM_LOMETRIC 映射方式有何特点？

【问题解答】在默认的 MM_TEXT 映射方式中，每一个逻辑单位对应一个设备像素，而 MM_LOMETRIC 映射方式将一个逻辑单位映射到 0.1mm，且 MM_LOMETRIC 坐标系统 Y 轴方向与默认的 MM_TEXT 相反。

（5）简述添加打印页眉、页脚的程序代码的步骤。

【问题解答】添加打印页眉、页脚的程序代码可以分两步进行。

① 在 OnPrint 函数中利用 CPrintInfo * pInfo 的成员变量 m_rectDraw 来设置打印页上打印区域的大小。

② 在 m_rectDraw 范围之外打印页眉和页脚。

3. 操作题

练习教材中的例 8.1～例 8.5，并将程序 MyPrint 中大小不同的矩形改为大小相同、颜色不同的椭圆。

【操作步骤】

① 打开例 8.5 的应用程序 MyPrint。

② 在视图类头文件 MyPrintView.h 的开始处，定义常量 max_number 作为椭圆数的上限。

```
#define max_number 100
```

③ 为视图类 CMyPrintView 定义成员变量 Color[max_number][3]，用来存储随机生成的颜色，并在视图类的构造函数中对其进行初始化。

```
CMyPrintView::CMyPrintView()
{
    // TODO: add construction code here
    for(int i = 0;i < max_number;i++ )
   {
       Color[i][0] = rand() * 255/RAND_MAX;
       Color[i][1] = rand() * 255/RAND_MAX;
       Color[i][2] = rand() * 255/RAND_MAX;
   }
}
```

④ 修改 CMyPrintView::OnDraw 函数，绘制大小相同、颜色不同的椭圆。

```
void CMyPrintView::OnDraw(CDC * pDC)
{
  CMyPrintDoc * pDoc = GetDocument();
  ASSERT_VALID(pDoc);
  // TODO: add draw code for native data here
  pDC->SetMapMode(MM_LOENGLISH);
  CPen * PenOld,PenNew;
  for(int i = 0;i < pDoc->m_number;i++ )
  {
        PenNew.CreatePen(PS_SOLID,2,
                RGB(Color[i][0],Color[i][1],Color[i][2]));
        PenOld = pDC->SelectObject(&PenNew);
        pDC->Ellipse(10, -(10 + 50 * i),150, -(50 + 50 * i));
        pDC->SelectObject(PenOld);
        PenNew.DeleteObject();
  }
}
```

⑤ 编译、链接并运行程序。选择“打印预览”菜单项，运行结果如图 8.1 所示。

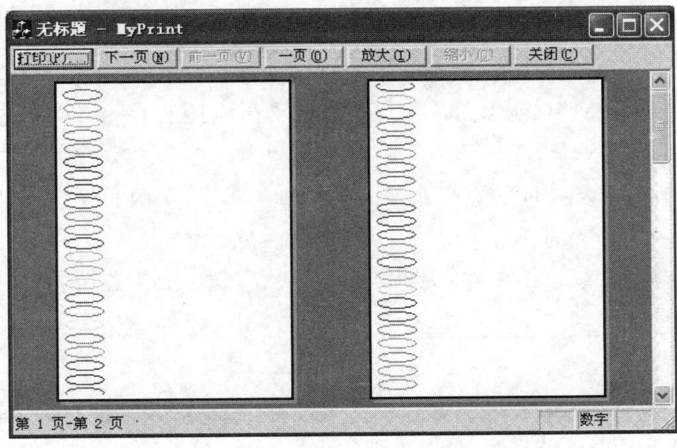

图 8.1 XiTi8_1 的运行结果

第9章 动态链接库编程

1. 填空题

(1) Windows 的库类型主要有________和________。

【问题解答】静态链接库；动态链接库

(2) DLL 中一般定义有________和________两种类型的函数，其中________可以被外部程序调用。

【问题解答】导出函数；内部函数；导出函数

(3) 每个 DLL 都含有一个入口函数________，就像编写的应用程序必须有 main 或 WinMain 函数一样。该函数的作用是________。

【问题解答】DllMain()；初始化 DLL，并在卸载时清理 DLL

(4) Visual C++6.0 支持多种 DLL，包括________、________和________。

【问题解答】非 MFC DLL；MFC 常规 DLL；MFC 扩展 DLL

(5) 非 MFC DLL 的内部不使用________，其导出函数为标准的 C 接口，能被________编写的应用程序调用。

【问题解答】MFC；非 MFC 或 MFC

(6) 在 MFC 规则 DLL 的内部可以使用________，但是它与应用程序的接口不能是________，而是________。

【问题解答】MFC；MFC；C 函数或者 C++类

(7) MFC 扩展 DLL 的主要功能是________。

【问题解答】实现从 MFC 派生的可重用的类及在应用程序和 DLL 之间传递 MFC 的派生对象。

(8) 从 MFC DLL 中导出函数常用________和________两种方法。后者不仅可以导出函数，还可以导出一个完整的类。

【问题解答】使用模块定义文件；使用关键字_declspec(dllexport)

(9) DEF 文件是____________。每个 DEF 文件至少必须包含________语句和________语句。

【问题解答】一个包含 EXE 文件或 DLL 文件声明的文本文件；LIBRARY；EXPORTS

(10) 应用程序与 DLL 链接的方式主要有________和________。

【问题解答】隐式链接；显式链接

(11) 应用程序分别使用________和________函数来加载和释放 MFC 扩展 DLL。

【问题解答】 AfxLoadLibrary；AfxFreeLibrary

(12) MFC 扩展 DLL 除了可使用关键字_declspec(dllexport) 导出类外，还可以使用宏________来导出类。

【问题解答】 AFX_EXT_CLASS

2. 简答题

(1) 什么是动态链接库？它和静态链接库有何区别？生成的动态链接库应放在哪些目录下才能被应用程序使用？

【问题解答】 动态链接库是一种用来为其他可执行文件(包括 EXE 文件和其他 DLL)提供共享的函数库。它和静态链接库的主要区别是与应用程序的链接方式不同，前者进行的是动态链接，后者进行的是静态链接。

生成的动态链接库必须位于下面 4 个目录之一中。

① 当前目录。

② Windows 的系统目录，如 Windows\system。

③ Windows 所在的目录，如 WINNT。

④ 环境变量 PATH 中所指定的目录。

(2) Visual C++ 支持哪几种 DLL？如何选择 DLL 的类型？

【问题解答】 Visual C++ 支持多种 DLL，包括：

① 非 MFC DLL。

② MFC 常规 DLL(MFC Regular DLL)。

③ MFC 扩展 DLL(MFC Extension DLL)。

选择哪一种 DLL 的类型可以从以下几个方面来考虑。

如果 DLL 不需要使用 MFC，那么使用非 MFC DLL 是一个很好的选择。如果需要创建使用了 MFC 的 DLL，并希望 MFC 和非 MFC 应用程序都能使用所创建的 DLL，那么可以选择 MFC 常规 DLL。如果希望在 DLL 中实现从 MFC 派生的可重用的类，或者是希望在应用程序和 DLL 之间传递 MFC 的派生对象时，必须选择 MFC 扩展 DLL。

(3) MFC 常规 DLL 实际上包含哪两方面的含义？

【问题解答】 MFC 常规 DLL 实际上包含有两方面的含义。一方面它是"MFC 的"，这意味着可以在这种 DLL 的内部使用 MFC；另一方面它是"常规的"，这意味着它不同于 MFC 扩展 DLL，在 MFC 常规 DLL 的内部虽然可以使用 MFC，但是它与应用程序的接口不能是 MFC，而是 C 函数或者 C++ 类。

(4) 如何从 MFC DLL 中导出函数？

【问题解答】 从 MFC DLL 中导出函数常用的有两种方法。

第一种是使用模块定义(DEF)文件。DEF 文件常用的模块语句如下。

① 第一个语句必须是 LIBRARY 语句，这个语句指出 DLL 的名字，链接器将这个名字放到 DLL 导入库中，DLL 导入库包含了指向外部 DLL 的函数索引指针。

② EXPORTS 语句列出被导出函数的名字，以及导出函数的数值(由@号与数字构成)。序数值可以省略，编译器会为每个导出函数指定一个，但这样指定的值不如自己指定

的明确。

③ 使用 DESCRIPTION 语句描述 DLL 的用途，这个语句可以省略。

④ 使用“；”开头的注释语句。

使用 AppWizard 创建一个 MFC DLL 时，AppWizard 将创建一个 DEF 文件的框架，并自动添加到项目中。建立 DLL 时，链接器使用 .def 文件来创建一个导出文件（*.exp）和一个导入库文件（*.lib），然后使用导出文件来创建 .dll 文件。

另一种方法是在定义函数时使用关键字_declspec(dllexport)。这种情况下，不需要 DEF 文件。导出函数的形式为：

```
declspec(dllexport) <返回类型> <导出函数名>(<函数参数>);
```

（5）应用程序与 DLL 链接的方式有哪两种？它们之间有何区别？

【问题解答】应用程序与 DLL 链接的方式主要有如下两种：隐式链接和显式链接。

隐式链接又称为静态加载，指的是使用 DLL 的应用程序先链接到编译 DLL 时生成的导入库 LIB 文件，执行应用程序的同时系统也加载所需的 DLL。在应用程序退出之前，DLL 一直存在于该程序运行进程的地址空间中。

显式链接又称为动态加载，使用显式链接 DLL 的应用程序必须在代码中动态地加载所使用的 DLL，并使用指针调用 DLL 中的导出函数，使用完毕，应用程序必须卸载所使用的 DLL。使用显式链接的一个非常明显的好处是，应用程序可以在运行过程中决定需要加载的 DLL。

3. 操作题

（1）创建一个计算正弦和余弦值的 MFC 常规 DLL 的动态链接库 MyDll。

【操作步骤】

① 使用 MFC AppWizard[dll]向导创建 MFC 常规 DLL 的动态链接库 MyDll 的框架。

② 在 MyDll.h 文件中添加导出函数原型。

```
extern "C"__declspec(dllexport) double MySin(double x);
extern "C"__declspec(dllexport) double MyCos(double x);
```

③ 在 MyDll.cpp 文件中实现导出函数。

```
extern "C"__declspec(dllexport) double MySin(double x)// 正弦计算
{
  AFX_MANAGE_STATE(AfxGetStaticModuleState());
  return sin(x);
}

extern "C"__declspec(dllexport) double MyCos(double x) //余弦计算
{
  AFX_MANAGE_STATE(AfxGetStaticModuleState());
  return cos(x);
}
```

④ 在 MyDll.cpp 文件中添加包含语句。

```
#include "math.h"
```

⑤ 编译、链接程序，生成动态链接库 MyDll. dll。

（2）编写一个基于对话框的应用程序，利用动态链接库 MyDll 计算正弦和余弦值。

【操作步骤】

① 使用 AppWizard[exe]向导创建一个基于对话框的应用程序 TestMyDll，将对话框的 Caption 值改为“测试动态链接库 MyDll”。

② 设计对话框界面，如图 9.1 所示。

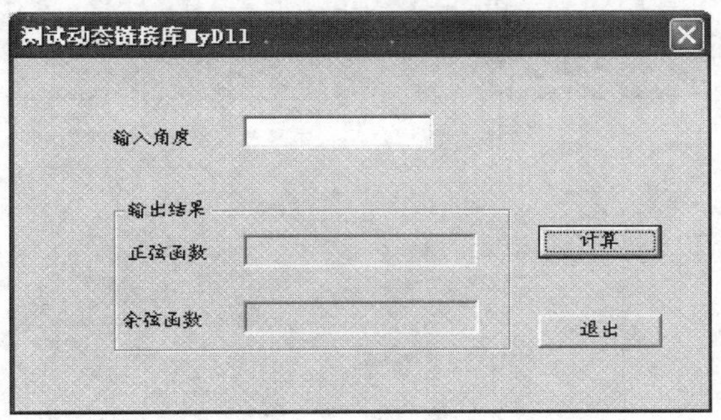

图 9.1　对话框界面

③ 设置控件属性，并利用 ClassWizard 类向导为有关控件添加关联成员变量，如表 9.1 所示。

表 9.1　对话框控件及成员变量

控件类型	ID	Caption	属性	成员变量
组框	IDC_STATIC	输出结果	默认	
静态文本	IDC_STATIC	输入角度	默认	
静态文本	IDC_STATIC	正弦函数	默认	
静态文本	IDC_STATIC	余弦函数	默认	
编辑框	IDC_INPUT		默认	double m_input
编辑框	IDC_SIN		Read-only	CString m_sin
编辑框	IDC_COS		Read-only	CString m_cos
按钮	IDC_CALCULATE	计算	默认	
按钮	IDCANCEL	退出	默认	

④ 在 TestMyDllDlg. cpp 文件的代码开始处添加代码，导入动态链接库的函数。

```
extern "C"__declspec(dllimport) double MySin(double x);
extern "C"__declspec(dllimport) double MyCos(double x);
```

⑤ 用 ClassWizard 类向导为“计算”按钮在对话框类 CTestMyDllDlg 中添加 BN_CLICKED 消息处理函数，并添加代码。

```
void CTestMyDllDlg::OnCalculate()
{
   // TODO: Add your control notification handler code here
   UpdateData(TRUE);
   m_sin = MySin(m_input/180 * 3.1415926);
```

```
    m_cos = MyCos(m_input/180 * 3.1415926);
    UpdateData(FALSE);
}
```

⑥ 将操作题(1)中的 MyDll. dll 及 MyDll. lib 文件复制到应用程序当前目录，并在 Project Settings 对话框中 Link 选项卡的 Object/library modules 文本框中加入 MyDll. lib，将 DLL 的 LIB 文件加入到应用程序中。

⑦ 编译、链接并运行程序。在编辑框输入角度后，单击“计算”按钮，效果如图 9.2 所示。

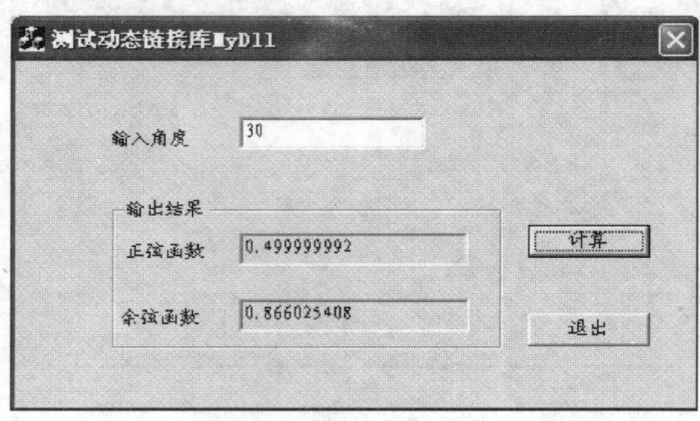

图 9.2　XiTi9_2 的运行结果

(3) 创建一个 MFC 扩展 DLL 实现 MyDll 的功能。编写一个基于对话框的应用程序调用该动态链接库，计算正弦和余弦值。

【操作步骤】

① 使用 MFC AppWizard[dll]向导创建 MFC 扩展 DLL 的动态链接库 MyEDll 的框架。

② 添加对话框资源，将对话框的 Caption 值改为“计算正弦与余弦的值”。

③ 在对话框中添加图 9.3 所示的控件。

④ 设置控件属性，并利用 ClassWizard 类向导为有关控件添加关联成员变量，如表 9.2 所示。

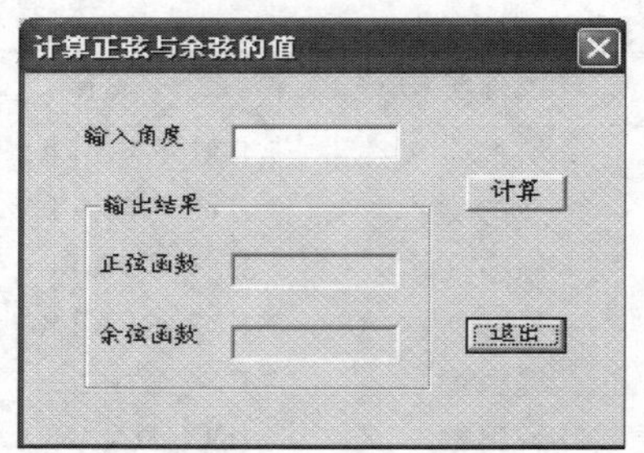

图 9.3　对话框资源

表 9.2　对话框控件及成员变量

控件类型	ID	Caption	风格	成员变量
组框	IDC_STATIC	输出结果		
静态文本	IDC_STATIC	输入角度		
静态文本	IDC_STATIC	正弦函数		
静态文本	IDC_STATIC	余弦函数		
编辑框	IDC_INPUT			double m_input
编辑框	IDC_SIN		Read-only	CString m_sin
编辑框	IDC_COS		Read-only	CString m_cos
按钮	IDC_CALCULATE	计算		
按钮	IDCANCEL	退出		

⑤ 利用 ClassWizard 类向导为对话框添加一个以 CDialog 为基类的 CSinCosDlg 类，系统自动添加了 SinCosDlg. h 和 SinCosDlg. cpp 两个文件。

⑥ 编辑 SinCosDlg. h 头文件。

首先修改 CSinCosDlg 类的声明，使得 DLL 中的 CSinCosDlg 类得以导出。

```
class AFX_EXT_CLASS CSinCosDlg : public CDialog
{
  …
}
```

然后加入 Resource. h 头文件。

```
#pragma once
#include "Resource.h"
```

⑦ 利用 ClassWizard 类向导为“计算”按钮添加添加 BN_CLICKED 消息处理函数，并添加代码。

```
void CSinCosDlg::OnCalculate()
{
  // TODO: Add your control notification handler code here
  UpdateData(TRUE);
  double sinx = sin(m_input/180 * 3.1415926);
  double cosx = cos(m_input/180 * 3.1415926);
  m_sin.Format(" %10.9f",sinx);
  m_cos.Format(" %10.9f",cosx);
  UpdateData(FALSE);
}
```

⑧ 将#include "\ add additional includes here"修改为：

```
//#include "MyEDll.h"
```

⑨ 编译、链接程序，生成以. dll 为后缀的动态链接库 MyEDll. dll。

至此，创建一个 MFC 扩展 DLL 的动态链接库 MyEDll. dll。下面编写一个基于对话框的应用程序调用该动态链接库，计算正弦和余弦值。

⑩ 使用 AppWizard[exe]向导创建一个基于对话框的应用程序 TestMyEDll，将对话框的 Caption 值改为“测试动态链接库 MyEDll”。

⑪ 设计对话框界面，如图 9.4 所示。

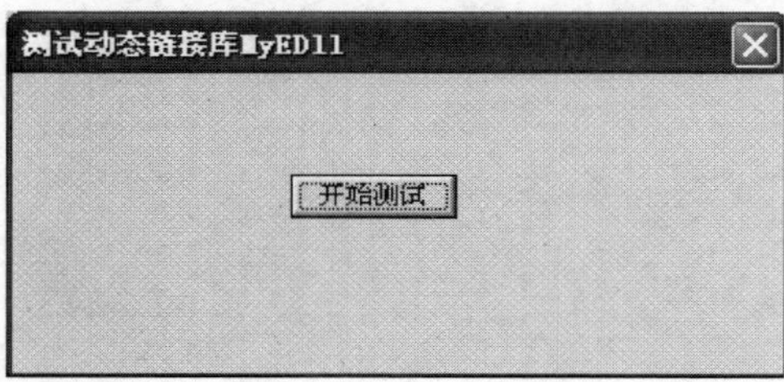

图 9.4 对话框界面

⑫ 将“开始测试”按钮的 ID 改为 IDC_TEST。利用 ClassWizard 类向导给该按钮添加 BN_CLICKED 消息处理函数，并添加代码。

```
void CTestMyEDllDlg::OnTest()
{
  // TODO: Add your control notification handler code here
  CSinCosDlg dlg;
  dlg.DoModal();
}
```

⑬ 将 SinCosDlg.h 及 SinCosDlg.cpp 文件复制到应用程序当前目录，并在 TestMyEDllDlg.cpp 文件的开始处添加包含语句。

```
#include "SinCosDlg.h"。
```

⑭ 将 MyEDll.dll 及 MyEDll.lib 文件复制到应用程序当前目录，并在 stdafx.h 文件中加入下列语句，将 DLL 的 LIB 文件加入到应用程序中。

```
…
#endif // _AFX_NO_AFXCMN_SUPPORT
#pragma comment (lib," MyEDll.lib")
```

⑮ 删除 SinCosDlg.h 头文件中的资源定义，即：

```
//enum { IDD = IDD_DIALOG1 };
```

⑯ 编译、链接并运行程序。单击“开始测试”按钮，输入与操作题(2)相同的数据，运行效果与图 9.2 一样。

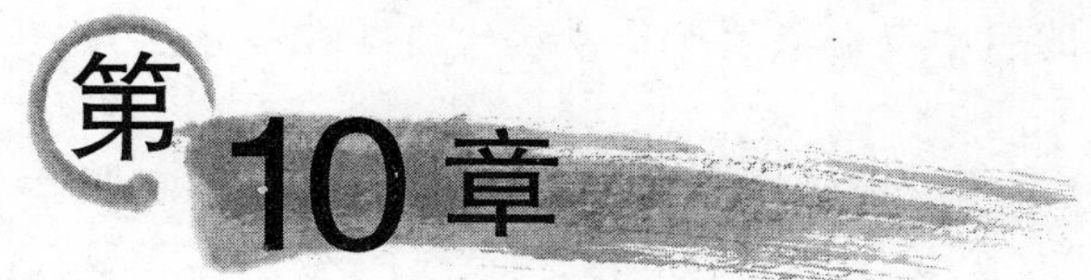

第10章 多线程编程

1. 填空题

(1) 进程和线程都是操作系统的概念，________是操作系统分配资源单位，________是操作系统分配处理器的最基本单元。

【问题解答】进程；线程

(2) 可以用 Visual C++所带的工具________来观察操作系统管理的进程和线程。

【问题解答】Spy++

(3)每一个进程至少有一个主线程，该线程由________创建。

【问题解答】系统

(4) 一般可以使用________进行线程间通信。

【问题解答】全局变量和自定义消息

(5)常用的同步对象有________、________、________和________四种。

【问题解答】临界区；互斥；信号量；事件

(6) 为了使用同步类，需要手动将头文件________加到应用程序中。

【问题解答】afxmt.h

(7) 使用 CSingleLock 类的成员函数________请求获得临界区。

【问题解答】Lock()

(8) CEvent 类对象有________和________两种类型。

【问题解答】人工事件；自动事件

2. 简答题

(1) 什么叫进程？什么叫线程？它们有什么区别和联系？

【问题解答】进程和线程都是操作系统的概念。进程是应用程序的执行实例，它是操作系统分配的资源单位，每个进程由私有的虚拟地址空间、代码、数据和其他各种系统资源组成，进程在运行过程中创建的资源随着进程的终止而被销毁，所使用的系统资源在进程终止时被释放或关闭。线程是操作系统分配处理器的最基本单元，它是进程内部一个独立的执行单元。

进程是没有活力的，它是一个静态的概念。一个程序运行时，由系统自动创建一个进程。系统创建好进程后，实际上就启动执行了该进程的主线程，主线程以函数地址形式(一般为 main 或 WinMain 函数)，将程序的启动点提供给操作系统。主线程终止了，进程也就随之终止。

每一个进程至少有一个主线程，它无须由用户去主动创建，是由系统自动创建的。用户根据需要在应用程序中创建其他线程，多个线程并发地运行于同一个进程中。一个进程中的所有线程都在该进程的虚拟地址空间中，共同使用这些虚拟地址空间、全局变量和系统资源。

(2) MFC 中线程有哪两种类型？它们有何区别？如何创建它们？

【问题解答】 MFC 中有两类线程，分别称之为工作者线程和用户界面线程。

创建一个工作者线程，首先需要编写一个希望与应用程序的其余部分并行运行的线程函数。然后，在程序中合适的地方调用全局函数 AfxBeginThread()创建线程，以启动线程函数。

创建用户界面线程，首先需要从 CWinThread 类派生一个新类，并重写派生类的 InitInstance、ExitInstance 及 Run 等函数，然后使用 AfxBeginThread 函数的另一个版本创建并启动用户界面线程。

(3) 什么是线程函数？其作用是什么？如何给线程函数传递参数？

【问题解答】 线程函数是新线程创建后要执行的函数，新线程要实现的功能是由线程函数实现的。线程函数带有一个参数 LPVOID pParam，创建线程的 AfxBeginThread 全局函数的第二个参数 LPVOID pParam 的类型与线程函数的参数类型完全一致，该参数为启动线程时传递给线程函数的入口参数。

(4) 如何终止线程？

【问题解答】 当一个工作者线程的线程函数执行一个返回语句或者调用 AfxEndThread 成员函数时，这个工作者线程就终止。对于用户界面线程，当一个 WM_QUIT 消息发送到它的消息队列中，或者该线程中的一个函数调用 AfxEndThread 成员函数时，该线程就被终止。

一般来说，线程只能自我终止。如果要从另一个线程来终止线程，必须在这两个线程之间设置通信方式。

(5) 如何使用自定义消息进行通信？

【问题解答】 使用 Windows 消息进行通信，首先需要定义一个自定义消息，然后，需要时在一个线程中调用全局函数::PostMessage()向另一个线程发送自定义消息。

(6) 什么叫线程的同步？为什么需要同步？

【问题解答】 使隶属于同一进程的各线程协调一致地工作称为线程的同步。在多线程的环境里，需要对线程进行同步。这是因为在多线程处理时线程之间经常要同时访问一些资源，这有可能导致错误。例如，对于像磁盘驱动器这样独占性系统资源，由于线程可以执行进程的任何代码段，且线程的运行是由系统调度自动完成的，具有一定的不确定性，因此就有可能出现两个线程同时对磁盘驱动器进行操作，从而出现操作错误。又如，对于银行系统的计算机来说，可能使用一个线程来更新其用户数据库，而用另外一个线程来读取数据库以响应储户的需要，极有可能读数据库的线程读取的是未完全更新的数据库，因为可能在读的时候只有一部分数据被更新过。

(7) MFC 提供了哪些类来支持线程的同步？它们分别用在什么场合？

【问题解答】MFC 提供了几个同步类和同步辅助类来支持线程的同步，这些类及其适用场合如表 10.1 所示。

表 10.1　支持多线程同步的同步类和同步辅助类

类　名	说　明
同步对象基类 CSyncObject	抽象类，为 Win32 中的同步对象提供通用性能
临界区类 CCriticalSection	当在一个时间内仅有一个线程可被允许修改数据或某些其他控制资源时使用，用于保护共享资源
互斥类 CMutex	有多个应用(多个进程)同时存取相应资源时使用，用于保护共享资源
信号类 CSemaphore	一个应用允许同时有多个线程访问相应资源时使用，主要功能用于资源计数
事件类 CEvent	某个线程必须等待某些事件发生后才能存取相应资源时使用，以协调线程之间的动作
同步辅助类 CSingleLock、CMultiLock	用于在一个多线程程序中控制对资源的访问。当在一个时间只需等待一个同步化对象时使用 CSingleLock 类，否则使用 CMultiLock 类

(8) 如何使用 CSemaphore 类实现多线程同步？

【问题解答】使用 CSemaphore 类实现多线程同步，有两种用法。

方法一：单独使用 CSemaphore 对象，步骤如下。

① 定义 CSemaphore 类的一个全局对象(以使各个线程均能访问)。

② 在访问临界区之前，调用 CSemaphore 类的成员函数 Lock()获得临界区。

③ 在本线程中访问临界区中的共享资源。

④ 访问临界区完毕后，使用 CSemaphore 的成员函数 UnLock()来释放临界区。

方法二：与同步辅助类 CSingleLock 或 CMutiLock 类一起使用，步骤如下(以类 CSingleLock 为例)。

① 定义 CSemaphore 类的一个全局对象，如 critical_section。

② 在访问临界区之前，定义 CSingleLock 类的一个对象，并将 critical_section 的地址传送给构造函数。

③ 使用 CSingleLock 类的成员函数 Lock()请求获得临界区。

④ 在本线程中访问临界区中的共享资源。

⑤ 调用 CSingleLock 类的成员函数 UnLock()来释放临界区。

3. 操作题

(1) 编写一个创建工作者线程的单文档应用程序 WorkThread，当执行"工作者线程"菜单命令时启动一个工作者线程，计算 1～1000000 之间能被 3 整除的数的个数。要求主线程和工作者线程之间使用自定义消息进行通信。

【操作步骤】

① 利用 MFC AppWizard[exe]向导生成一个项目名为 WorkThread 的单文档应用程序。

② 在 WorkThreadView. h 文件中 CWorkThreadView 类声明的上面加上如下代码，定义一个自定义消息 WM_CALCULATE。

```
const WM_CALCULATE = WM_USER + 100;//自定义消息
```

③ 在 WorkThreadView. h 文件中添加如下代码，声明自定义消息处理函数 OnThreadEnd。

```
afx_msg LONG OnThreadEnd(WPARAM wParam,LPARAM lParam);
```

④ 在 WorkThreadView. cpp 文件的消息映射表中添加消息映射宏。

```
ON_MESSAGE(WM_CALCULATE,OnThreadEnd)
```

⑤ 在 WorkThreadView. cpp 文件中添加消息处理函数 OnThreadEnd()。

```
LONG CWorkThreadView::OnThreadEnd(WPARAM wParam,LPARAM lParara)
{
  CString str;
  str.Format("The Prime Numbers from 1 to 1000000 is %d.",n);
  AfxMessageBox(str);
  return 0;
}
```

⑥ 在 WorkThreadView. h 文件中声明线程函数。

```
UINT Calculate(LPVOID pParam);//线程函数的声明
```

⑦ 在 WorkThreadView. cpp 中的所有函数前定义一个存放素数个数的全局变量 n，并添加线程函数 Calculate()。

```
int n = 0;
UINT Calculate(LPVOID pParam)
{
  n = 0;
  long m;
  for(m = 3;m <= 1000000;m = m + 3)
    if(m % 3 == 0) n = n + 1;
  //向主线程发送 WM_CALCULATE 消息
  ::PostMessage((HWND)pParam,WM_CALCULATE,n,0);
  return 0;
}
```

⑧ 为程序添加“工作者线程”菜单项，其 ID 为 ID_WORKS。

⑨ 利用 ClassWizard 类向导在 CWorkThreadView 类中为 ID_WORKS 添加命令处理函数，并添加代码。

```
void CWorkThreadView::OnWorks()
{
  // TODO: Add your command handler code here
  HWND hWnd = GetSafeHwnd();//设置线程函数参数
  //启动线程
  AfxBeginThread(Calculate,hWnd,THREAD_PRIORITY_BELOW_NORMAL,0);
}
```

⑩ 编译、链接并运行程序。执行"工作者线程"菜单命令，工作者线程执行完后，自动得到图 10.1 所示的结果。

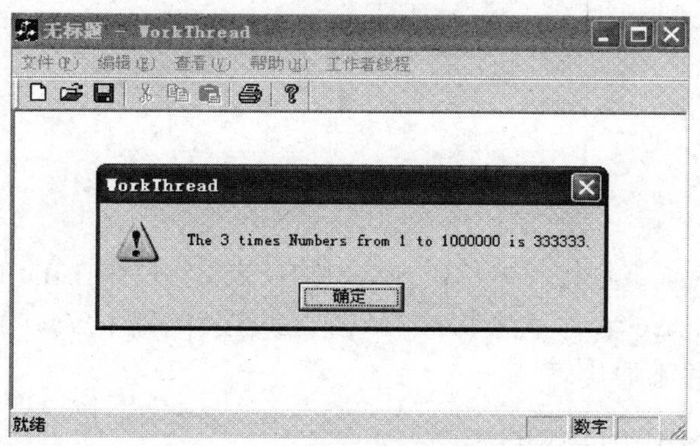

图 10.1 XiTi10_1 的运行结果

(2) 编写一个多线程的 SDI 程序，当单击工具栏上的 T 按钮时启动一个工作线程，用于在客户区不停地显示一个进度条。此时还可以继续单击 T 按钮，显示另一个进度条。当单击工具栏上的 S 按钮时停止显示进度条。

【操作步骤】

① 利用 MFC AppWizard[exe]向导生成一个项目名为 XiTi10_2 的单文档应用程序。

② 在 XiTi10_2View.cpp 文件中添加全局变量和线程函数。

```
int Count,PosCount = 0;
BOOL threadController = true;
UINT CompileThread(LPVOID param)
{
  CXiTi10_2View * pParent = (CXiTi10_2View * )(((CFrameWnd * )
                    (AfxGetApp() - > m_pMainWnd)) - > GetActiveView());
  if(pParent)
  {
      CRect rect(30,PosCount + 40,230,PosCount + 60);
      PosCount + = 40;
      CProgressCtrl progress;
      progress.Create(WS_CHILD|WS_VISIBLE,rect,pParent,0);
      progress.SetRange(0,100);
      progress.SetPos(0);           //设置起始位置
      progress.SetStep(1);          //设置步长
      int i = Count;
      for(; ; )
      {
          if(Count > i)
          {
              int p;
              if(threadController) //为真则进度条前进
              {
                  progress.StepIt();
              }
```

```
                p = progress.GetPos();
                if(p == 100)
                    return 1;
                i = Count;
                }
            }
        }
        return 1;
    }
```

③ 在工具栏中添加 T 按钮和 S 按钮，设置其 ID 为 ID_THREAD 和 ID_THREADSTOP。

④ 利用 ClassWizard 类向导在 CXiTi10_2View 类中添加 WM_TIMER 消息和两个按钮的消息处理函数，并添加代码。

```
void CXiTi10_2View::OnTimer(UINT nIDEvent)
{
  // TODO: Add your message handler code here and/or call default
  Count ++ ;
  CView::OnTimer(nIDEvent);
}
void CXiTi10_2View::OnThread()
{
  // TODO: Add your command handler code here
  m_init = TRUE;
  Invalidate();
  SetTimer(0,50,NULL);
  threadController = true;
  HWND hwnd = GetSafeHwnd();
  AfxBeginThread(CompileThread,hwnd,THREAD_PRIORITY_LOWEST);
}
void CXiTi10_2View::OnThreadstop()
{
  // TODO: Add your command handler code here
  threadController = false;
}
```

⑤ 编译、链接并运行程序，最终结果如图 10.2 所示。

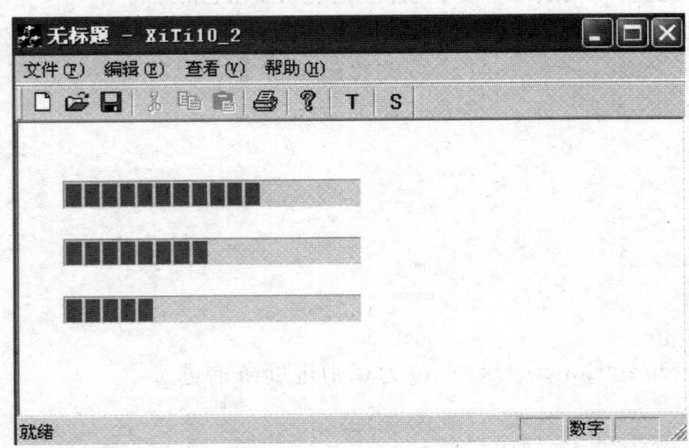

图 10.2　XiTi10_2 的运行结果

(3) 改写应用程序 WorkThread，要求主线程和工作者线程之间使用事件对象保持同步。

【操作步骤】

① 打开应用程序 WorkThread。

② 删除自定义消息，即将操作题(1)中步骤②～⑤所做的工作去掉。

③ 在 WorkThreadView.cpp 文件开头添加包含语句。

```
#include "afxmt.h"
```

④ 在 WorkThreadView.cpp 文件中定义一个 CEvent 类的全局对象。

```
CEvent event;// 定义 CEvent 类的一个全局对象
```

⑤ 编辑 CWorkThreadView:: OnWorks 函数。

```
void CWorkThreadView::OnWorks()
{
   // TODO: Add your command handler code here
   HWND hWnd = GetSafeHwnd();//设置线程函数参数
   //启动线程
   AfxBeginThread(Calculate,hWnd,THREAD_PRIORITY_BELOW_NORMAL,0);
   event.Lock();//开始监测事件
   CString str;
   str.Format("The 3 times Numbers from 1 to 1000000 is %d.",n);
   AfxMessageBox(str);
event.Unlock();//将事件对象恢复为无信号状态
}
```

⑥ 编辑线程函数。

```
UINT Calculate(LPVOID pParam)
{
   n = 0;
   long m;
   for(m = 3;m <= 1000000;m = m + 3)
        if(m % 3 == 0) n = n + 1;
   event.SetEvent();//将事件对象激活
   return 0;
}
```

⑦ 重新编译、链接并运行程序，效果与操作题(1)一样。

第11章 数据库编程

1. 填空题

(1) MFC 的 ODBC 类主要包括 5 个类，分别是________、________、________、________和________，其中________类是用户实际使用过程中最关心的。

【问题解答】 CDatabase 类；CRecordset 类；CRecordView 类；CFieldExchange 类；CDBException 类；CRecordset

(2) CDatabase 类的作用是________。

【问题解答】 建立与数据源的连接

(3) CRecordset 类的功能是________。

【问题解答】 为成员变量用户提供对表记录进行操作的许多功能，如添加记录、删除记录、修改记录和查询记录等，并能直接为数据源中的表映射一个 CRecordset 类对象，方便用户的操作。

(4) CRecordView 的作用是________。

【问题解答】 显示数据库记录。利用对话框数据交换机制 DDX 在记录集与表单视图的控件之间传输数据。

(5) 可以利用 CRecordset 类的成员函数________添加一条新记录；可以利用 CRecordset 类的成员函数________将记录指针移动到第一条记录上；可以利用 CRecordset 类的成员函数________完成保存记录的功能。

【问题解答】 AddNew()；MoveFirst()；Update()

(6) 在 CRecordset 类中提供的两个公有数据成员________和________，分别用来对记录查找和排序。

【问题解答】 m_strFilter；m_strSort

(7) ADO 对象模型提供了 7 种对象，它们分别是________、________、________、________、________、________和________。

【问题解答】 连接对象；命令对象；记录集对象；域对象；参数对象；属性对象；错误对象

(8) 在 Visual C++中使用 ADO 开发数据库之前，需要用#import 引入 ADO，其语句格式为________。

【问题解答】 #import "c:\Program Files\common files\system\ado\msado15.dll" no_namespace rename("EOF","adoEOF")

(9) 在使用 ADO 开发数据库时，常用的三个智能指针为________、________和________。

【问题解答】_ConnectionPtr；_CommandPtr；_RecordsetPtr

(10) Connection 对象的 ConnectionString 属性表示________，CursorLocation 属性用来________。

【问题解答】连接数据库的字符串；指定游标引擎的位置

2. 简答题

(1) Visual C++中都提供了哪些访问数据库的技术？它们有何特点？

【问题解答】Visual C++中提供了 ODBC、DAO、OLE DB 和 ADO 等访问数据库的技术。

① ODBC。ODBC 是为应用程序访问关系数据库时提供的一个标准的基于 SQL 的统一接口。对于不同的数据库，ODBC 提供了一套统一的 API，使应用程序可以利用所提供的 API 来访问任何提供了 ODBC 驱动程序的数据库。而且，ODBC 已经成为一种标准，目前所有的关系数据库都提供了 ODBC 驱动程序，这使得 ODBC 的应用非常广泛，基本上可用于所有的关系数据库。

由于 ODBC 是一种底层的访问技术，因此，ODBC API 可以使客户应用程序从底层设置和控制数据库，完成一些高层数据库技术无法完成的功能。

直接使用 ODBC API 编写应用程序需要编制大量的代码，Visual C++6.0 提供了 MFC ODBC 类，其中封装了 ODBC API，因此，使得用 MFC 来创建 ODBC 的应用程序非常简单。

② DAO。DAO 提供了一种通过程序代码创建和操作数据库的机制。DAO 类似于用 Access 或 Visual Basic 编写的数据库应用程序，它使用微软公司的 Jet 数据库引擎形成一系列的数据访问对象，如数据库对象、表和查询对象、记录集对象等，各个对象协同工作。

DAO 支持以下 4 个数据库选项：可以打开一个 Access 数据库文件(.mdb 文件)，直接打开一个 ODBC 数据源，使用 Jet 引擎打开一个 ISAM (被索引的顺序访问方法)类型的数据源以及把外部表附属到 Access 数据库。

MFC DAO 是微软公司提供的用于访问 Microsoft Jet 数据库文件(.mdb)的强有力的数据库开发工具，它通过 DAO 的封装，向程序员提供了 DAO 丰富的操作数据库手段。

③ OLE DB。OLE DB 是 Visual C++开发数据库应用中提供的新技术，它基于 COM 接口。因此，OLE DB 对所有的文件系统包括关系型数据库和非关系型数据库都提供了统一的接口。这些特性使得 OLE DB 技术比传统的数据库访问技术更加优越。

与 ODBC 技术相似，OLE DB 属于数据库访问技术中的底层接口。但直接使用 OLE DB 来设计数据库应用程序需要编写大量的代码。

④ ADO。ADO 技术是基于 OLE DB 的访问接口，它继承了 OLE DB 技术的优点，并且 ADO 对 OLE DB 的接口进行封装，定义了 ADO 对象，使程序开发得到简化。ADO 技术属于数据库访问的高层接口。

(2) 如何注册 ODBC 的数据源？

【问题解答】下面是以 Visual FoxPro 6.0 数据库 StudentDB.dbc 为例，注册 ODBC 的数据源的步骤。

① 双击 ODBC 图标，进入 ODBC 数据源管理器。在这里用户可以设置 ODBC 数据源的一些信息，其中的用户 DSN 选项卡中可以让用户定义在本地计算机使用的数据源名。

② 单击“添加”按钮，弹出“创建新数据源”对话框，为新的数据源选择数据库驱动程序。由于使用的是 Visual Fox Pro 6.0 数据库，所以选择 Microsoft Visual FoxPro Driver，并单击“完成”按钮。

③ 在 ODBC Visual FoxPro Setup 对话框中，为该数据源取一个简短的名称。应用程序将使用该名称来指定用于数据库连接的 ODBC 数据源配置，因此建议所起的名称能反映出该数据库的用途，或者与使用该数据库的应用程序名称类似。对于该例，给该数据源命名为 Student，并在下一个编辑框中输入对该数据库的说明。

④ 指定数据库的位置。单击 Browse 按钮，出现 Select Database 文件选择对话框，定位并选择 StudentDB.dbc 文件。

⑤ 单击“打开”按钮完成数据库选择，在 ODBC Visual FoxPro Setup 对话框中单击 OK 按钮，完成数据源的创建。最后，单击 ODBC 数据源管理器对话框中的“确定”按钮，退出数据源管理器。

(3) 简述用 MFC ODBC 进行数据库编程的基本步骤。

【问题解答】 Visual C++创建一个 MFC ODBC 数据库应用程序需要以下几个步骤。

① 准备数据库。

② 在系统的数据源管理器中注册数据源。

③ 用 AppWizard 创建基本的数据库应用程序。

④ 向基本的数据库应用程序中添加代码，实现特定数据库功能。

(4) 什么是动态集和快照集？它们的根本区别是什么？

【问题解答】 动态集是与用户所做的更改保持同步的记录集，而快照集则是数据的一个静态视图。它们的根本区别是：当在一个动态集中滚动一条记录时，由其他用户或应用程序中的其他记录集对该记录所做的更改会相应地显示出来，而快照集则不会。

(5) 在使用 CRecordset 类成员函数进行记录的编辑、添加和删除等操作时，如何使操作有效？

【问题解答】 在编辑、添加和删除时，必须遵循一些特定步骤才能得到正确结果。

要编辑修改当前记录，应该按下列步骤进行。

① 调用 Edit 成员函数。调用该函数后就进入了编辑模式，程序可以修改域数据成员。注意，不要在一个空的记录集中调用 Edit()，否则会产生异常。

② 设置域数据成员的新值。

③ 调用 Update()完成编辑。Update()把变化后的记录写入数据源并结束编辑模式。

要向记录集中添加新的记录，应该按下列步骤进行。

① 调用 AddNew 成员函数。调用该函数后就进入了添加模式，该函数把所有的域数据成员都设置成 NULL。

② 设置域数据成员。

③ 调用 Update()。Update()把域数据成员中的内容作为新记录写入数据源，从而结束添加。

如果记录集是快照，那么在添加一个新的记录后，需要调用 Requery 函数重新查询，因为快照无法反映添加操作。

要删除记录集的当前记录，应按下面两步进行。

① 调用 Delete 成员函数。该函数会同时给记录集和数据源中当前记录加上删除标记。注意，不要在一个空记录集中调用 Delete 函数，否则会产生一个异常。

② 滚动到另一个记录上以跳过删除记录。在对记录集进行更新以前，程序最好先调用 CanUpdate 函数、CanAppend 函数来判断记录集是否是可以更新的，因为如果在不能更改的记录集中进行修改、添加或删除将导致异常的产生。

(6) CRecordset 类的成员函数 Requery()有哪两个重要用途？

【问题解答】 Requery()有如下两个重要用途。

① 使记录集能反映用户对数据源的改变。

② 按照新的查找条件或排序方法查询记录并重新建立记录集。

(7) 简述 MFC 的 ODBC 应用程序中的 DDX 和 RFX 数据交换机制。

【问题解答】 图 11.1 显示了 MFC 的 ODBC 应用程序中的 DDX 和 RFX 数据交换机制。

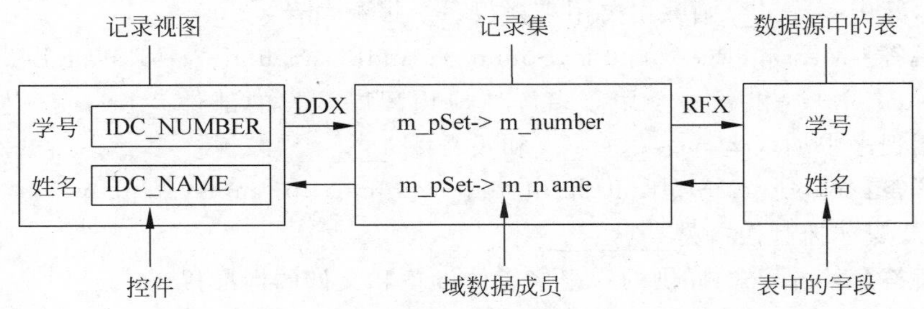

图 11.1 DDX 和 RFX 数据交换机制

(8) 简述用 ADO 进行数据库编程的基本步骤。

【问题解答】 用 ADO 进行数据库编程的基本步骤如下。

① 引入 ADO 库。

② 初始化 COM 环境。

③ 创建 ADO 与数据库的连接。

④ 操作数据库。

⑤ 断开连接。

⑥ 释放 COM 环境。

3. 操作题

(1) 使用 MFC ODBC 技术，编写一个单文档数据库应用程序，实现通讯录的管理。要求包括添加、删除、更新、查找和排序等功能。

请读者参照主教材 11.3 节中的实例自行完成。

(2) 采用 ADO 对象编程模型，编写一个单文档数据库应用程序，功能要求与操作题(1)相同。

请读者参照主教材 11.5 节中的实例自行完成。

第12章 多媒体编程

1. 填空题

（1）Windows 提供了三个特殊的播放声音的高级音频函数：________、________和________，其中________函数主要用来播放系统报警声音。

【问题解答】 MessageBeep()；PlaySound()；sndPlaySound()；MessageBeep()

（2）Visual C++ 提供了一个用于多媒体应用程序开发的部件________。加入该部件后，将在应用程序中加入运行库________和头文件________。

【问题解答】 Windows Multimedia library；winmm. lib；mmsystem. h

（3）MCI 媒体控制接口是________。

【问题解答】 Microsoft 提供的一组多媒体设备和文件的标准接口

（4）MCI 使用________命令消息使设备播放媒体文件。

【问题解答】 MCI_PLAY

（5）在应用程序中使用 MCIWnd 窗口类，必须在调用 MCIWnd 函数所在的源文件的前面添加________头文件。

【问题解答】 vfw. h

2. 简答题

（1）简述利用高级音频函数播放声音文件的步骤。

【问题解答】 利用高级音频函数播放声音文件需要下面三个步骤。

① 引用头文件。对于大多数多媒体函数的引用，必须在系统中包含头文件 mmsystem. h，该文件包含了有关多媒体函数的原型、数据结构及相关常数的定义。

② 链接多媒体函数库 winmm. lib。绝大多数的多媒体函数存在于独立的多媒体函数中，因此，必须在应用程序中予以说明。

③ 在应用程序中写入执行多媒体调用的代码。

（2）简述调用 PlaySound 函数播放声音文件的方法。

【问题解答】 调用 PlaySound 函数播放声音文件，可使用下面三种方法（假设在 C:\Windows\Media 目录下有一个名为 Sound. wav 的声音文件）。

① 直接播放声音文件，相应的代码为：

```
PlaySound("c:\\Windows\\media\Sound.wav",NULL, SND_FILENAME|SND_ASYNC);
```

② 把声音文件加入到资源中，然后从资源中播放声音。Visual C++支持 WAVE 型资源，用户在资源视图中右击并选择 Import 命令，在文件选择对话框的文件类型选择框中选择 Wave File(*.wav)文件，然后在文件选择框中选择 Sound.wav，则将 Sound.wav 文件加入到 WAVE 资源中。声音资源默认的 ID 为 IDR_WAVE 1，则下面的调用会播出该声音：

```
PlaySound(MAKEINTRESOURCE(IDR_WAVE1),AfxGetInstanceHandle(), SND_RESOURCE|SND_ASYNC);
```

③ 用 PlaySound 函数播放系统声音，Windows 启动的声音是由 SystemStart 定义的系统声音，因此可以用下面的方法播放启动声音：

```
PlaySound("SystemStart",NULL,SND_ALIAS|SND_ASYNC);
```

(3) 简单比较命令字符串接口 mciSendString()和命令消息接口 mciSendCommand()。

【问题解答】命令字符串接口 mciSendString()具有简单易学的优点，但这种接口与 C/C++的风格相距甚远，如果程序要查询和设置大量数据，那么用字符串的形式将很不方便。命令消息接口 mciSendCommand()提供了 C 语言接口，它速度更快，并且更能符合 C/C++程序员的需要。

(4) 什么是 ActiveX 控件？它有何特点？

【问题解答】ActiveX 技术建立在微软的 COM 技术之上，并使用 COM 的接口和交互模型使 ActiveX 控件与其容器进行完全无缝的集成。ActiveX 主要由 ActiveX 容器、ActiveX 服务器和 ActiveX 控件等组成。ActiveX 控件是一组封装在 COM 对象中的功能模块。这个 COM 对象是独立的，尽管它不能单独运行。ActiveX 控件只能在 ActiveX 容器中运行，如 Visual C++或 Visual Basic 应用程序。ActiveX 控件使用.ocx 为其文件扩展名，可以把它插入许多不同的程序中，并把它当作程序本身的一部分来使用。

(5) 简述在程序中添加 ActiveX 控件的步骤。

【问题解答】下面以向对话框应用程序中添加一个 Calendar Control8.0 控件为例，说明在程序中添加和使用 ActiveX 控件的具体步骤。

① 使用 MFC AppWizard[exe]创建一个新的对话框应用程序。

② 在 AppWizard 的第二步保留 ActiveX Controls 的复选框为选中状态，应用程序标题设为 ActiveX Controls。

③ 在生成了应用程序外壳之后，删除所有控件。

④ 从 Visual C++菜单中选择 Project|Add To Project|Components and Controls 命令，打开 Components and Controls Gallery 对话框。

⑤ 在 Components and Controls Gallery 对话框中，找到 Registed ActiveX Controls 文件夹，显示所有已注册的 AxtiveX 控件。

⑥ 选中要添加的控件，如 Calendar Control8.0 控件，单击 Insert 按钮。当提问是否要在项目中插入该控件时，单击消息框中的 OK 按钮。

⑦ 在 Confirm Classes 对话框中，单击 OK 按钮以添加所指定的 C++类。

⑧ 在 Components and Controls Gallery 对话框中，单击 Close 按钮，以完成给项目添加控件的工作。

3. 操作题

(1) 利用 MCI 的命令消息接口制作一个简单的音频播放器，要求至少能播放.wav 和

.mid 两种格式的声音文件。

【操作步骤】

① 利用应用程序向导 MFC AppWizard[exe]创建一个基于对话框的应用程序 XiTi12_1。

② 在应用程序中加入 Windows Multimedia library 部件。

③ 编辑主对话框资源模板。删除 Cancel 按钮，将 OK 按钮的 Caption 值改为“退出”，并添加“播放”及“停止”按钮，如图 12.1 所示。将“播放”按钮的 ID 改为 IDC_OPEN，将“停止”按钮的 ID 改为 IDC_STOP，将对话框的 Caption 改为“音频播放器”。

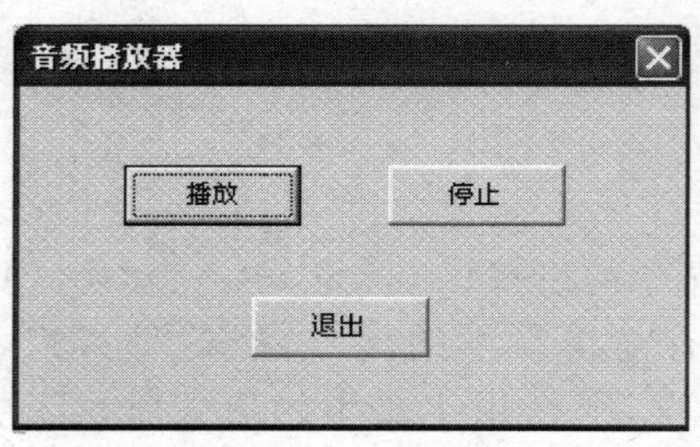

图 12.1　对话框资源

④ 在 CXiTi12_1Dlg 对话框类中添加两个公有的成员变量。

```
MCI_OPEN_PARMS m_mciOpen;
MCIDEVICEID m_nDevice;
```

⑤ 利用 ClassWizard 在 CXiTi12_1Dlg 对话框类中添加“播放”按钮和“停止”按钮的单击消息处理函数，并添加代码。

```
void CXiTi12_1Dlg::OnOpen()
{
  // TODO: Add your control notification handler code here
  CFileDialog dlg(TRUE,NULL,NULL,OFN_HIDEREADONLY,"WAV 文件(*.wav)|*.wav|MIDI 文件
                (*.mid)|*.mid||",this);
  if(dlg.DoModal() == IDCANCEL) return;
  CString sfilename = dlg.GetPathName();                //得到文件名
    m_mciOpen.lpstrElementName = sfilename;
    CString sfileext = dlg.GetFileExt();
    sfileext.MakeUpper();
  if(strcmp(sfileext,"WAV") == 0)
    m_mciOpen.lpstrDeviceType = "waveaudio";            //设置打开设备类型为波形音频
  if(strcmp(sfileext,"MID") == 0)
  m_mciOpen.lpstrDeviceType = "sequencer";              //设置打开设备类型为序列器
  mciSendCommand(m_nDevice,MCI_CLOSE,MCI_WAIT,NULL);
  mciSendCommand(NULL,MCI_OPEN,MCI_OPEN_ELEMENT,
          (DWORD)(LPMCI_OPEN_PARMS) &m_mciOpen);        //发送 MCI_OPEN 命令
  m_nDevice = m_mciOpen.wDeviceID;                      //得到设备 ID
  MCI_PLAY_PARMS mciPlay;
  mciSendCommand(m_nDevice,MCI_PLAY,MCI_NOTIFY,
          (DWORD)(LPMCI_PLAY_PARMS) &mciPlay);          //发送 MCI_PLAY 命令
}
void CXiTi12_1Dlg::OnStop()
{
  // TODO: Add your control notification handler code here
  mciSendCommand(m_nDevice,MCI_CLOSE,MCI_WAIT,NULL);
}
```

⑥ 编辑 CXiTi12_1Dlg::OnCancel 函数，使对话框关闭时自动关闭播放器。

```
void CXiTi12_1Dlg::OnCancel()
{
  // TODO: Add extra cleanup here
  OnStop();
```

```
    CDialog::OnCancel();
}
```

⑦ 编译、链接并运行程序,即可播放 .wav 和 .mid 两种格式的声音文件。

(2) 利用 MCIWnd 窗口类制作一个多媒体播放器。

【操作步骤】

① 利用应用程序向导 MFC AppWizard[exe]创建一个基于对话框的应用程序 XiTi12_2。

② 在 StdAfx. h 中放入包含文件使得应用程序能使用所有的多媒体代码。

```
…
#endif // _AFX_NO_AFXCMN_SUPPORT
#include <vfw.h>
#pragma comment (lib,"vfw32.lib")
…
```

③ 按图 12.2 编辑主对话框资源模板,并将"播放"按钮的 ID 改为 IDC_OPEN,将"停止"按钮的 ID 改为 IDC_STOP。

④ 利用 ClassWizard 在 CXiTi12_2Dlg 对话框类中添加"播放"按钮和"停止"按钮的单击消息处理函数,并添加代码。

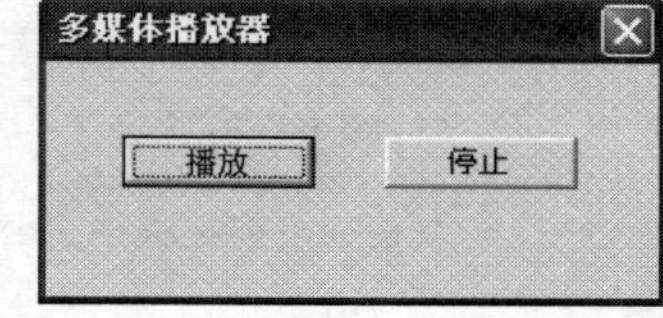

图 12.2　对话框资源

```
void CXiTi12_2Dlg::OnPlay()
{
    // TODO: Add your control notification handler code here
    CFileDialog dlg(TRUE,NULL,NULL,OFN_HIDEREADONLY,"所有文件(*.*)|**||",this);
    if(dlg.DoModal() == IDCANCEL) return;
    CString filename = dlg.GetPathName();                //得到文件名
    if (filename.GetLength()> 0)
    {
        m_hMyMCIWnd = MCIWndCreate(NULL,NULL,0,(LPCSTR)filename);
        MCIWndPlay(m_hMyMCIWnd);
    }
}
void CXiTi12_2Dlg::OnStop()
{
    // TODO: Add your control notification handler code here
    MCIWndStop(m_hMyMCIWnd);;
}
```

⑤ 编译、链接并运行程序,即可播放多媒体文件。

(3) 利用 ActiveMovie 控件创建一个视频播放器,要求至少能播放 .avi 和 .mpeg 两种格式的视频文件。

【操作步骤】

① 利用 MFC AppWizard 创建基于对话框的应用程序 Movie。

② 在生成了应用程序外壳之后,删除主对话框中的所有控件。

③ 为应用程序添加菜单资源。添加菜单资源,其 ID 为 ID MENUl,并为该菜单添加"文件"与"屏幕控制"两个菜单项。

④ 为项目添加 ActiveMovie 控件。可看见系统自动为 ActiveMovie 控件创建新的类

CActiveMovie3(注意不同版本有所差异)。

⑤ 在对话框类的头文件中包含控件类。

```
#include "activemovie3.h"
```

⑥ 设置对话框的属性。在对话框的属性框中的 Menu 框中选择 ID_MENU1 菜单。这样就把创建的菜单加入到对话框中。

⑦ 在对话框类的头文件中添加 CActiveMovie3 类型的变量。

```
CActiveMovie3 m_ActiveMovie;
```

⑧ 添加菜单的消息映射,并编辑代码实现相应的功能。

```
void CMovieDlg::OnOpen()
{
  // TODO: Add your command handler code here
  char szFilter[] = "AVI 文件(*.avi)|*.avi|MPEG 文件(*.mpeg)|*.mpeg|所有文件(*.*)|*.*||";
  CFileDialog filedlg(TRUE,NULL,NULL,OFN_HIDEREADONLY,szFilter);
  if(filedlg.DoModal() == IDOK)
  {
    CString pathname = filedlg.GetPathName();
    pathname.MakeUpper();
    m_ActiveMovie.SetFileName(pathname);
  }
}
void CMovieDlg::OnFull()
{
  // TODO: Add your command handler code here
  m_ActiveMovie.Pause();
  m_ActiveMovie.SetFullScreenMode(true);
  m_ActiveMovie.Run();
  m_ActiveMovie.SetMovieWindowSize(SW_SHOWMAXIMIZED);
}
```

⑨ 编译并运行程序。图 12.3 为应用程序 Movie 播放 AVI 文件的效果。

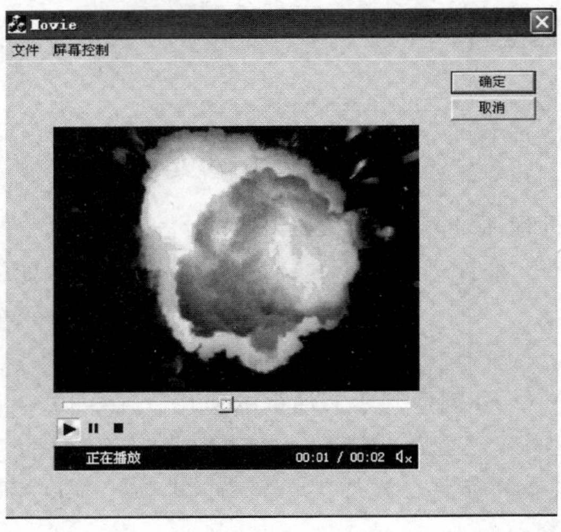

图 12.3 Movie 播放 AVI 文件的效果

第 2 部分

实验题及参考解答

实验1 框架的创建与消息处理

实验目的和要求

1. 熟练掌握用 MFC AppWizard 向导创建一个应用程序框架的步骤。
2. 掌握鼠标消息的响应处理方法。
3. 掌握键盘消息的响应处理方法。
4. 掌握开发环境的使用。

实验内容

先建文件夹..\学号姓名\sy1，然后在该文件夹下编写程序，上机调试和运行程序，最后在实验报告中写出实验步骤，并附上结果图。

1. 创建一个单文档的应用程序 Sy1_1，修改它的图标、标题和版本信息，并添加代码，使程序运行时，在视图窗口中显示自己的姓名和班级。

【问题解答】 本题是第 1 章操作题和第 2 章操作题(2)的综合。

2. 创建一个单文档的应用程序 Sy1_2，当单击时，在消息窗口中显示“鼠标左键被按下!”；当右击时，则显示“鼠标右键被按下!”。

【问题解答】 本题是第 2 章操作题(1)。

3. 创建一个单文档的应用程序 Sy1_3，当按下“A”键时，在消息窗口中显示“输入字符 A!”。

【问题解答】 本题是第 2 章操作题(3)。

分析与讨论

1. 写出打开应用程序 Sy1_1 的 3 种方法。

【问题解答】

方法 1：启动 Visual C++ 6.0，单击选择 File | Open Workspace 菜单命令，打开 Workspace 对话框。先在“查找范围”的下拉列表中选取文件夹 Sy1_1，然后在列表框中选取 Sy1_1.dsw，如图 1.1 所示，最后单击“打开(O)”按钮即可。

方法 2：启动 Visual C++ 6.0，单击选择 File | Open Workspace 菜单命令，打开 Workspace 对话框。先在“查找范围”的下拉列表中选取文件夹 Sy1_1，如图 1.1 所示，然后在列表框中双击 Sy1_1.dsw 即可。

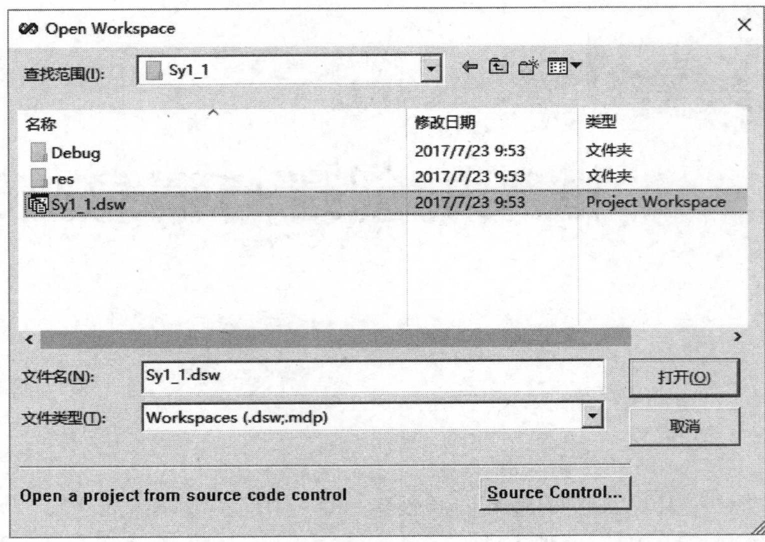

图 1.1　Workspace 对话框

方法 3：先从“此电脑”定位到文件夹 Sy1_1，然后双击文件夹，最后在打开的界面中双击 Sy1_1.dsw 即可。

2. 解释 TextOut()函数中前 2 个参数的含义。

【问题解答】 TextOut()函数中前 2 个参数用来指定输出文本串的开始位置，其中第一个参数指定输出文本串的 x 坐标，第二个参数指定输出文本串的 y 坐标。

3. 写出定位应用程序 Sy1_2 中右击时所添加的消息处理函数的 3 种方法。

【问题解答】

方法 1：通过下面 4 步完成。

(1) 启动 Visual C++IDE，单击 File|Open Workspace 菜单项，打开项目 Sy1_2。

(2) 单击 View|ClassWizard 菜单命令（或按 Ctrl+W 键），打开图 1.2 所示的 MFC ClassWizard 对话框。

(3) 单击 Message Maps 选项卡，在 Project、Class name、Object IDs 框中分别选择 Sy1_2、CSy1_2View 和 CSy1_2View。

(4) 在 Member Functions 列表框中选取 OnRButtonDown，单击对话框右边的 Edit Code 按钮，即可定位到该消息处理函数。

方法 2：

(1) 启动 Visual C++IDE，单击 File|Open Workspace 菜单项，打开项目 Sy1_2。

(2) 在 WizardBar 工具栏的 WizardBar C++Members 的下拉列表中选择 OnRButtonDown，即可定位到该消息处理函数，如图 1.3 所示。

方法 3：

(1) 启动 Visual C++IDE，单击 File|Open Workspace 菜单项，打开项目 Sy1_2。

(2) 单击项目工作区的 ClassView 选项卡，展开 CSy1_2View 类，双击打开 OnRButtonDown()函数，即可定位到该消息处理函数，如图 1.4 所示。

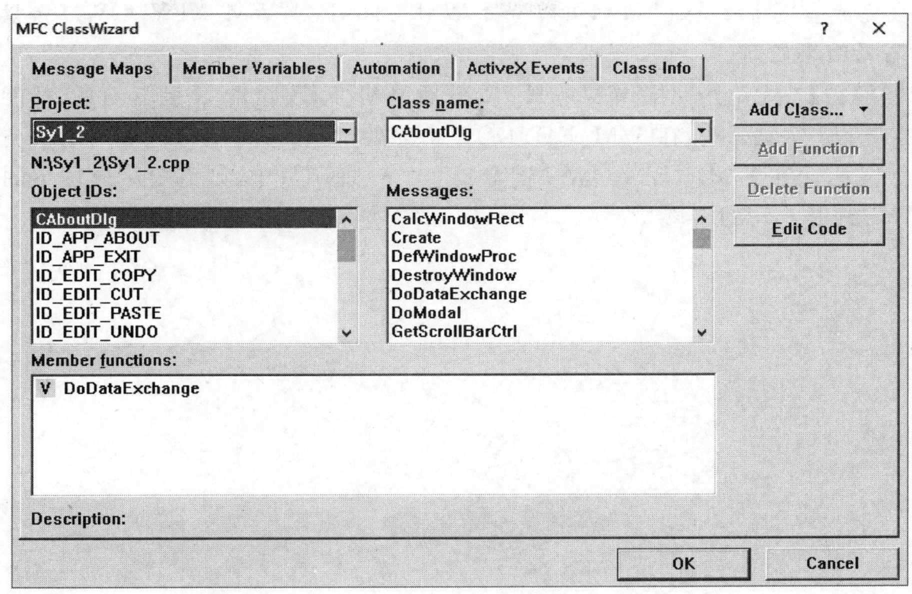

图 1.2　MFC ClassWizard 对话框

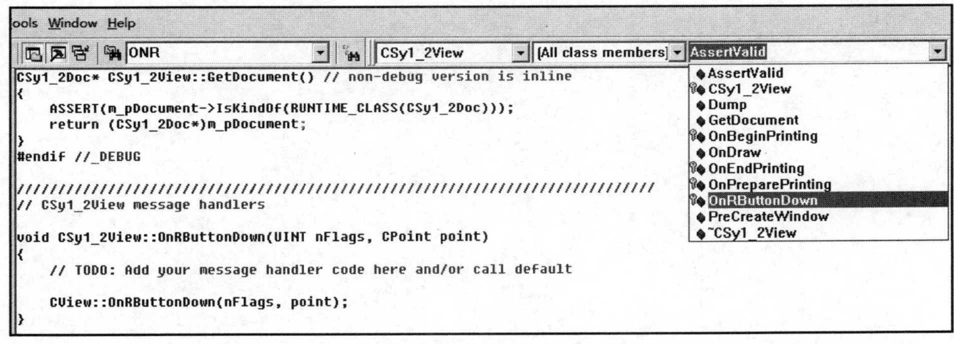

图 1.3　方法 2 的操作示意图

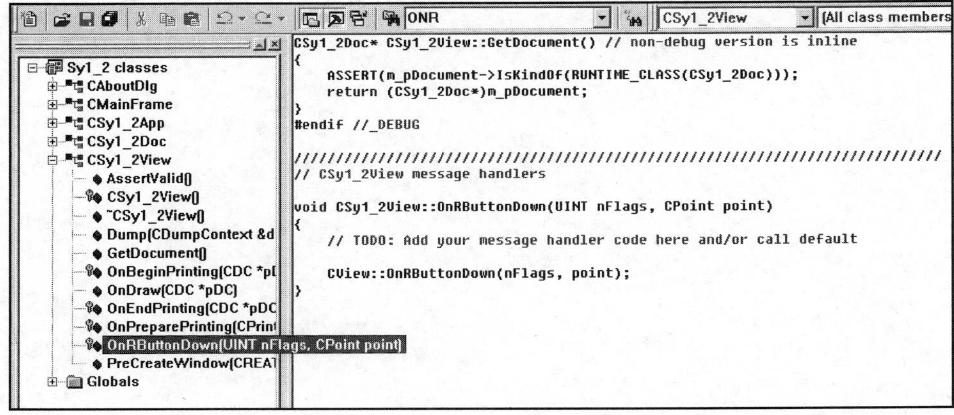

图 1.4　方法 3 的操作示意图

4. 在完成应用程序 Sy1_3 时，可以选择 WM_CHAR 或 WM_KEYDOWN 键盘消息中的一种，看看结果如何。

【问题解答】 无论是使用 WM_CHAR 还是 WM_KEYDOWN 键盘消息，都能达到同样的实验效果。实验表明，在 WM_KEYDOWN 键盘消息的处理函数中，不用检测按下的字母的大小写，而在 WM_KEYDOWN 键盘消息的处理函数中，则需要区分按下的是大写的字母“A”，还是小写的字母“a”。

实验2 图形与文本

实验目的和要求

1. 了解 CDC 类的使用
2. 掌握常用绘图函数的使用。
3. 学会设置字体。
4. 掌握画笔和画刷的使用。
5. 了解不同文本输出函数的用法。

实验内容

先建文件夹..\学号姓名\sy2，然后在该文件夹下编写程序，上机调试和运行程序，最后在实验报告中附上结果图。

(1) 编写程序 Sy2_1，在客户区显示一行文本，要求文本颜色为红色，背景色为黄色。

【问题解答】 本题是第 3 章操作题(1)。

(2) 编写一个单文档应用程序 Sy2_2，在客户区使用不同的画笔和画刷绘制点、折线、曲线、圆角矩形、弧、扇形和多边形等几何图形。

【问题解答】 本题是第 3 章操作题(2)。

(3) 编写程序 Sy2_3，利用函数 CreateFontIndirect()创建黑体字体，字体高度为 30 像素，宽度为 25 像素，并利用函数 DrawText()在客户区以该字体输出文本"VC++"。

【问题解答】 本题是第 3 章操作题(3)。

(4) 编写一个单文档应用程序 Sy2_4，在视图窗口中显示 3 个圆，通过使用不同颜色的画笔及画刷来模拟交通红绿灯。

【问题解答】 本题是第 3 章操作题(4)。

(5) 编写一个程序 Sy2_5，实现一行文本的水平滚动显示。要求每个周期文本为红、黄两种颜色，字体为宋、楷两种字体。

【问题解答】 本题是第 3 章操作题(5)。

分析与讨论

如何使程序 Sy2_3 中输出的文本呈现图 2.1 的效果。(项目名为 Sy2fx_1)

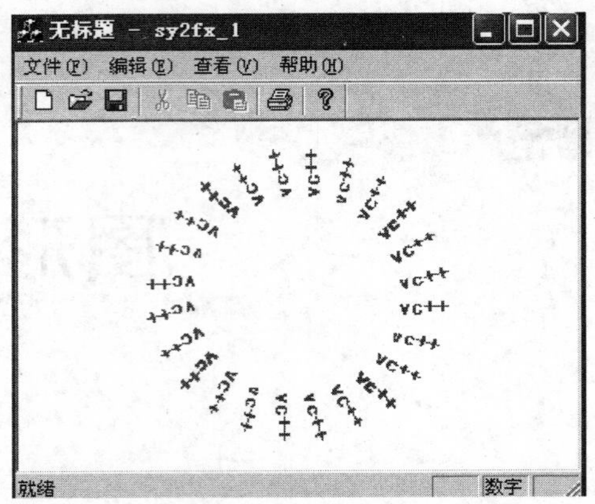

图 2.1 旋转字体

【操作步骤】

① 利用 MFC AppWizard[exe]向导创建一个单文档应用程序 Sy2fx_1。

② 在视图类 C Sy2fx_1View 的 OnDraw()函数中添加代码。

```
void CSy2fx_1View::OnDraw(CDC * pDC)
{
    CSy2fx_1Doc * pDoc = GetDocument();
    ASSERT_VALID(pDoc);
    //TODO: add draw code for native data here
    //获得窗口用户区的大小
    CRect rc;
    GetClientRect(rc);
    //定义旋转文本
    CString str(_T("        vc++"));
    //设置背景色和文本的颜色
    pDC->SetBkMode(TRANSPARENT);
    pDC->SetTextColor(RGB(255,0,0));
    //定义字体变量
    CFont font;
    //pDC->GetCurrentFont()返回指向当前设备上下文所使用的字体的指针
    //GetLogFont(&lf)将当前字体的信息填入到 lf 中
    LOGFONT lf;
    pDC->GetCurrentFont()->GetLogFont(&lf);
    //设置 lf 中各个成员的值
    lf.lfHeight = 15;
    lf.lfWeight = FW_BOLD;
    lf.lfClipPrecision = CLIP_LH_ANGLES;
    strcpy(lf.lfFaceName,"黑体");
    //循环绘制旋转文本
    for(int i = 0;i<3600;i += 150)
    {
        lf.lfEscapement = i;
        //创建字体对象
        font.CreateFontIndirect(&lf);
        //用于保存设备上下文最初使用的字体
```

```
        CFont * pOldFont = pDC -> SelectObject(&font);
        //以用户区的中心为旋转中心
        pDC -> TextOut(rc.right/2,rc.bottom/2,str);
        pDC -> SelectObject(pOldFont);
        font.DeleteObject();
    }
}
```

③ 编译、链接并运行程序，运行结果如图 2.1 所示。

菜 单

实验目的和要求

1. 学会在用 AppWizard 生成的应用程序框架中加入用户自己定义的菜单。
2. 学会更新菜单。
3. 掌握快捷菜单的使用。

实验内容

先建文件夹..\学号姓名\sy3,然后在该文件夹下编写程序,上机调试和运行程序,最后在实验报告中附上结果图。

1. 编写一个单文档的应用程序 SDIDisp,为程序添加主菜单“显示”,且“显示”菜单中包含“文本”和“图形”2 个菜单项。当程序运行时,用户单击“文本”菜单项,可以在视图窗口中显示“我已经学会了如何设计菜单程序!”文本信息,单击“图形”菜单项,在视图窗口中画一个红色的实心矩形。

【问题解答】 本题是第 4 章操作题(1)。

2. 为应用程序 SDIDisp 新增的菜单项添加控制功能。当“文本”菜单项被选中后,该菜单项失效,“图形”菜单项有效;当“图形”菜单项被选中后,该菜单项失效,“文本”菜单项有效。

【问题解答】 本题是第 4 章操作题(2)。

3. 为应用程序 SDIDisp 新增的菜单添加快捷菜单。

【操作步骤】

① 启动 Visual C++IDE,打开题 2 的应用程序 SDIDisp。

② 选择 Insert|Resource 菜单项,向应用程序中添加一个新的菜单资源,并将新菜单的 ID 改为 IDR_POPUP。双击 ResourceView 视图中 Menu 文件夹下的 IDR_MAINFRAME,打开标准菜单编辑器,单击“显示”菜单项并复制。双击新菜单资源 IDR_POPUP,打开快捷菜单编辑器,单击空白菜单项并粘贴。

③ 为快捷菜单连接一个类。将鼠标移到新的快捷菜单上,右击选择 ClassWizard 菜单项,打开 ClassWizard 窗口,并弹出 Adding a Class 对话框,如图 3.1 所示。

选择 Select an existing class 项,单击 OK 按钮,在弹出的 Select Class 对话框类列表中

选择 CSDIDispView，单击 Select 按钮。

Adding a Class　?　×

IDR_POPUP is a new resource. Since it is a menu resource you may want to select an existing view class to associate it with. You can also create a new class for it.

OK

Cancel

○ Create a new class

⊙ Select an existing class

图 3.1　Adding a Class 对话框

④ 加载并显示快捷菜单。打开 ClassWizard 对话框，在 Class name 框和 Object IDs 列表中均选择 CSDIDispView，在 Messages 中选择 WM_CONTEXTMENU，单击 Add Function 按钮，再单击 Edit Code，在打开的 WM_CONTEXTMENU 消息处理函数中添加如下代码。

```
void CSDIDispView::OnContextMenu(CWnd * pWnd, CPoint point)
{
CMenu menu, * pPopup;
menu.LoadMenu(IDR_POPUP);                    //加载快捷菜单
pPopup = menu.GetSubMenu(0);
CWnd * pWndPopupOwner = this;
pWndPopupOwner = pWndPopupOwner->GetParent();
    pPopup->TrackPopupMenu(TPM_LEFTALIGN|TPM_RIGHTBUTTON,
point.x,point.y,pWndPopupOwner);    //显示快捷菜单
}
```

⑤ 编译、链接并运行程序，在视图区右击，弹出快捷菜单，单击“图形”菜单项，结果如图 3.2 所示。

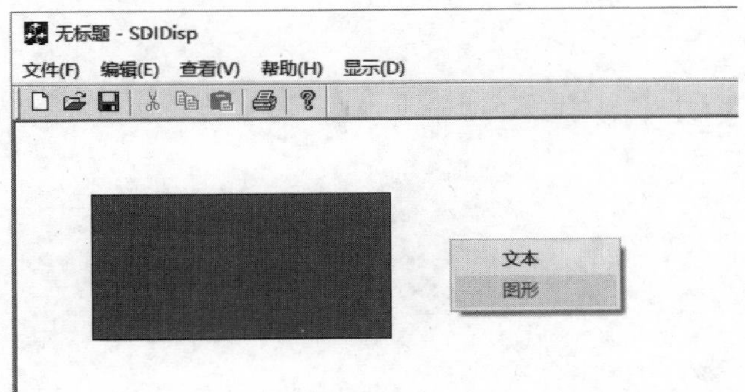

图 3.2　应用程序 SDIDisp 新增快捷菜单后的效果

分析与讨论

如何给应用程序 SDIDisp 新增的菜单项添加快捷键和在状态栏中的提示信息。

【操作步骤】

① 启动 Visual C++IDE，打开题 3 的应用程序 SDIDisp。

② 为菜单项添加快捷键。打开 ResourceView 视图中的 Accelerator 文件夹，双击 IDR_MAINFRAME 打开快捷键编辑器。双击编辑器底部的空白框，打开 Accel Properties 对话框，在 ID 下拉列表中输入 ID_TEXT，在 Key 编辑框中输入 T，右边单选按钮接受默认值，如图 3.3 所示，关闭对话框。用同样的方法为“图形”菜单项定义快捷键。

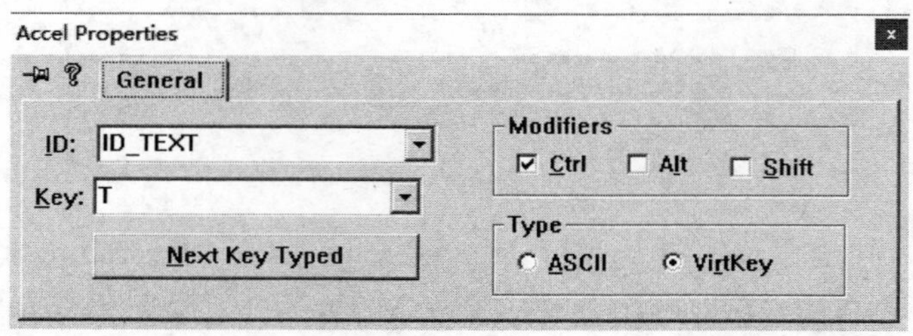

图 3.3　快捷键的定义

③ 为菜单项添加快捷键的提示和在状态栏中的提示信息。右击“文本”菜单项，在弹出的快捷菜单中选择 Properties，打开菜单项属性对话框。编辑 Caption 框中的文本为“文本(&T)\tCtrl+T”，在 Prompt 框中输入“在视图中输出指定的文本信息”。用同样的方法添加“图形”菜单项的相关提示信息，它的 Caption 和 Prompt 分别为“图形(&P)\tCtrl+P”、“在视图中绘制红色矩形”。

实验4

工具栏与状态栏

实验目的和要求

1. 在默认工具栏中加进用户自己的图形按钮。
2. 为应用程序创建一个适合于用户的工具栏。
3. 熟悉状态栏的设计步骤。
4. 为应用程序创建一个适合于用户的状态栏。

实验内容

先建文件夹..\学号姓名\sy4，然后在该文件夹下编写程序，上机调试和运行程序，最后在实验报告中附上结果图。

1. 创建一个单文档的应用程序 Sy4_1。为该应用程序添加两个按钮到默认工具栏中，单击第一个按钮，在视图窗口中弹出用于文件打开的“打开”对话框；单击第二个按钮，在消息框中显示“我已经学会使用默认工具栏了!”文本信息。

【问题解答】 本题是第 4 章操作题(3)。

2. 为实验 3 完成的应用程序 SDIDisp 新增的菜单添加工具栏，并在状态栏中显示鼠标光标的坐标和当前系统时间。

【问题解答】 本题是第 4 章操作题(4)和(6)的综合。

分析与讨论

1. 实现应用程序 Sy4_1 中的两个按钮的功能时，在技术上有什么不一样?

【问题解答】 由于第一个按钮的功能与菜单项“文件”|“打开”一致，只需将它们的 ID 设为一致即可，不需再给它添加消息处理函数；而第二个按钮的功能没有对应的菜单项，需要利用 ClassWizard 类向导添加消息处理函数。

2. 为什么在完成实验内容第 2 题的工具栏时需要的许多步骤在完成实验内容第 1 题时不需要呢?

【问题解答】 实验内容第 1 题中使用的是默认工具栏，类似完成实验内容第 2 题的工具栏时需要的许多步骤 AppWizard 已完成。

3. 将实验内容第 2 题中的“SetTimer(1,1000,Null);”语句注释掉，观察程序运行效果，解释看到的现象。

【问题解答】 状态栏上时间停留在初始值。函数 CWnd::SetTimer()用来安装一个计时器，它的第一个参数指定计时 ID 为 1，第二个参数指定计时器的时间间隔为 1000 毫秒。这样，每隔 1 秒 OnTimer()函数就会被调用一次。当“SetTimer(1,1000,Null);”语句被注释掉后，OnTimer()函数就不会被调用，自然状态栏上时间也就不会被刷新了。

实验5 对话框

实验目的和要求

1. 掌握为对话框添加控件及设置属性的方法。
2. 了解 Windows 的通用对话框的作用与特点。
3. 理解模态对话框与非模态对话框的区别。
4. 掌握如何在应用中使用对话框。

实验内容

先建文件夹..\学号姓名\sy5，然后在该文件夹下编写程序，上机调试和运行程序，最后在实验报告中附上结果图。

1. 编写一个 SDI 应用程序 Sy5_1，执行某菜单命令时打开一个模态对话框，通过该对话框输入一对坐标值，单击 OK 按钮在视图区中该坐标位置显示自己的姓名。

【问题解答】 本题是第 5 章操作题(1)。

2. 编写一个 SDI 应用程序 Sy5_2，采用非模态对话框的方式完成第 1 题中同样功能。

【问题解答】 本题是第 5 章操作题(2)。

3. 编写一个单文档的应用程序 Sy5_3，为该应用程序添加两个按钮到工具栏中，单击第一个按钮，利用文件对话框打开一个. doc 文件；单击第二个按钮，利用颜色选择对话框选择颜色，并在视图区画一个该颜色的矩形。

【问题解答】 本题是第 5 章操作题(3)。

分析与讨论

1. 解释实验内容第 1 题中对话框数据交换机制，如图 5.1。

【问题解答】

2. 观察实验内容第 1 题和第 2 题在单击对话框“确定”按钮后效果，解释看到的现象。

【问题解答】 实验内容第 1 题在单击对话框“确定”按钮后，对话框马上消失了；实验内容第 2 题在单击对话框“确定”按钮后，对话框仍然停留在屏幕上。这是因为模态对话框和非模态对话框分别是由 DoModal() 函数与 Create() 函数创建的，Create() 函数与

DoModal()函数不同之处是：DoModal()函数要在对话框关闭后才会返回，而Create()函数创建了对话框后立即返回。

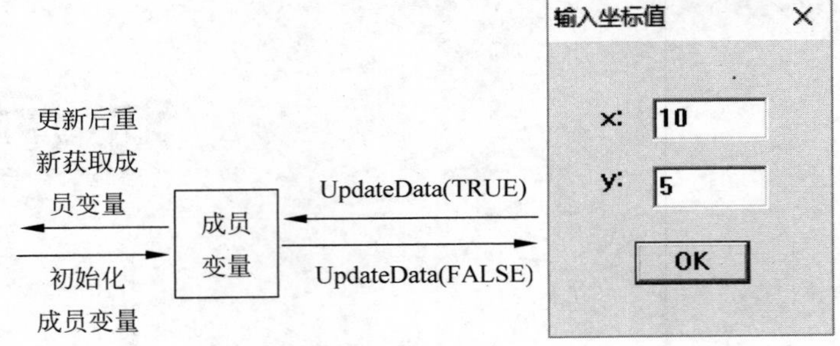

图 5.1　实验内容第 1 题中对话框数据交换机制

实验6

标准控件

实验目的和要求

学会在对话框中运用标准控件。

实验内容

先建文件夹..\学号姓名\sy6,然后在该文件夹下编写程序,上机调试和运行程序,最后在实验报告中附上结果图。

1. 编写一个单文档应用程序 Sy6_1,用菜单命令打开一个对话框,通过该对话框中的红色、绿色和蓝色单选按钮选择颜色,在视图中绘制不同颜色的矩形。

【问题解答】 本题是第 6 章操作题(2)。

2. 编写一个单文档应用程序 Sy6_2,为程序添加一个工具栏按钮,单击该按钮弹出一个对话框,通过该对话框中的红色、绿色和蓝色复选按钮选择颜色,在视图中输出一行文本。

【问题解答】 本题是第 6 章操作题(3)。

3. 编写一个对话框应用程序 Sy6_3,根据用户从列表框中选择的线条样式,在对话框中绘制一个矩形区域。线条样式有水平线、竖直线、向下斜线、十字线等四种画刷。

【问题解答】 本题是第 6 章操作题(4)。

4. 用组合框取代列表框,实现第 3 题相同功能。

【问题解答】 本题是第 6 章操作题(5)。

分析与讨论

说出实验内容第 1 题的 3 个单选按钮对应成员变量和第 2 题的 3 个复选按钮对应成员变量的两个区别。

【问题解答】

区别 1：它们需要的成员变量个数不同,3 个单选按钮只需一个成员变量与之对应,而 3 个复选按钮需要 3 个成员变量与之对应。

区别 2：需要将 3 个单选按钮中的第一个设置成 Group 属性。

实验7 通用控件

实验目的和要求

学会在对话框中运用通用控件。

实验内容

先建文件夹..\学号姓名\sy7,然后在该文件夹下编写程序,上机调试和运行程序,最后在实验报告中附上结果图。

1. 编写一个对话框应用程序 Sy7_1,程序运行时,用红色填充一块矩形区域,该区域的亮度由旋转按钮调节。

【问题解答】 本题是第 6 章操作题(6)。

2. 编写一个对话框应用程序 Sy7_2,用滑动条控件完成颜色的选择,实现第 1 题相同的功能。

【问题解答】 本题是第 6 章操作题(7)。

3. 编写一个对话框应用程序 Sy7_3,单击对话框中的"产生随机数"按钮,产生 100 个随机数,用进度条控件显示随机数产生的进度。

【问题解答】 本题是第 6 章操作题(8)。

分析与讨论

1. 将应用程序 Sy7_2 中 OnInitDialog()函数中的代码放到构造函数中,重新编译程序,解释看到的现象。

【问题解答】 编译无错,但不能正常运行。这是因为在收到 WM_INITDIALOG 消息时,对话框处于这样一种状态:首先,对话框框架已经建立起来;其次,各个控件也建立起来并放在适当的地方;最后,对话框还没有显示出来。这样就可以设置或优化对话框中各个控件的外观、大小尺寸、位置及其他内容。这是构造函数无法相比的。

2. 编写单文档应用程序 Syfx7_1,当鼠标左键按下时打开应用程序 Sy7_3 中同样功能的对话框,比较其执行效果有何不同,为什么?

【操作步骤】

① 利用 MFC AppWizard[exe]向导创建单文档的应用程序 Syfx7_1。

② 插入新的对话框模板，按第 6 章操作题(8)的图 6.16 设计对话框的界面，并利用 ClassWizard 类向导创建对话框类 CRand。

③ 设置控件的属性，并利用 ClassWizard 类向导为有关控件添加关联成员变量，如第 6 章操作题(8)的表 6.8 所示。

④ 利用 ClassWizard 类向导在视图类 CSyfx7_1View 添加 WM_LBUTTONDOWN 消息的处理函数，并添加代码。

```
void CSyfx7_1View::OnLButtonDown(UINT nFlags, CPoint point)
{
  //TODO: Add your message handler code here and/or call default
  CRand m_pDlg;
  m_pDlg.DoModal();
  CView::OnLButtonDown(nFlags, point);
}
```

⑤ 在视图类实现文件 Syfx7_1View.cpp 的头部加入包含对话框类头文件的语句：

```
#include "Rand.h
```

⑥ 利用 ClassWizard 类向导在 CRand 类中添加 WM_INITDIALOG 消息的处理函数，并添加设置进度条位置、范围及步长的初始化代码。

```
BOOL CRand::OnInitDialog()
{
  CDialog::OnInitDialog();
  //TODO: Add extra initialization here
  m_progress.SetRange(0,100);                //设置进度条范围
  m_progress.SetStep(1);                     //设置步长
  m_progress.SetPos(0);                      //设置起始位置
  SetTimer(1,1000,NULL);                     //设置时钟
  return TRUE;  //return TRUE unless you set the focus to a control
}
```

⑦ 利用 ClassWizard 类向导在 CRand 类中添加 WM_TIMER 消息的处理函数，并添加代码，模拟显示 100 个随机数产生的进度。

```
void CRand::OnTimer(UINT nIDEvent)
{
  //TODO: Add your message handler code here and/or call default
  KillTimer(1);                              //关闭时钟
  CString strm,stri;
  int m = 0;
  for(int i = 1;i <= 100;i++)
    {
      m_progress.StepIt();                   //填充蓝色块
      m = rand();
      strm.Format("%d",m);
      stri.Format("%d",i);
      SetDlgItemText(IDC_COUNT,stri);        //显示随机数的个数
      SetDlgItemText(IDC_TEXT,strm);         //显示产生的随机数
      Sleep(100);                            //填充间隔时间
```

```
    }
  CDialog::OnCancel();
  CDialog::OnTimer(nIDEvent);
}
```

⑧ 编译、链接并运行程序。

【问题解答】 应用程序 Sy7_3 中打开的对话框在 100 个随机数产生完后不消失，而应用程序 Syfx7_1 中打开的对话框在 100 个随机数产生完后会立即消失。这是因为应用程序 Sy7_3 中打开的是非模态对话框，而应用程序 Syfx7_1 中打开的是模态对话框。

实验8 文档与视图

实验目的和要求

1. 理解文档与视图的相互关系。
2. 掌握文档类和视图类的常见成员函数，文档类和视图类的交互。
3. 掌握文档序列化的操作方法。
4. 学会建立文档/视图结构的应用程序。

实验内容

先建文件夹..\学号姓名\sy8，然后在该文件夹下编写程序，上机调试和运行程序，最后在实验报告中附上结果图。

1. 编写一个单文档应用程序 Sy8_1，为文档对象增加数据成员：recno(int 型)，表示学号；stuname(CString 型)，表示姓名，并在视图中输出文档对象中的内容。要求当按向上箭头或按向下箭头时，学号每次递增 1 或递减 1，能在视图中反映学号变化，并保存文档对象的内容。

【问题解答】 本题是第 7 章操作题(1)。

2. 编程实现一个静态切分为左右两个窗口的 MDI 应用程序 Sy8_2，并在左视图中统计右视图中绘制圆的个数。

【问题解答】 本题是第 7 章操作题(2)。

3. 编写一个多文档的应用程序 Sy8_3，分别以标准形式和颠倒形式显示同一文本内容。

【问题解答】 本题是第 7 章操作题(3)。

4. 编写一个多类型文档的应用程序 Sy8_4，该应用程序能显示两种类型的窗口，一种窗口实现编辑文本，另一种窗口实现鼠标拖曳绘制功能，并能保存所绘制的图形。

【问题解答】 本题是第 7 章操作题(4)。

分析与讨论

1. 测试应用程序 Sy8_1 是否已保存文档对象的内容。

【操作步骤】

① 重新编译、链接并运行程序 Sy8_1，通过单击上箭头修改学号的值到 15，选择菜单项

“文件”|“保存”，文件取名 stu1。再通过单击下箭头修改学号的值到 3，选择菜单项“文件”|“保存”，文件取名 stu2。

② 选择菜单项“文件”|“新建”，可以看到学号重新归零。

③ 选择菜单项“文件”|“打开”，选择文件 stu1，此时显示学号为 15，选择文件 stu2，此时显示学号为 3，说明应用程序 Sy8_1 已保存文档对象的内容。程序运行效果如图 8.1 所示。

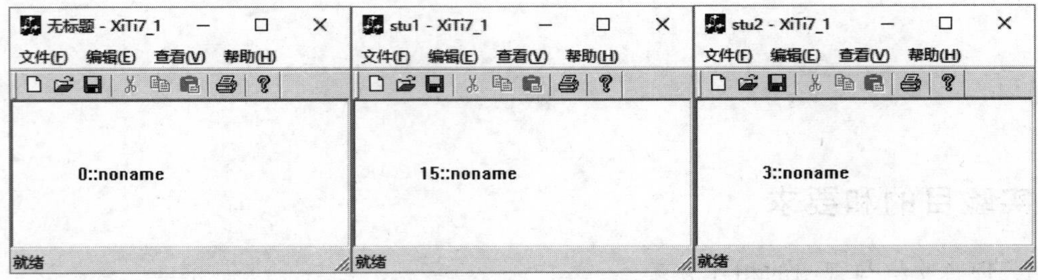

图 8.1　应用程序 Sy8_1 的运行效果

2. 应用程序 Sy8_2 中左右视图是如何共享“圆的个数”数据的？

【问题解答】　在设计时，将存放圆的个数的 m_num 设置为文档类 CSy8_1Doc 的数据成员，左右视图类共享文档类 CSy8_1Doc 中 m_num 的数据。

3. 应用程序 Sy8_4 中的两种文件类型是如何实现的？

【问题解答】　为了支持两种文件类型，首先在程序中定义一个基于 CDocument 的派生类 CPaintDoc 和一个支持这种文件显示的视图类 CPaintView，补充其功能，然后在应用程序类的 InitInstance()函数中通过下列代码

```
pDocTemplate1 = new CMultiDocTemplate(
        IDR_PAINT,
        RUNTIME_CLASS(CPaintDoc),
        RUNTIME_CLASS(CPaintChildFrame),  //定制 MDI 子边框窗口
        RUNTIME_CLASS(CPaintView));
AddDocTemplate(pDocTemplate1);
```

来加入新的文档模板。运行应用程序 Sy8_4 时，当用户选择菜单项“文件”|“新建”后，程序会弹出图 8.2 所示的“新建”对话框，用户根据字符串资源中所指定的名字，分两次选不同模板，即可得到两种文件类型。

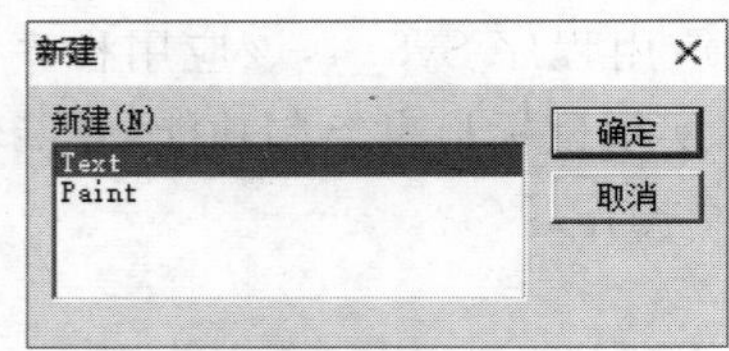

图 8.2　“新建”对话框

打印编程

实验目的和要求

理解 MFC 应用程序框架实现打印和打印预览的过程。

实验内容

先建文件夹..\学号姓名\sy9,然后在该文件夹下编写程序,上机调试和运行程序,最后在实验报告中附上结果图。

练习【例 8.1】~【例 8.5】,并将程序 MyPrint 中大小不同的矩形改为大小相同、颜色不同的椭圆。

【问题解答】 本题是第 8 章的操作题。

分析与讨论

1. 在程序 MyPrint 中,为什么不采用默认映射模式?

【问题解答】 Windows 的默认映射模式是 MM_TEXT,它的 Y 轴正方向朝下,这样在客户区的 Y 坐标都为正,图形在屏幕或打印机上输出时就会落在客户区域之外。要相应地使所有 Y 坐标值为负才能使图形落在客户区域内,MM_LOENGLISH 的 Y 轴正方向朝上正好满足要求。所以程序 MyPrint 中,不采用默认的 MM_TEXT 映射模式,而采用 MM_LOENGLISH 映射模式。

2. 在程序 MyPrint 中是如何正确实现多页打印的?

【问题解答】 如果要使程序支持多页打印功能,首先在 CMyPrintView::OnBeginPrinting()函数中添加代码设置要打印的页数,然后在 CMyPrimView::OnPrepareDC()函数中添加代码设置每一页视图原点的打印坐标。

```
void CMyPrintView::OnBeginPrinting(CDC * pDC, CPrintInfo * pInfo)
{
  //TODO: add extra initialization before printing
  CMyPrintDoc * pDoc = GetDocument();
  ASSERT_VALID(pDoc);
    int pageHeight = pDC->GetDeviceCaps(VERTRES);          //得到页的高度
    int logPixelsY = pDC->GetDeviceCaps(LOGPIXELSY);       //得到每英寸的点阵数
```

```
    int rectHeight = (int)(0.9 * logPixelsY);                    //每个矩形纵向所占的点阵数
    int numPages = pDoc->m_number * rectHeight/pageHeight + 1;//要打印的页数
    pInfo->SetMaxPage(numPages);                                 //设置最大打印页数
}
void CMyPrintView::OnPrepareDC(CDC * pDC, CPrintInfo * pInfo)
{
  //TODO: Add your specialized code here and/or call the base class
  if (pDC->IsPrinting( ))                                         //判断当前是否打印输出
  {
      int pageHeight = pDC->GetDeviceCaps(VERTRES);
      int originY = pageHeight * (pInfo->m_nCurPage - 1);        //当前页原点的纵坐标
      pDC->SetViewportOrg(0, - originY);                         //设置视图原点坐标
      CView::OnPrepareDC(pDC, pInfo);
  }
  else
      CScrollView::OnPrepareDC(pDC, pInfo);
}
```

实验10

动态链接库编程

实验目的和要求

1. 正确理解动态链接库的相关概念。

2. 掌握用向导开发和使用 MFC 动态链接库的方法。

实验内容

先建文件夹..\学号姓名\sy10，然后在该文件夹下编写程序，上机调试和运行程序，最后在实验报告中附上结果图。

1. 创建一个计算正弦和余弦值的 MFC 常规 DLL 的动态链接库 MyDll。

【问题解答】 本题是第 9 章操作题(1)。

2. 编写一个基于对话框的应用程序 sy10_2，利用动态链接库 MyDll 计算正弦和余弦值。

【问题解答】 本题是第 9 章操作题(2)。

3. 创建一个 MFC 扩展 DLL 实现 MyDll 的功能。编写一个基于对话框的应用程序 sy10_2 调用该动态链接库，计算正弦和余弦值。

【问题解答】 本题是第 9 章操作题(3)。

分析与讨论

1. 写出创建常规 DLL 的动态链接库 MyDll 的步骤。

【问题解答】 参见第 9 章操作题(1)。

2. 写出创建 MFC 扩展 DLL 的动态链接库 MyDll 的步骤。

【问题解答】 参见第 9 章操作题(3)。

实验11

多线程编程

实验目的和要求

1. 正确理解线程并行的原理。

2. 掌握创建和控制线程方法。

3. 掌握线程间通信与同步的编程技术。

实验内容

先建文件夹..\学号姓名\sy11，然后在该文件夹下编写程序，上机调试和运行程序，最后在实验报告中附上结果图。

1. 编写一个创建工作者线程的单文档应用程序 WorkThread，当执行"工作者线程"菜单命令时启动一个工作者线程，计算 1～1000000 之间能被 3 整除的数的个数。要求主线程和工作者线程之间使用自定义消息进行通信。

【问题解答】 本题是第 10 章操作题(1)。

2. 编写一个多线程的 SDI 程序 Sy11_2，当单击工具栏上的 T 按钮时启动一个工作者线程，用于在客户区不停地显示一个进度条，此时还可以继续单击 T 按钮，显示另一个进度条；当单击工具栏上的 S 按钮时停止显示进度条。

【问题解答】 本题是第 10 章操作题(2)。

3. 改写第 1 题中的应用程序 WorkThread，要求主线程和工作者线程之间使用事件对象保持同步。

【问题解答】 本题是第 10 章操作题(3)。

分析与讨论

1. 应用程序 WorkThread 是如何使用自定义消息进行通信的？

【问题解答】 应用程序 WorkThread 为了使用自定义消息来进行通信，首先通过"操作步骤"中的第②～⑤步定义一个自定义消息 WM_CALCULATE，然后通过"操作步骤"中第⑦步在线程 Calculate()中调用全局函数::PostMessage()向主线程发送自定义消息。

2. 应用程序 WorkThread 是如何使用事件对象保持同步的？

【问题解答】 应用程序 WorkThread 为了使用事件对象保持同步，先在 WorkThreadView.cpp 文件中定义了一个 CEvent 类的全局对象 event(即“操作步骤”中第④步)，需要等待事件的主线程 OnWorks()中调用 Lock()函数来监测有无事件(即“操作步骤”中第⑤步)，对于发生事件的线程 Calculate()，则调用 SetEvent()来激活事件(即“操作步骤”中第⑥步)。

实验12 ODBC数据库编程

实验目的和要求

1. 了解 ODBC 原理,理解 ODBC 数据源。
2. 掌握用 MFC ODBC 数据库访问技术编写数据库应用程序的方法。

实验内容

先建文件夹..\学号姓名\sy12,然后在该文件夹下编写程序,上机调试和运行程序,最后在实验报告中附上结果图。

使用 MFC ODBC 技术,编写一个单文档数据库应用程序 Sy12_1,实现通讯录的管理。要求包括添加、删除、更新、查找和排序等功能。

【问题解答】 本题是第 11 章操作题(1)

分析与讨论

1. 应用程序 Sy12_1 中表单视图和记录集之间是如何建立联系的?

【问题解答】 记录视图使用 DDX 数据交换机制在表单中的控件和记录集之间交换数据。下面代码显示了一个 CRecordView 的派生类 CTestODBCView 的 DoDataExchange()函数,可以看出,该函数是与 m_pSet 指针指向的记录集对象的域数据成员交换数据的,交换数据的代码是 ClassWizard 自动加入的。

```
//用来与记录集对象的域数据成员交换数据的 DoDataExchange()函数
void CTestODBCView::DoDataExchange(CDataExchange * pDX)
{
  CRecordView::DoDataExchange(pDX);
  //{{AFX_DATA_MAP(CTestODBCView)
  DDX_FieldText(pDX, IDC_NUMBER, m_pSet->m_number, m_pSet);
  DDX_FieldText(pDX, IDC_NAME, m_pSet->m_name, m_pSet);
  DDX_FieldText(pDX, IDC_SEX, m_pSet->m_sex, m_pSet);
  DDX_FieldText(pDX, IDC_AGE, m_pSet->m_Tel, m_pSet);
  DDX_FieldText(pDX, IDC_DEPARTMENT, m_pSet->m_department, m_pSet);
```

```
    //}}AFX_DATA_MAP
}
```

2. 画出应用程序 Sy12_1 的 DDX 和 RFX 数据交换机制图。

【问题解答】 应用程序 Sy12_1 的 DDX 和 RFX 数据交换机制图与第 11 章的简答题(7)一样。

实验13

ADO数据库编程

实验目的和要求

1. 了解 ADO 技术。

2. 掌握用 ADO 数据库访问技术编写数据库应用程序的方法。

实验内容

先建文件夹..\学号姓名\sy13，然后在该文件夹下编写程序，上机调试和运行程序，最后在实验报告中附上结果图。

采用 ADO 对象编程模型，编写一个单文档数据库应用程序 Sy13_1，实现通讯录的管理。要求包括添加、删除、更新、查找和排序等功能。

【问题解答】 本题是第 11 章操作题(2)

分析与讨论

1. 如果数据库带有密码，如何打开它？

【问题解答】 如果数据库带有密码，例如密码为 123456，可以用下述两种方式打开它。

(1) m_pConnection->Open("DSN=Student;password=123456","","",-1);

(2) _bstr_t strConnect = "Provider = Microsoft. Jet. OLEDB. 4. 0; Data Source = StudentDB. mdb;Jet OLEDB;DataBase Password=123456";

m_Connection->Open(strConnect,"","",adConnectUnspecified);

2. 使用 ADO 进行数据库设计时，需要在系统中注册数据源吗？

【问题解答】 使用 ADO 进行数据库设计时，不需要在系统中注册数据源。

3. 写出打开应用程序 Sy13_1 中数据库的所有可能形式。

【问题解答】 下面是打开应用程序 Sy13_1 中数据库的几种可能形式(数据库密码以 123456 为例)。

(1) _bstr_t strConnect = "Provider = Microsoft. Jet. OLEDB. 4. 0; Data Source = StudentDB. mdb;Jet OLEDB:DataBase Password=123456";

m_Connection->Open(strConnect,"","",adConnectUnspecified);

(2) m_Connection－> Open("Provider＝Microsoft. Jet. OLEDB. 4. 0;Data Source＝StudentDB. mdb;Jet OLEDB:DataBase Password＝123456","","",adModeUnknown);

(3) m_Connection－> Open("DSN＝Student;","","",－1);

(4) m_Connection－> Open("DSN＝Student;Password＝123456","","",－1);

(5) m_Connection－> Open("DSN＝Student","","",－1);

实验14 多媒体编程

实验目的和要求

1. 掌握使用 MCI 的命令消息接口编写音频文件的编程技术。
2. 掌握利用 MCIWnd 窗口类开发多媒体应用程序的编程技术。
3. 掌握利用 ActiveMovie 控件播放视频文件的编程技术。

实验内容

先建文件夹..\学号姓名\sy14,然后在该文件夹下编写程序,上机调试和运行程序,最后在实验报告中附上结果图。

1. 利用 MCI 的命令消息接口制作一个简单的音频播放器,要求至少能播放 *.wav 和 *.mid 两种格式的声音文件。(项目名为 Sy14_1)

【问题解答】 本题是第 12 章操作题(1)

2. 利用 MCIWnd 窗口类制作一个多媒体播放器。(项目名为 Sy14_2)

【问题解答】 本题是第 12 章操作题(2)

3. 利用 ActiveMovie 控件制作一个视频播放器,要求至少能播放 *.avi 和 *.mpeg 两种格式的视频文件。(项目名为 Sy14_3)

【问题解答】 本题是第 12 章操作题(3)

分析与讨论

1. 写出项目 Sy14_1 中实现选择两种格式的声音文件的主要思想和代码。

【问题解答】 项目 Sy14_1 中实现选择哪种格式的声音文件,取决于 mciSendCommand() 函数中参数的设定,主要代码如下:

```
if(strcmp(sfileext,"WAV") == 0)
    m_mciOpen.lpstrDeviceType = "waveaudio";              //设置打开设备类型为波形音频
  if(strcmp(sfileext,"MID") == 0)
    m_mciOpen.lpstrDeviceType = "sequencer";              //设置打开设备类型为序列器
  mciSendCommand(NULL,MCI_OPEN,MCI_OPEN_ELEMENT,
      (DWORD)(LPMCI_OPEN_PARMS) &m_mciOpen);              //发送 MCI_OPEN 命令
```

2. 写出项目 Sy14_3 中实现选择两种格式的视频文件的主要思想和代码。

【问题解答】 可视动画控件 ActiveMovie 是 Microsoft 公司开发的 ActiveX 控件，由于该控件内嵌了 Microsoft MPEG 音频解码器和 Microsoft MPEG 视频解码器，所以能够很好地支持音频文件和视频文件，播放时若用鼠标右键单击画面，可以直接对画面的播放、暂停、停止等操作进行控制。主要代码如下：

```
m_ActiveMovie.SetFullScreenMode(true);                    //设置全屏
m_ActiveMovie.Run();                                      //继续播放
```

第3部分 课程设计实例

第1章 课程设计说明

课程设计是完成课堂教学后的一项综合性练习，是教学计划中必不可少的实践教学环节，是完成教学任务、达到教学目标的重要内容。对帮助学生全面牢固地掌握课堂教学内容、培养学生的实际动手能力以及提高学生的综合素质具有重要的意义。

1.1 课程设计目的

一般来说，课程设计比教学实验要复杂一些，深度也要广一些，并更加注重实用。通过本次实践活动，使学生能够熟练地使用 Visual C++语言，培养学生实际分析问题、编程和动手能力，最终的目标是想通过课程设计的形式，帮助学生系统地掌握该门课程的主要内容，更好地完成教学任务，并能按照系统工程化的方法开发一般的系统项目。具体地说，要求达到以下几个目标。

(1) 进一步巩固和加深对"Visual C++程序设计"课程基本知识的理解和掌握，了解 Visual C++语言在项目开发中的应用。

(2) 综合运用"Visual C++程序设计"、"面向对象程序设计"课程以及"软件工程"理论，来分析和解决课程设计问题，进行课程设计的训练。

(3) 学习程序设计开发的一般方法，了解和掌握项目开发的过程及方式，培养正确的设计思想和分析问题、解决问题的能力，特别是项目设计能力。

(4) 通过对标准化、规范化文档的掌握并查阅有关技术资料等，培养项目设计开发能力，同时提倡团队精神。

1.2 课程设计步骤

Visual C++课程设计应在指导教师的帮助下完成，具体分为如下 4 个步骤。

1. 选题

选题可分为指导教师选题和学生自己选题两种。教师选题可选择统一的题目，学生选题则应通过指导教师批准后方可进行。

(1) 选题内容。

选题要符合本课程的教学要求，要注意选题的完整性，要能进行分析建模、设计、编程、复审和测试等一系列工作，并能以规范的文档形式表现出来。

（2）选题要求。

① 注意选题内容的先进性、综合性、实践性，应适合实践教学和启发创新，选题内容不应过于简单，难度要适中。

② 结合企事业单位应用的实际情况进行选题。

③ 题目成果应具有相对完整的功能。

2. 拟出具体的设计方案

学生应在指导教师的指导下着手进行项目的总体方案总结与论证。学生可根据自己所接受的设计题目设计出具体的实施方案，报指导教师批准后开始实施。

3. 程序的设计与调试

学生在指导教师的指导下应完成所接受题目的项目开发工作，编程和上机调试，最后得出预期的成果。

4. 撰写课程设计总结报告

课程设计总结报告是课程设计工作的整理和总结，主要包括需求分析、总体设计、详细设计、复审、编码和测试等部分，最后写出课程设计的总结报告。

1.3 课程设计技术要求

软件系统的开发是按阶段进行的，一般可划分为以下阶段：可行性分析、需求分析、系统设计、程序开发、编码，单元测试、系统测试和系统维护。

软件开发过程中要明确各阶段的工作目标、实现该目标所必需的工作内容以及达到的标准。只有在上一个阶段的工作完成后，才能开始下一阶段的工作。

1. 可行性分析

明确系统的目的、功能和要求，了解目前所具备的开发环境和条件，论证的内容主要包括如下方面。

（1）在技术能力上是否可以支持。

（2）在经济上效益如何。

（3）在法律上是否符合要求。

（4）与部门、企业的经营和发展是否吻合。

（5）系统投入运行后的维护有无保障。

可行性分析的目的是判定软件系统的开发有无价值。分析和讨论的内容可形成“项目开发计划书”，主要内容包括以下 6 项。

（1）开发的目的及所期待的效果。

（2）系统的基本设想，涉及的业务对象和范围。

（3）开发进度表，开发组织结构。

(4) 开发、运行的费用。

(5) 预期的系统效益。

(6) 开发过程中可能遇到的问题及注意事项。

可行性研究报告是可行性分析阶段软件文档管理的标准化文档。

2. 系统需求分析

系统需求分析是软件系统开发中最重要的一个阶段，直接决定着系统的开发质量和成败，必须明确用户的要求和应用现场环境的特点，了解系统应具有哪些功能及数据的流程和数据之间的联系。需求分析应有用户参加，到使用现场进行调研学习，软件设计人员应虚心向技术人员和使用人员请教，共同讨论解决需求问题的方法，对调查结果进行分析，明确问题所在。需求分析的内容编写要形成"需求分析规格说明书"。

软件需求规格说明作为分析结果，它是软件开发、软件验收和管理的依据。因此，必须特别重视，不能有一点错误或不当。

3. 系统设计

可根据系统的规模分成概要设计和详细设计两个阶段。

概要设计包括以下 9 个方面。

(1) 划分系统模块。

(2) 每个模块的功能确定。

(3) 用户使用界面概要设计。

(4) 输入、输出数据的概要设计。

(5) 报表概要设计。

(6) 数据之间的联系、流程分析。

(7) 文件和数据库表的逻辑设计。

(8) 硬件、软件开发平台的确定。

(9) 有规律数据的规范化及数据唯一性要求。

系统的详细设计是对系统概要设计的进一步具体化，其主要工作有以下 4 项。

(1) 文件和数据库的物理设计。

(2) 输入、输出数据的方案设计。

(3) 对各子系统的处理方式和处理内容进行细化设计。

(4) 编制程序设计任务书。程序说明书通常包括程序规范、功能说明和程序结构图。

系统详细设计阶段的规范化文档为软件系统详细设计说明书。

4. 程序开发

根据程序设计任务书的要求，用计算机算法语言实现解题的步骤，主要工作包括以下 4 项。

(1) 模块的理解和进一步划分。

(2) 以模块为单位的逻辑设计，也就是模块内流程图的编制。

(3) 编写代码，用程序设计语言编制程序。

(4) 进行模块内功能的测试、单元测试。

通过建立代码编写规范，形成开发小组编码约定，提高程序的可靠性、可读性、可修改性、可维护性、一致性，保证程序代码的质量，继承软件开发成果，充分利用资源。提高程序的可继承性，使开发人员之间的工作成果可以共享。

软件编码要遵循的原则如下。

(1) 遵循开发流程，在设计的指导下进行代码编写。

(2) 代码的编写以实现设计的功能和性能为目标，要求正确完成设计要求的功能，达到设计的性能。

(3) 程序具有良好的程序结构，提高程序的封装性，减低程序的耦合程度。

(4) 程序可读性强，易于理解；方便调试和测试，可测试性好。

(5) 易于使用和维护；具有良好的修改性、扩充性；可重用性强，移植性好。

(6) 占用资源少，以低代价完成任务。

(7) 在不降低程序可读性的情况下，尽量提高代码的执行效率。

程序质量的要求包括以下 5 个方面。

(1) 实现要求的确切功能。

(2) 处理效率高。

(3) 操作方便，用户界面友好。

(4) 程序代码的可读性好，函数、变量标识符合规范。

(5) 扩充性、维护性好。

5. 系统测试

测试是为了发现程序中的错误，对于设计的软件，出现错误是难免的。系统测试通常由经验丰富的设计人员设计测试方案和测试样品，并写出测试过程的详细报告。系统测试是在单元测试的基础上进行的，包括以下 4 个方面。

(1) 测试方案的设计。

(2) 进行测试。

(3) 写出测试报告。

(4) 用户对测试结果进行评价。

除非是测试一个小程序，否则一开始就把整个系统作为一个单独的实体来测试是不现实的。与开发过程类似，测试过程也必须分步骤进行，每个步骤在逻辑上是前一个步骤的继续。大型软件系统通常由若干个子系统组成，每个子系统又由许多模块组成。因此，大型软件系统的测试基本上由下述几个步骤组成。

(1) 模块测试。

(2) 子系统测试。

(3) 系统测试。

(4) 验收测试。

6. 文档资料

文档包括开发过程中的所有技术资料以及用户所需的文档，软件系统的文档一般可分为系统文档和用户文档两类。用户文档主要描述系统功能和使用方法，并不考虑这些功能是怎样实现的；系统文档则描述系统设计、实现和测试等方面的内容。文档是影响软件可维护性、可用性的决定因素。

系统文档包括开发软件系统在计划、需求分析、设计、编制、调试和运行等阶段的有关文档。在对软件系统进行修改时，系统文档应同步更新，并注明修改者、修改日期以及修改原因。

用户文档包括以下 4 个方面。

(1) 系统功能描述。

(2) 安装文档，说明系统安装步骤以及系统的硬件配置方法。

(3) 用户使用手册，说明使用软件系统方法和要求，疑难问题解答。

(4) 参考手册，描述可以使用的所有系统设施，解释系统出错信息的含义及解决途径。

7. 系统的运行与维护

系统只有投入运行后，才能进一步对系统进行检验，发现潜在的问题，为了适应环境的变化和用户要求的改变，可能会对系统的功能、使用界面进行修改。要对每次发现的问题和修改内容建立系统维护文档，并使系统文档资料同步更新。

1.4 课程设计报告

课程设计的总结报告是在完成设计、编程、调试后，对学生归纳技术文档、撰写科学技术总结报告能力的训练，以培养学生严谨的作风和科学的态度。通过撰写课程设计总结报告，不仅可以把分析、设计、安装、调试及技术参考等内容进行全面总结，而且还可以把实践内容提升到理论高度。

课程设计总结报告的撰写规范应参照 CMM 模型编写，要求表述简明，图表准确。报告按如下内容和顺序用 A4 纸进行打印并装订成册。

1. 封面

采用统一的课程设计封面，封面上填写学生信息及软件信息。学生信息包括学生的学号、姓名、院系、班级和指导教师；软件信息包括课题名称、完成时间和软件的存盘文件名。

2. 设计任务和技术要求

如果课程设计是由教师统一选题，那么设计任务和技术要求由指导老师提供；如果是学生自由选题，则应按照指导教师批准后的设计任务和技术要求执行。另外，还要说明设计形式与分工情况。如果是以小组形式进行，应用表格形式说明小组成员任务分配。

3. 摘要

4. 目录

5. 课程设计总结报告正文

- 项目需求分析：方案的可行性分析、方案的论证等。
- 项目总体设计：系统的总体结构设计等。
- 项目详细设计：各模块或单元程序的设计、算法原理阐述、完整的程序框图。
- 项目复审：对分析、总体设计和详细设计进行详细的复审。
- 编码：根据某一程序设计语言对设计结果进行编码的程序清单。
- 项目测试：使用程序调试的方法和技巧排除故障；选用合理的测试用例进行程序的系统测试和数据误差分析等。
- 总结：本课题核心内容程序清单及使用价值、程序设计的特点和方案的优缺点、改进方法和意见。

6. 主要参考文献

1.5 考核方式

课程设计作为与“Visual C++程序设计与应用教程”课程相配合，同时又是独立设置的综合性训练，最终的考核就是检查学生在设计过程中的训练效果，一般不采取笔试的方式，而是以学生设计出的完整程序以及相应的课程设计报告作为考核依据，并配合以现场答辩等形式。不论是一个学生单独完成一个课题还是多人合作完成一个课题，每个课题需要提交一份包含详细注释的源程序清单电子文档、一份课程设计报告的电子文档和一份课程设计总结报告的纸质文档。对于多人合作的情况，必须在课程设计报告中说明每人所完成的工作。

1.6 评价标准

本书提供的参考实例，基本上涵盖了主教程的全部内容，所以一般情况下学生都能够完成预定设计。为了检验学生是否已经掌握设计中所涵盖的知识点，应该进行现场答辩，答辩内容应包括课堂教学中的基本理论及课程设计课题中的专业技术问题两部分。

课程设计的目的主要是锻炼学生，不应该让学生有负担，鼓励他们放手去做，激发他们钻研问题的兴趣。学生可以在充分理解课程设计总体目标的情况下，不按书中提供的实例，设计自己的应用程序或者按照实例中的设计要求自己重新编写程序。无论采用何种方式，只要程序达到了课程设计的目的与要求，程序的可读性好，并调试正确，就可以得 60 分，然后按下列标准加分。

(1) 课程设计报告规范，可增加 10 分。

(2) 相对本书实例，系统有一定改善，可增加 10 分。

(3) 能正确回答设计中的问题，可增加 10 分。

(4) 程序有创新性，可增加 10 分。

另外，评分标准也可以相应设置为“优秀”、“良好”、“合格”和“不合格”四档。

第2章 小型CAD系统

本章通过一个小型CAD系统的完整开发过程,从人机交互的角度,向读者介绍矢量图形系统的设计方法。重点讨论图元类的抽象、设计及管理方法,以及矢量图形系统交互绘制、交互编辑等基本功能的实现。

2.1 功能描述

一般的图形系统都具备绘制基本图元、修改图形、对象捕捉、图形观察以及系统状态设置方面的功能。本章的目的在于向读者介绍交互式图形系统的整体设计思路,所以在实例中所列举的功能均从简从略,具体如下。

1. 绘制图形

图形的绘制通过绘图工具来实现,本系统设置如下8种工具。

(1) 选择工具。采用选择工具,可以实现图形对象的多种选择方式。

(2) 点工具。选择点工具,可以用鼠标绘制点图元。

(3) 直线工具或者称为线段工具。选择直线工具,可以用鼠标绘制直线图元。

(4) 矩形工具。选择矩形工具,可以用鼠标绘制矩形图元。

(5) 圆工具。选择圆工具,可以用鼠标绘制圆形图元。

(6) 圆弧工具。选择圆弧工具,可以用鼠标绘制圆弧图元。有如下三种圆弧绘制方法:

- 起点、终点、圆心
- 圆弧上三点
- 圆心、起点、终点

(7) 多边形工具。选择多边形工具,可以用鼠标绘制多边形图元。

(8) 文本工具。选择文本工具,可以在鼠标位置绘制用户指定的文本,包括文本字体设定。

2. 编辑图形属性

(1) 改变图形线条颜色。用户可以改变被选中图形对象的线条颜色。

（2）改变图形线条宽度。用户可以改变被选中图形对象的线条宽度。

（3）改变图形充填方式。用户可以改变被选中图形对象的填充方式。

3. 设定绘图条件

（1）设定文档大小。

（2）设定文档背景颜色。

（3）设定绘图笔属性，即设定笔的颜色以及线宽、线型。

（4）设定画刷属性。

4. 图形编辑

（1）删除被选中的图元。其中被选择图元可以是一个，也可以是多个。

（2）复制被选中的图元。其中被选择图元可以是一个，也可以是多个，该操作可以被撤销或恢复。

（3）剪切被选中的图元。其中被选择图元可以是一个，也可以是多个，该操作可以被撤销或恢复。

（4）全部选择。选中所有的图元。

（5）改变图形位置。用鼠标拖动图元的控制手柄（又称关键点），以改变图元的大小或移动图元，这取决于所拖动的控制手柄的不同。

5. 辅助绘图功能

（1）网格线。帮助用户进行定位绘制，网格线的间距可以由用户设定。

（2）图形缩放。允许放大、缩小图形视图。

（3）禁止斜线。使用户只绘制垂直或水平直线。

（4）控制点捕捉功能。捕获离鼠标最近的图形对象端点作为鼠标的输入点，被捕获的端点用高亮度显示。

6. 文件持久性

对于应用程序来说，文件的持久性十分重要。如果不能够保证这一点，则应用程序就很难有存在的价值。本实例应用程序能够完成图形文件的保存、打开等功能。

图 2.1 是本实例的程序界面，它是一个多文档应用程序，用户可以同时打开几个文档进行编辑。视图区设置了坐标网格线，其间距可以通过对话框来进行设定；菜单栏中除了向导生成的菜单外，添加了“绘图”、“设定”和“缩放”等主菜单；工具条中提供了多种图元工具供用户选择，常用的图元工具如直线、矩形、圆和圆弧等都可以使用；状态栏的窗格中动态地显示出了当前鼠标位置的坐标值，用户可根据这个值来进行准确定位。

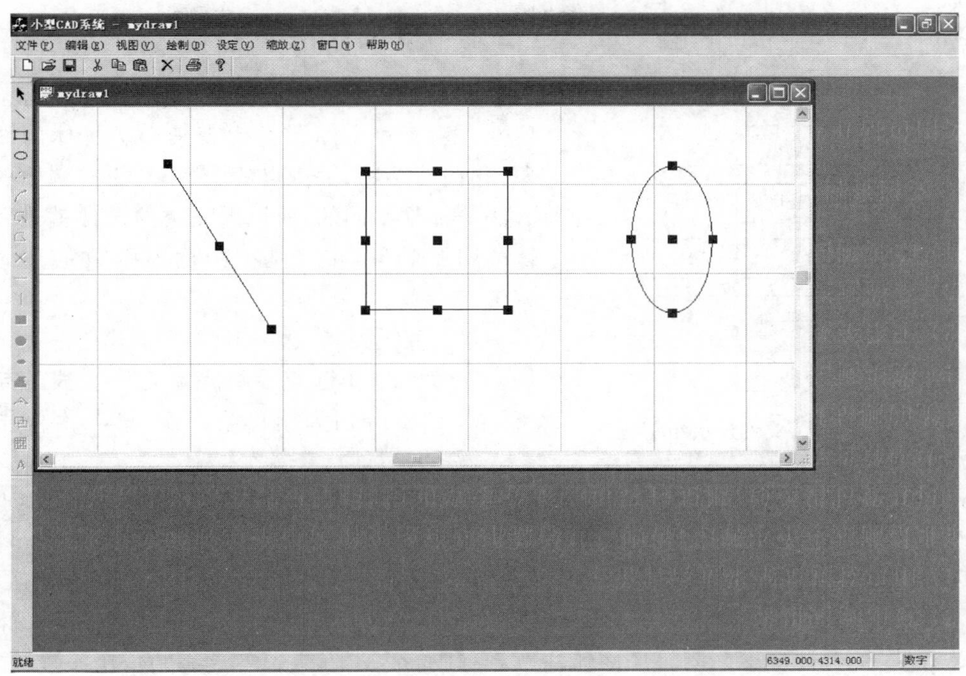

图 2.1 小型 CAD 系统

2.2 系统分析与设计

从上面介绍的功能可知，本系统的主要任务是实现各种图元的绘制、编辑及保存。因此，在程序设计过程中应重点考虑图元的数据结构设计、图元对象在系统中的存储方法、系统中数据的组织策略以及文档/视图结构对图形对象的操作方法。

2.2.1 图元的数据结构设计

1. 基类设计

根据面向对象程序设计方法，将图元的基本属性和方法归结为一个基类，基类包含有图形的大小、图形的关键点、图形的颜色、线型和线宽等，对于封闭图形，还包含填充颜色等基本属性。基类中的基本方法分成两类，一类是与各图元属性有关的操作，主要包括图元的绘制、图元关键点的设置、图元选中判断以及序列化，对于这些操作，基类中只提供虚函数，它们的具体实现放在各自的类中；另一类是在基类中就能完成的操作，包括设定图元大小、获取图元大小、图元关键点击中测试以及选中图元的高亮显示，这些操作在基类中定义为公有的普通成员函数。

图元的基类是从各图元对象中抽象出来的，它的派生类实现具体的图元，如点、直线、矩形、圆和圆弧等，通过图元基类指针来访问具体的图元对象。为了使每个图元类都支持序列化，图元基类从 CObject 中派生，各图元类从基类派生。图元的层次结构如图 2.2 所示。

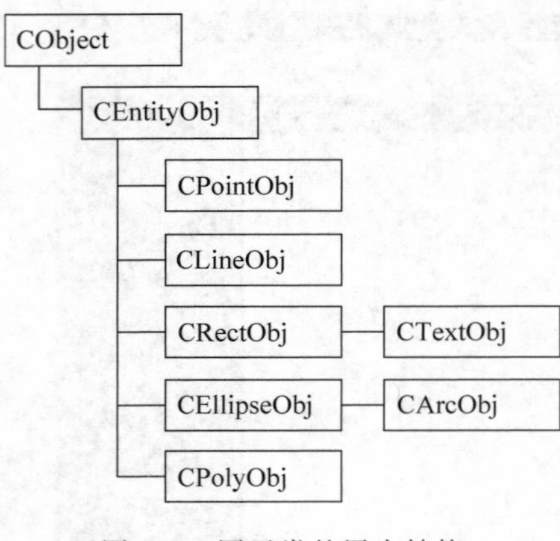

图 2.2　图元类的层次结构

2. 图元类设计

图元类从图元基类派生，它们自动拥有基类的属性。由于每个图元类代表某一类具体的图形对象，它们的绘制、关键点的个数、是否被选中的判断方法等都是不同的，所以图元类的设计就是针对具体的图形对象，实现基类中用虚函数定义的一些方法。

(1) 直线类。

- 大小：由起点及终点确定。直线的起点及终点分别为用户第一次、第二次单击鼠标的坐标点。
- 关键点：直线有三个关键点，分别是起点、中心及终点，如图 2.1 所示。中心点的坐标由起点和终点确定。
- 绘制：通过调用设备环境类的成员函数 MoveTo()和 LineTo()来绘制直线。
- 选中判断：计算鼠标点到直线的距离，通过比较这个距离与识别精度的大小来判断直线是否被选中。同时还应该注意，绘制的是线段，鼠标位置必须位于线段内。

(2) 矩形类。

- 大小：由左上角及右下角确定。矩形的左上角及右下角分别为用户第一次、第二次单击鼠标的坐标点。
- 关键点：矩形有 9 个关键点，如图 2.1 所示。
- 绘制：通过调用设备环境类的成员函数 Rectangle()来绘制矩形。
- 选中判断：分别计算鼠标点到矩形各条边的距离，如果有一个距离小于识别精度，则矩形被选中。注意鼠标位置必须位于矩形以内。

(3) 椭圆类。

- 大小：椭圆的大小由它的外接矩形确定。外接矩形的左上角及右下角分别为用户第一次、第二次单击鼠标的坐标点。
- 关键点：椭圆有 5 个关键点，如图 2.1 所示。
- 绘制：通过调用设备环境类的成员函数 Ellipse()来绘制矩形。
- 选中判断：首先计算椭圆中心和鼠标点连线与椭圆的交点，然后判断交点与鼠标点的距离是否在设置的识别精度内。

2.2.2　图元对象在系统中的存储方法

本实例是一个小型的图形绘制系统，用户通过选择菜单命令或工具栏中的图形工具在窗口中绘图，可以绘制点、直线、矩形、圆、圆弧、多边形和文本等，文档由这些不同的图形类型组成。由于图形对象的个数不确定，需要一个数据结构来保存大量的、数目不确定的对象，它应比数组更健壮和灵活。

为了处理数据的集合，MFC 提供了一组集合类，包括数组、链表以及映射等。这些集合类表现为下列两种风格。

(1) 模板为基的集合类。

(2) 非模板为基的集合类。

每个集合类又进一步按它的元素类型和它的形加以区分。集合的形指明在集合内如何组织数据,MFC 提供了如下三种通用集合类的形。

- Array:数组,有次序性,可以动态增减其大小,索引值为整数。
- List:双向链表,有次序性,无索引,链表有头尾,可以从头尾或任何位置插入元素。
- Map:其中对象成对存在,一个为键值对象,另一个为实值对象。

选择集合类时,需要考虑的是集合类的性能,包括排序、索引等。具体需要考虑下列问题。

(1) 此集合类是否利用了 C++模板;

(2) 此集合类是否安全类型;

(3) 此集合类是否支持它的元素的诊断转储;

(4) 此集合元素能否被序列化。

通过比较两种风格的集合类的性质,综合考虑上述 4 个问题,选择基于模板的类型指针型对象数组来管理文档数据。

2.2.3 系统中数据的组织策略

本实例是基于 MFC 的 Windows 应用程序,支持文档/视图结构。我们知道,视图是用来操作对象的,凡是能从屏幕上看到的对对象的操作都可以,而且也都应当放在视图类中完成。文档是用来统筹数据的,一方面,支持着视图类,以便使数据在视中得到正确的显示;另一方面,在视图类对对象进行操作时,文档类能及时地修改数据,促使视更新显示。因此,把该系统中用户所建立的实体对象集、选择集均放在文档类中,视图类通过 GetDocument 函数获取文档中的数据,对数据进行操纵。

2.2.4 文档/视图结构对图形对象的操作方法

在本实例中,视、文档和基本图元的层次关系如图 2.3 所示。

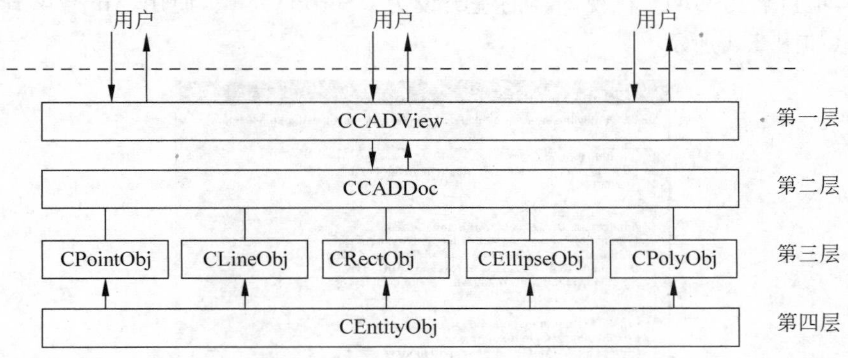

图 2.3 视、文档和基本图元的层次关系

1. 第一层:用户与系统交互层

由图 2.3 可知,实例应用程序就结构而言分为 4 层。其中最顶层为用户与系统交互层,与之相关的操作都封装在视图类中,其中最关键的、用于对图元对象数据操作的函数主要有

OnLButtonDown 函数及 OnMouseMove 函数。

在 OnLButtonDown 函数中，首先根据绘图类型判断系统所处的状态。系统设置了绘图、选择和编辑三种状态，默认为选择状态。编辑状态又按照用户单击的图元关键点的类型分为移动和修改大小两种。在图元被选中的情况下，如果用户击中了图元中心点，则执行移动操作，同时将光标更改为四箭头类型；如果用户击中的是其他的关键点，则执行修改图元大小的操作，此时，根据关键点的位置将光标更改为相应的类型，如水平调整、垂直调整和斜向调整等。接下来根据不同的状态，完成相应的操作，这里主要是确定用户每次单击鼠标的功能。例如，以直线图元为例，在绘图状态下，第一次单击是确定直线的起点，第二次单击是确定直线的终点。而在选择状态下，如果用户单击的是未被选中的直线，则选中该直线；如果单击的是已经被选中的直线，则根据被击中的关键点的位置，执行不同的编辑操作。

OnMouseMove 函数的主要功能是实现图元绘制及编辑时的橡皮筋效果，即所见即所得的可视化效果。

2. 第二层：图元数据操纵实现层

本实例的第二层是图元对象数据操纵实现层。这里的操作主要是对实体集和选择集的操纵，包括实体对象的添加与删除、实体集和选择集的遍历。

3. 其他层

第三层与第四层已经在 2.2.1 节中进行了简单的说明，其详细设计请参考 2.3.5 节。

2.3 系统详细设计

2.3.1 项目创建

根据系统功能，本实例使用 Visual C++6.0 创建一个基于多文档的 MFC AppWizard [exe]项目，项目名为 CAD，将视图类的基类设为 CScrollView。使用 AppWizard 配置得到的项目信息如图 2.4 所示。

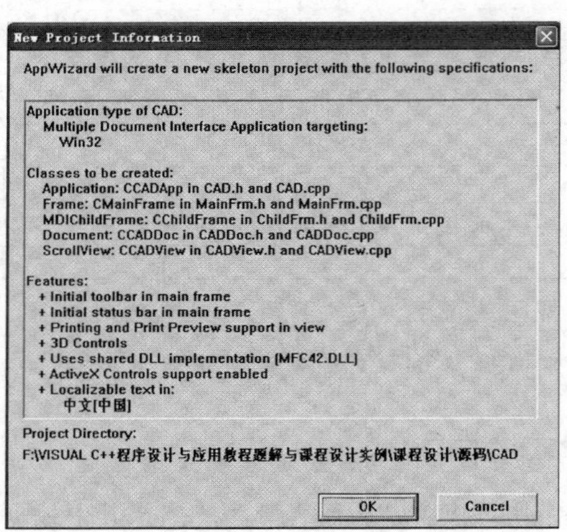

图 2.4　CAD 项目信息

2.3.2 界面设计

1. 菜单设计

(1) 主菜单设计。选择项目工作区的 ResourceView,双击 IDR_CADTYPE 菜单资源,根据系统功能添加相应的菜单项,如图 2.5 所示,其属性如表 2.1 所示。限于篇幅,表 2.1 中只列出了部分菜单项属性。

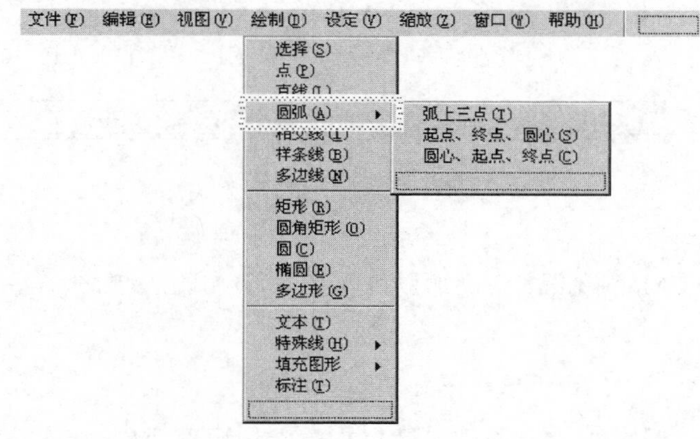

图 2.5 系统主菜单资源

表 2.1 系统菜单项属性

主菜单	菜单项	ID	属性
编辑(&E)	剪切(&T)\tCtrl+X	ID_EDIT_CUT	默认
	复制(&C)\tCtrl+C	ID_EDIT_COPY	默认
	粘贴(&P)\tCtrl+V	ID_EDIT_PASTE	默认
	删除\tDel	ID_EDIT_CLEAR	默认
	全选(&S)\tCtrl+A	ID_EDIT_SELECT_ALL	默认
视图(&V)	绘图工具栏(&D)	ID_VIEW_DRAWTOOLBAR	默认
绘制(&D)	选择(&S)	ID_DRAW_SELECTION	默认
	直线(&L)	ID_DRAW_LINE	默认
	弧上三点(&T)	ID_DRAW_TRIPOINT	默认
	起点、终点、圆心(&S)	ID_DRAW_SEC	默认
	圆心、起点、终点(&C)	ID_ DRAW _CSE	默认
	矩形(&R)	ID_DRAW_RECTANGLE	默认
	圆(&C)	ID_DRAW_CIRCLE	默认
设定(&V)	网格线(&G)	ID_VIEW_GRID	默认
	识别精度(&D)	ID_VIEW_JUDGEDISTANCE	默认
缩放(&Z)	放大(&I)	ID_ZOOM_IN	默认
	缩小(&O)	ID_ZOOM_OUT	默认

(2) 快捷菜单设计。

① 从菜单栏中选择 Project | Add To Project | Components and Controls 命令,弹出

Components and Controls Gallery。双击 Visual C++Components 文件夹，选择 Pop-up Menu 组件，单击 Insert 按钮，在随后弹出的对话框中选择视图类 CCADView。

② 打开菜单编辑器，对 CG_IDR_POPUP_CADVIEW 菜单资源进行编辑，如图 2.6 所示。

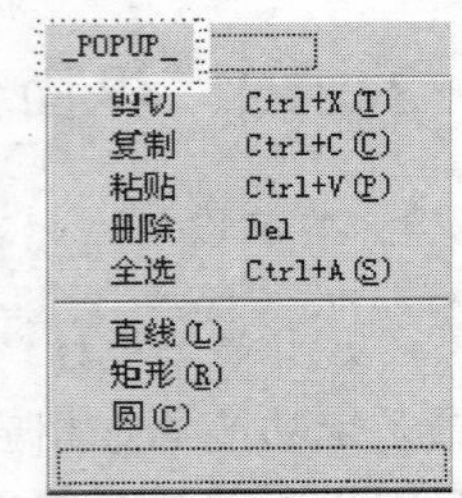

图 2.6　系统快捷菜单资源

2. 工具栏设计

(1) 编辑绘图工具栏资源。选择 Insert | Resource 命令，打开插入资源对话框，插入新工具栏资源，其 ID 设为 IDR_DRAW_TOOLBAR，如图 2.7 所示。

图 2.7　绘图工具栏资源

(2) 创建工具栏。

① 在主框架类 CMainFrame 中添加成员变量 m_wndDrawToolBar。

```
protected:
    CToolBar m_wndDrawToolBar;
```

② 在主框架类 CMainFrame 成员函数 OnCreate()中添加代码。

```
int CMainFrame::OnCreate(LPCREATESTRUCT lpCreateStruct)
{
    ...
    //创建绘图工具栏
    if (!m_wndDrawToolBar.CreateEx(this, TBSTYLE_FLAT, WS_CHILD |
WS_VISIBLE | CBRS_LEFT | CBRS_GRIPPER | CBRS_TOOLTIPS |
CBRS_FLYBY | CBRS_SIZE_DYNAMIC) ||
    !m_wndDrawToolBar.LoadToolBar(IDR_DRAW_TOOLBAR))
    {
        TRACE0("Failed to create toolbar\n");
        return -1;      // fail to create
    }
    m_wndToolBar.SetWindowText(_T("标准"));
    m_wndDrawToolBar.SetWindowText(_T("绘图"));

    // TODO: Delete these three lines if you don't want the toolbar to
    // be dockable
    m_wndDrawToolBar.EnableDocking(CBRS_ALIGN_ANY);
    ...
    DockControlBar(&m_wndDrawToolBar);
    return 0;
}
```

③ 在标准工具栏中添加一个“删除”按钮，其 ID 为 ID_EDIT_CLEAR。

(3) 绘图工具栏显/隐控制。在主框架类 CMainFrame 中为“视图”|“绘图工具栏”菜单项添加 COMMAND 消息处理函数，实现代码如下：

```
void CMainFrame::OnViewDrawtoolbar()
{
    if(m_wndDrawToolBar.IsWindowVisible())
      ShowControlBar(&m_wndDrawToolBar, 0, FALSE);
    else
      ShowControlBar(&m_wndDrawToolBar, 1, FALSE);
    RecalcLayout();
}
```

(4) 为"绘图工具栏"菜单设置检查标记。在主框架类 CMainFrame 中为"视图"|"绘图工具栏"菜单项添加 UPDATE_COMMAND_UI 消息处理函数,并添加代码:

```
void CMainFrame::OnUpdateViewDrawtoolbar(CCmdUI * pCmdUI)
{
    // TODO: Add your command update UI handler code here
    pCmdUI->SetCheck(m_wndDrawToolBar.IsWindowVisible());
}
```

3. 状态栏设计

(1) 在主框架类实现函数 MainFrm.cpp 的静态数组 indicators[]中添加用来显示坐标的窗格。

```
static UINT indicators[] =
{
    ID_SEPARATOR,               // status line indicator
    ID_INDICATOR_COOR,          //显示坐标窗格
    ID_INDICATOR_CAPS,
    ID_INDICATOR_NUM,
    ID_INDICATOR_SCRL,
};
```

(2) 在串表编辑器 String Table 中添加新字符串 ID_INDICATOR_COOR,其 Caption 内容为 15 个空格,为坐标的显示预留空间。

(3) 在主框架类 CMainFrame 中添加命令更新消息映射。

① 添加消息处理函数声明。

```
class CMainFrame : public CMDIFrameWnd
{
…
// Generated message map functions
protected:
    //{{AFX_MSG(CMainFrame)
…
    //}}AFX_MSG
    afx_msg void OnUpdateIndicatorCoor(CCmdUI * pCmdUI);
    DECLARE_MESSAGE_MAP()
};
```

② 添加消息映射宏。

```
BEGIN_MESSAGE_MAP(CMainFrame, CMDIFrameWnd)
    //{{AFX_MSG_MAP(CMainFrame)
    …
    //}}AFX_MSG_MAP
    ON_UPDATE_COMMAND_UI(ID_INDICATOR_COOR, OnUpdateIndicatorCoor)
END_MESSAGE_MAP()
```

③ 添加消息处理函数实现代码。

```
void CMainFrame::OnUpdateIndicatorCoor(CCmdUI * pCmdUI)
{
    // TODO: Add your command update UI handler code here
    CString str;
    str.Format("%8.3f,%8.3f",m_xd,m_yd);
    pCmdUI->SetText(str);
}
```

(4) 在视图类 CCADView 中添加鼠标移动消息处理函数，获得鼠标坐标值。

```
void CCADView::OnMouseMove(UINT nFlags, CPoint point)
{
CMainFrame *pMF = (CMainFrame *)AfxGetMainWnd();
pMF->m_xd = point.x;
pMF->m_yd = point.y;
}
```

4. 系统标题、默认文件名、文件扩展名及最大化显示属性设置

打开串表编辑器，双击 IDR_MAINFRAME 字符串，将其 Caption 修改为“小型 CAD 系统”，完成系统标题的设置。

同样，双击 IDR_CADTYPE 字符串，将其 Caption 修改为\nmydraw\nCAD\nMyCAD 文件(*.mycad)\n.mycad\nCAD.Document\nCAD Document，设置默认文件名为 mydraw、文件类型为 MyCAD、文件扩展名为 mycad。

2.3.3 视图设计

1. 视图滚动的实现

(1) 定义图纸大小。在文档类 CCADDoc 中添加成员变量，并初始化。

① 定义。

```
public:
    CSize m_size;//图纸大小
```

② 初始化。

```
CCADDoc::CCADDoc()
{
    // TODO: add one-time construction code here
```

```
    m_size.cx = 11890;
    m_size.cy = 8410;
}
```

(2) 重载 CCADView 类的虚函数 OnPrepareDC()。

```
void CCADView::OnPrepareDC(CDC * pDC, CPrintInfo * pInfo)
{
    // TODO: Add your specialized code here and/or call the base class
    CScrollView::OnPrepareDC(pDC, pInfo);
}
```

基类 CScrollView 的成员函数 OnPrepareDC()代码:

```
void CScrollView::OnPrepareDC(CDC * pDC, CPrintInfo * pInfo)
{
    ASSERT_VALID(pDC);
#ifdef _DEBUG
    if (m_nMapMode == MM_NONE)
    {
        TRACE0("Error: must call SetScrollSizes() or SetScaleToFitSize()");
        TRACE0("\tbefore painting scroll view.\n");
        ASSERT(FALSE);
        return;
    }
#endif //_DEBUG
    ASSERT(m_totalDev.cx >= 0 && m_totalDev.cy >= 0);
    switch (m_nMapMode)
    {
    case MM_SCALETOFIT:
        pDC->SetMapMode(MM_ANISOTROPIC);
        pDC->SetWindowExt(m_totalLog);  // window is in logical coordinates
        pDC->SetViewportExt(m_totalDev);
        if (m_totalDev.cx == 0 || m_totalDev.cy == 0)
            TRACE0("Warning: CScrollView scaled to nothing.\n");
        break;
    default:
        ASSERT(m_nMapMode > 0);
        pDC->SetMapMode(m_nMapMode);
        break;
    }
    CPoint ptVpOrg(0, 0);                    // assume no shift for printing
    if (!pDC->IsPrinting())
    {
        ASSERT(pDC->GetWindowOrg() == CPoint(0,0));
        // by default shift viewport origin in negative direction of scroll
        ptVpOrg = -GetDeviceScrollPosition();
        if (m_bCenter)
        {
            CRect rect;
            GetClientRect(&rect);
            // if client area is larger than total device size,
```

```
            // override scroll positions to place origin such that
            // output is centered in the window
            if (m_totalDev.cx < rect.Width())
                ptVpOrg.x = (rect.Width() - m_totalDev.cx) / 2;
                if (m_totalDev.cy < rect.Height())
                ptVpOrg.y = (rect.Height() - m_totalDev.cy) / 2;
            }
        }
    pDC->SetViewportOrg(ptVpOrg);
    CView::OnPrepareDC(pDC, pInfo);          // For default Printing behavior
}
```

(3) 在 CCADView 类的 OnInitialUpdate 函数中调用 SetScrollSizes 函数，完成映射模式及图纸大小的设置。

```
void CCADView::OnInitialUpdate()
{
    CScrollView::OnInitialUpdate();
    CCADDoc* pDoc = GetDocument();
    ASSERT_VALID(pDoc);
    m_sizeDoc = pDoc->m_size;
    m_center.x = m_sizeDoc.cx / 2;
    m_center.y = m_sizeDoc.cy / 2;
    SetScrollSizes(MM_TEXT, m_sizeDoc);
    CenterOnPoint(m_center);
}
```

(4) 修改 OnMouseMove 函数，在状态栏中显示图纸逻辑坐标。

```
void CCADView::OnMouseMove(UINT nFlags, CPoint point)
{
    CMainFrame *pMF = (CMainFrame*)AfxGetMainWnd();
    CClientDC dc(this);
    OnPrepareDC(&dc, NULL);                  //定义图纸原点
    dc.DPtoLP(&point);                       //设备坐标转换成逻辑坐标
    pMF->m_xd = point.x; pMF->m_yd = point.y;
}
```

2. 绘制网格线

(1) 在视图类 CCADView 中添加成员变量，设置网格大小及颜色。

① 定义。

```
protected:
    COLORREF m_gridColor;                    //网格颜色
    int m_GridDistance;                      //网格大小
```

② 初始化。

```
CCADView::CCADView()
{
    // TODO: add construction code here
```

```
    m_gridColor = RGB(192,192,192);
    m_GridDistance = 100;
}
```

(2) 在视图类 CCADView 中添加成员函数,完成网格绘制。

```
void CCADView::DrawGrid(CDC * pDC)
{
    CCADDoc * pDoc = GetDocument();
    CSize size;
    size = pDoc->m_size;
    CPen penDash;
    penDash.CreatePen(PS_SOLID, 1, m_gridColor);
    CPen * pOldPen = pDC->SelectObject(&penDash);
    CPoint point;
    for(int x = m_GridDistance;x < size.cx;x + = m_GridDistance)
    {
        point.x = x;
        point.y = 0;
        pDC->MoveTo(point);
        point.y = size.cy;
        pDC->LineTo(point);
    }
    for(int y = m_GridDistance;y < size.cy;y + = m_GridDistance)
    {
        point.x = 0;
        point.y = y;
        pDC->MoveTo(point);
        point.x = size.cx;
    pDC->LineTo(point);
    }
    pDC->SelectObject(pOldPen);
}
```

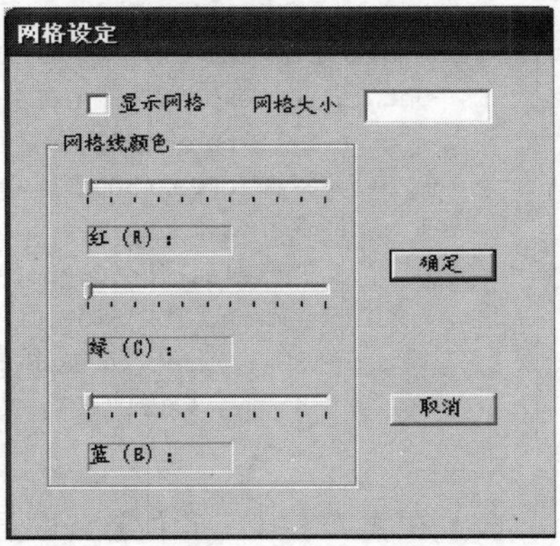

图 2.8 网格属性设置对话框

3. 网格属性设置

(1) 选择 Insert | Resource 命令,打开插入资源对话框,创建图 2.8 所示的网格属性设置对话框资源 IDD_PROPPAGE_GRID。其中控件 ID 及 Caption 如表 2.2 所示。

表 2.2 对话框 IDD_PROPPAGE_GRID 控件及成员变量

控件类型	ID	Caption	成员变量
复选按钮	IDC_GRID_DISPLAY	显示网格	BOOL m_DisplayGrid
静态文本	IDC_STATIC	网格大小	
编辑框	IDC_EDIT1		int m_GridDistance
组框	IDC_STATIC	网格线颜色	
滑动条	IDC_SLIDERRED		CSliderCtrlm_red

续表

控件类型	ID	Caption	成员变量
静态文本	IDC_STATICRED	红(R)：	
滑动条	IDC_SLIDERGREEN		CSliderCtrlm_green
静态文本	IDC_STATICGREEN	绿(G)：	
滑动条	IDC_SLIDERBLUE		CSliderCtrlm_blue
静态文本	IDC_STATICBLUE	蓝(B)：	CString m_field8

(2) 利用类向导 ClassWizard 新建对话框类 CSetGrid，为控件添加关联的成员变量，如表 2.2 所示。在 OnInitDialog 函数中添加初始化代码：

```
BOOL CSetGrid::OnInitDialog()
{
    CDialog::OnInitDialog();
    // TODO: Add extra initialization here
    m_red.SetRange(0,255);
    m_red.SetTicFreq(50);
    m_red.SetPos(192);
    m_red.SetSelection(0,255);
    SetDlgItemText(IDC_STATICRED,"红(R): 192");
    m_green.SetRange(0,255);
    m_green.SetTicFreq(50);
    m_green.SetPos(192);
    m_green.SetSelection(0,255);
    SetDlgItemText(IDC_STATICGREEN,"绿(G): 192");
    m_blue.SetRange(0,255);
    m_blue.SetTicFreq(50);
    m_blue.SetPos(192);
    m_blue.SetSelection(0,255);
    SetDlgItemText(IDC_STATICBLUE,"蓝(B): 192");
    return TRUE;// return TRUE unless you set the focus to a control
                // EXCEPTION: OCX Property Pages should return FALSE
}
```

(3) 在类 CSetGrid 中定义成员变量，并映射 WM_HSCROLL 消息处理函数。

① 定义成员变量。

```
public:
    COLORREF m_GridColor;                 //网格线颜色
    int m_bluevalue;                      // 网格线颜色蓝色分量
    int m_greenvalue;                     //网格线颜色绿色分量
    int m_redvalue;                       // 网格线颜色红色分量
```

② 消息处理函数。

```
void CSetGrid::OnHScroll(UINT nSBCode, UINT nPos, CScrollBar * pScrollBar)
{
    CString str;
    if(pScrollBar->GetDlgCtrlID() == IDC_SLIDERRED)
    {
```

```
        m_redvalue = m_red.GetPos();
        str.Format("红(R): %d",m_redvalue);
        SetDlgItemText(IDC_STATICRED,str);
    }
    if(pScrollBar->GetDlgCtrlID() == IDC_SLIDERGREEN)
    {
        m_greenvalue = m_green.GetPos();
        str.Format("绿(G): %d",m_greenvalue);
        SetDlgItemText(IDC_STATICGREEN,str);
    }
    if(pScrollBar->GetDlgCtrlID() == IDC_SLIDERBLUE)
    {
        m_bluevalue = m_blue.GetPos();
        str.Format("蓝(B): %d",m_bluevalue);
        SetDlgItemText(IDC_STATICBLUE,str);
    }
    m_GridColor = RGB(m_redvalue,m_greenvalue,m_bluevalue);
    UpdateWindow();
    CDialog::OnHScroll(nSBCode, nPos, pScrollBar);
}
```

(4) 在类 CCADView 中定义成员变量,添加"设定"|"网格线"菜单项消息处理函数。

① 定义成员变量。

```
protected:
    int m_DisplayGrid;                          //是否绘制网格
    COLORREF m_GridColor;                       //网格颜色
    int m_GridDistance;                         //网格大小
```

② 菜单消息处理函数。

```
void CCADView::OnViewGrid()
{
    // TODO: Add your command handler code here
    CSetGrid dlg;
    if(dlg.DoModal() == IDOK)
    {
        UpdateData(true);
        m_GridColor = dlg.m_GridColor;
        m_GridDistance = dlg.m_GridDistance;
        m_DisplayGrid = dlg.m_DisplayGrid;
    }
    Invalidate();
    UpdateWindow();
}
```

2.3.4 图形的绘制

1. 光标类型的设置

当用户单击客户区时,有 5 种可能事件:选取图形、开始绘图、结束绘图、开始编辑图形和结束图形编辑。因此,光标的类型应该根据不同的事件进行相应的改变,以提示目前所处的状态。本实例设置三种类型的光标,选取图形采用标准箭头光标 IDC_ARROW、绘制图形采用十字形光标 IDC_CROSS、编辑图形采用四箭头光标 IDC_SIZEALL 或双箭头光标。

(1) 在类 CCADView 中添加 int 型成员变量 nCursor,表示光标类型。变量 nCursor 取 1～7 的值,分别表示采用标准箭头光标、十字形光标、四箭头光标、横向双箭头光标、纵向双箭头光标、正斜向双箭头光标和反斜向双箭头光标。

(2) 在类 CCADView 中添加 WM_SETCURSOR 消息映射函数,代码如下:

```
BOOL CCADView::OnSetCursor(CWnd * pWnd, UINT nHitTest, UINT message)
{
    // TODO: Add your message handler code here and/or call default
    switch(nCursor)
    {
    case 1:
        SetCursor(AfxGetApp() -> LoadStandardCursor(IDC_ARROW));
        break;
    case 2:
        SetCursor(AfxGetApp() -> LoadStandardCursor(IDC_CROSS));
        break;
    case 3:
        SetCursor(AfxGetApp() -> LoadStandardCursor(IDC_SIZEALL));
        break;
    case 4:
        SetCursor(AfxGetApp() -> LoadStandardCursor(IDC_SIZEWE));
        break;
    case 5:
        SetCursor(AfxGetApp() -> LoadStandardCursor(IDC_SIZENS));
        break;
    case 6:
        SetCursor(AfxGetApp() -> LoadStandardCursor(IDC_SIZENWSE));
        break;
    case 7:
        SetCursor(AfxGetApp() -> LoadStandardCursor(IDC_SIZENESW));
        break;
    default:
        return CScrollView::OnSetCursor(pWnd, nHitTest, message);
    }
    return true;
}
```

2. 鼠标绘图的实现

(1) 在类 CCADView 中添加成员变量。

在绘制不同的图形时,鼠标单击的次数以及每次单击的作用都是不同的。例如,在绘制直线时,需要单击两次鼠标:第一次确定直线的起点,第二次确定直线的终点并结束绘图;在绘制弧线时,需要单击三次鼠标,分别确定弧线的起点、终点及圆心。因此,应该定义变量,指定图形的类型、记录鼠标单击的次数。另外,为了实现绘图时的橡皮筋效果,还需要定义记录前后点位置的变量。

① 定义。

```
protected:
    enum Shape{line,rectangle,ellipse,null};
    Shape nShape;//图形类型
    int m_LMouseDownStep;//鼠标单击次数
    CRect rect;
    CPoint prePoint,lastPoint;//橡皮筋效果用前、后点位
```

② 初始化。

```
CCADView::CCADView()
{
    // TODO: add construction code here
    …
    m_LMouseDownStep = 0;
}
```

(2) 在类 CCADView 中为主菜单“绘制”的菜单项“直线”、“矩形”和“椭圆”添加消息处理函数。实现代码如下：

```
void CCADView::OnDrawLine()
{
    // TODO: Add your command handler code here
    nCursor = 2;                        //设置光标为十字形
    nShape = line;                      //指定图形类型
}
void CCADView::OnDrawRectangle()
{
    // TODO: Add your command handler code here
    nCursor = 2;
    nShape = rectangle;
}
void CCADView::OnDrawEllipse()
{
    // TODO: Add your command handler code here
    nCursor = 2;
    nShape = ellipse;
}
```

(3) 在类 CCADView 中添加 WM_LBUTTONDOWN 消息处理函数。实现代码如下：

```
void CCADView::OnLButtonDown(UINT nFlags, CPoint point)
{
    // TODO: Add your message handler code here and/or call default
    CClientDC dc(this);
    OnPrepareDC(&dc, NULL);
    dc.DPtoLP(&point);
    m_LMouseDownStep ++ ;
    switch(m_LMouseDownStep)
    {
```

```
    case 1:
        //橡皮筋矩形
        rect.TopLeft() = point;
        rect.BottomRight() = point;
        break;
    case 2:
        //橡皮筋矩形
        rect.BottomRight() = point;
        m_LMouseDownStep = 0;
        nShape = null;
        nCursor = 0;
        break;
    default:
        break;
    }
    prePoint = point;
    lastPoint = point;
    CScrollView::OnLButtonDown(nFlags, point);
}
```

（4）修改类 CCADView 的消息处理函数 OnMouseMove()。代码如下：

```
void CCADView::OnMouseMove(UINT nFlags, CPoint point)
{
    CMainFrame * pMF = (CMainFrame *)AfxGetMainWnd();
    CClientDC dc(this);
    OnPrepareDC(&dc, NULL);
    dc.DPtoLP(&point);
    pMF->m_xd = point.x;
    pMF->m_yd = point.y;
    if(m_LMouseDownStep)
    {
        //用屏幕颜色的反色绘图
        dc.SetROP2(R2_NOT);
        //设定空刷子(内部不充填)
        dc.SelectStockObject(NULL_BRUSH);
        switch(nShape)
        {
        default:
          break;
        case line:
        //绘制前一条直线
          dc.MoveTo(lastPoint);
          dc.LineTo(prePoint);
          //绘制起点到当前鼠标点位置的直线
          dc.MoveTo(lastPoint);
          dc.LineTo(point);
          break;
        case rectangle:
          //绘制前一个矩形
          dc.Rectangle(rect);
```

```
        //绘制起点到当前鼠标点之间的矩形
      rect.BottomRight() = point;
        dc.Rectangle(rect);
        break;
      case ellipse:
        //绘制前一个矩形
        dc.Ellipse(rect);
        //绘制起点到当前鼠标点之间的矩形
      rect.BottomRight() = point;
        dc.Ellipse(rect);
        break;
      }
      prePoint = point;
      rect.BottomRight() = point;
    }
    CScrollView::OnMouseMove(nFlags, point);
}
```

2.3.5 图形对象数据结构设计

1. 图形基类的设计

(1) 类的定义。

```
class CCADView;
class CEntityObj : public CObject
{
public:
    DECLARE_SERIAL(CEntityObj)
    CEntityObj();
    virtual ~CEntityObj();
protected:
    CPoint point1,point2;
public:

    //诊断函数
#ifdef _DEBUG
    void AssertValid();
#endif
    //序列化
    virtual void Serialize(CArchive& ar);
    //绘制
    virtual void Draw(CCADView * pView,CDC * pDC );
    //设定坐标点
    void SetPoint(int ptNumber, CPoint);
};
```

(2) 类的实现。

```
IMPLEMENT_SERIAL(CEntityObj, CObject, 0)
CEntityObj::CEntityObj()
```

```
{
}
CEntityObj::~CEntityObj()
{
}
#ifdef _DEBUG
void CEntityObj::AssertValid()
{
}
#endif
void CEntityObj::Serialize(CArchive& ar)
{
    CObject::Serialize(ar);
    if (ar.IsStoring())
    {
    }
    else
    {
    }
}
void CEntityObj::Draw(CCADView *pView,CDC *pDC)
{
    ASSERT_VALID(this);
}
void CEntityObj::SetPoint(int ptNumber, CPoint point)
{
    ASSERT(ptNumber <= 2);
    switch(ptNumber)
    {
    case 1:
        point1 = point;
        break;
    case 2:
        point2 = point;
        break;
    }
}
```

2. 实体类的设计

(1) 直线类。

① 类的定义。

```
#include "EntityObj.h"
#include "CADView.h"
class CLineObj : public CEntityObj
{
public:
    DECLARE_SERIAL(CLineObj)
    CLineObj();
```

```
    virtual ~CLineObj();
public:
    //序列化
    virtual void Serialize(CArchive& ar);
    //绘制
    virtual void Draw(CCADView * pView,CDC * pDC );
};
```

② 类的实现。

```
IMPLEMENT_SERIAL(CLineObj, CObject, 0)
CLineObj::CLineObj()
{
}
CLineObj::~CLineObj()
{
}
void CLineObj::Serialize(CArchive& ar)
{
    CObject::Serialize(ar);
    if (ar.IsStoring())
    {
    }
    else
    {
    }
}
void CLineObj::Draw(CCADView * pView,CDC * pDC)
{
    ASSERT_VALID(this);
    pDC->MoveTo(point1);
    pDC->LineTo(point2);
}
```

(2) 矩形类。

① 类的定义。

```
#include "EntityObj.h"
#include "CADView.h"
class CRectObj : public CEntityObj
{
public:
    DECLARE_SERIAL(CRectObj)
    CRectObj();
    virtual ~CRectObj();
    //序列化
    virtual void Serialize(CArchive& ar);
    //绘制
    virtual void Draw(CCADView * pView,CDC * pDC );
};
```

② 类的实现。

```
IMPLEMENT_SERIAL(CRectObj, CObject, 0)
CRectObj::CRectObj()
{
}
CRectObj::~CRectObj()
{
}
void CRectObj::Serialize(CArchive& ar)
{
    CObject::Serialize(ar);
    if (ar.IsStoring())
    {
    }
    else
    {
    }
}
void CRectObj::Draw(CCADView *pView,CDC *pDC)
{
    ASSERT_VALID(this);
    CRect rect(point1,point2);
    pDC->SelectStockObject(NULL_BRUSH);
    pDC->Rectangle(&rect);
}
```

（3）椭圆类。

① 类的定义。

```
#include "EntityObj.h"
#include "CADView.h"
class CEllipseObj : public CEntityObj
{
public:
    DECLARE_SERIAL(CEllipseObj)
    CEllipseObj();
    virtual ~CEllipseObj();
    //序列化
    virtual void Serialize(CArchive& ar);
    //绘制
    virtual void Draw(CCADView* pView,CDC* pDC );
};
```

② 类的实现。

```
IMPLEMENT_SERIAL(CEllipseObj, CObject, 0)
CEllipseObj::CEllipseObj()
{
}
CEllipseObj::~CEllipseObj()
{
}
```

```
void CEllipseObj::Serialize(CArchive& ar)
{
    CObject::Serialize(ar);
    if (ar.IsStoring())
    {
    }
    else
    {
    }
}
void CEllipseObj::Draw(CCADView * pView,CDC * pDC)
{
    ASSERT_VALID(this);
    CRect rect(point1,point2);
    pDC->SelectStockObject(NULL_BRUSH);
    pDC->Ellipse(&rect);
}
```

2.3.6 文档设计

1. 文档数据结构

本系统为一个小型的CAD系统，用户通过选择菜单中的绘图命令或工具栏中的图形工具在窗口中绘制图形，可以绘制点、直线、矩形、圆、圆弧、多边形和文本等，文档由这些不同的图形类型组成。由于图形对象的个数不确定，需要一个数据结构来保存大量的、数目不确定的对象。通过比较，本实例采用基于模板的MFC集合类CTypedPtrArray来管理系统中的数据。

(1) 在文档类CCADDoc中添加成员变量及成员函数。

① 定义。

```
#include "afxtempl.h"
#include "EntityObj.h"
#include "CADView.h"
class CCADDoc : public CDocument
{
…
public:
  …
   CTypedPtrArray<CObArray,CEntityObj *> m_EntityArray;//存放对象指针的动态数组

// Operations
public:
    void Draw(CDC * pDC, CCADView * pView);
    void Add(CEntityObj * pObj);
    void Remove(CEntityObj * pObj);
…
};
```

② 函数的实现。

```
void CCADDoc::Draw(CDC * pDC, CCADView * pView)
{
    int nIndex = m_EntityArray.GetSize();
    while (nIndex--)
    {
        CEntityObj * pObj = m_EntityArray.GetAt(nIndex);
        pObj->Draw(pView,pDC);
    }
}
void CCADDoc::Add(CEntityObj * pObj)
{
    m_EntityArray.Add(pObj);
}
```

（2）重载 CCADDoc 类的虚函数 DeleteContents()，清理文档中的数据。

```
void CCADDoc::DeleteContents()
{
    // TODO: Add your specialized code here and/or call the base class
    int nIndex = m_EntityArray.GetSize();
    while (nIndex--)
        delete m_EntityArray.GetAt(nIndex);//清除对象
    m_EntityArray.RemoveAll();//释放指针
    CDocument::DeleteContents();
}
```

2. 图形的重绘

到目前为止，本系统还存在一个缺陷，就是当窗口大小发生变化或滚动窗口后，系统不能正确显示原有的图形。下面通过调用文档类中保存的数据，在视图类的 OnDraw 函数中重新绘制这些图形来解决这个问题。

（1）在视图类 CCADView 中添加成员变量。

```
class CCADDoc;
class CEntityObj;
class CCADView : public CScrollView
{
…
protected:
…
    CEntityObj * pObj;
…
};
```

（2）修改视图类 CCADView 的消息映射函数 OnLButtonDown()，将图形对象添加到动态数组中。修改后的完整代码如下：

```
void CCADView::OnLButtonDown(UINT nFlags, CPoint point)
{
```

```
    // TODO: Add your message handler code here and/or call default
    CClientDC dc(this);
    OnPrepareDC(&dc, NULL);
    dc.DPtoLP(&point);
    m_LMouseDownStep++;
    switch(m_LMouseDownStep)
    {
    case 1:
        switch(nShape)
        {
        default:
            pObj = new CEntityObj;
            break;
        case line:
            pObj = new CLineObj;
            break;
        case rectangle:
            pObj = new CRectObj;
            break;
        case ellipse:
            pObj = new CEllipseObj;
            break;
        }
        GetDocument()->Add(pObj);
        pObj->SetPoint(1,point);
        //橡皮筋矩形
        rect.TopLeft() = point;
        rect.BottomRight() = point;
        break;
    case 2:
        pObj->SetPoint(2,point);
        //橡皮筋矩形
        rect.BottomRight() = point;
        m_LMouseDownStep = 0;
        nShape = null;
        nCursor = 0;
        break;
    default:
        break;
    }
    prePoint = point;
    lastPoint = point;
    CScrollView::OnLButtonDown(nFlags, point);
}
```

(3) 在视图类 CCADView 的 OnDraw 函数中添加代码,实现窗口的重绘。

```
void CCADView::OnDraw(CDC * pDC)
{
    CCADDoc * pDoc = GetDocument();
    ASSERT_VALID(pDoc);
```

```
    // TODO: add draw code for native data here
...
    pDoc->Draw(pDC,this);
}
```

3. 图形的保存

利用 MFC 所提供的序列化机制，可以很简便地进行文档的读写操作。上述在定义各个实体对象类的时候，已经对它们进行了序列化，下面添加代码来进一步完善这个功能。

（1）修改各个实体类的序列化函数 Serialize()。

```
void CLineObj::Serialize(CArchive& ar)
{
    if (ar.IsStoring())
    {
        ar << point1 << point2;
    }
    else
    {
        ar >> point1 >> point2;
    }
}
void CRectObj::Serialize(CArchive& ar)
{
    if (ar.IsStoring())
    {
        ar << point1 << point2;
    }
    else
    {
        ar >> point1 >> point2;
    }
}
void CEllipseObj::Serialize(CArchive& ar)
{
    if (ar.IsStoring())
    {
        ar << point1 << point2;
    }
    else
    {
        ar >> point1 >> point2;
    }
}
```

（2）修改文档类 CCADDoc 的成员函数 Add()和序列化函数 Serialize()。

```
void CCADDoc::Add(CEntityObj * pObj)
{
...
    SetModifiedFlag();//设置文档修改标志
```

```
}
void CCADDoc::Serialize(CArchive& ar)
{
    if (ar.IsStoring())
    {
        // TODO: add storing code here
        m_EntityArray.Serialize(ar);
    }
    else
    {
        // TODO: add loading code here
        m_EntityArray.Serialize(ar);
    }
}
```

2.3.7 图形的选取

图形选取就是用户通过单击图形的特定区域来选中图形对象，被选中的图形对象以高亮度的形式显示。图形的选取除了支持鼠标单击一次选中一个图形对象外，还应具有支持框选、依次选中多个图形对象等功能。限于篇幅，本实例只介绍鼠标单击单选及配合 Shift 键多选两种图形选取方法。

1. 图形选中判断

对于本系统实现的图元——直线、矩形和圆，可以分别通过计算点到直线的距离、点到点的距离来判断图形是否被选中。如果鼠标单击点与直线(矩形为 4 条边的距离)的距离在给定的识别精度范围内，则直线(或矩形)对象被选中，否则没被选中。圆图元通过判断鼠标单击点到圆心的距离与半径的差是否在识别精度范围内，来确定图形对象是否被选中。

(1) 求直线与椭圆的交点，计算点到直线、点到点的距离。

① 在直线类 CLineObj 中添加成员函数 PointToLine()，计算点到直线的距离。由于函数中调用了数学函数，在 LineObj.cpp 文件中添加 #include "math.h"文件包含语句。

```
double CLineObj::PointToLine(CPoint nStartPt,CPoint nEndPt, CPoint point)
{
    int A,B,C;
    double distance;
    //计算直线参数
    A = nStartPt.y - nEndPt.y;
    B = nEndPt.x - nStartPt.x;
    C = nStartPt.x * nEndPt.y - nEndPt.x * nStartPt.y;
    //计算点到直线距离
    distance = (A * point.x + B * point.y + C) * (A * point.x + B * point.y + C)/(A * A + B * B);
    distance = sqrt(fabs(distance));
    return distance;
}
```

② 在圆类 CEllipseObj 中添加成员函数 PointToPoint()，计算点到点的距离。在 LineObj.cpp 文件中添加 #include "math.h"文件包含语句。

```
double CEllipseObj::PointToPoint(CPoint pt1,CPoint pt2)
{
    double distance;
    distance = sqrt((pt2.x - pt1.x) * (pt2.x - pt1.x) + (pt2.y - pt1.y) * (pt2.y - pt1.y));
    return distance;
}
```

③ 在圆类 CEllipseObj 中添加成员函数 Intersection()，求直线与椭圆的交点。

```
CPoint CEllipseObj::Intersection(CPoint point)
{
    double a,b,k,x,y;
    a = PointToPoint(KeyPoint[8], KeyPoint[4])/2;
    b = PointToPoint(KeyPoint[2], KeyPoint[6])/2;
    k = (double)(KeyPoint[0].y - point.y)/(point.x - KeyPoint[0].x);

    if(point.x >= KeyPoint[0].x)
    {
        x = a * b * sqrt(1.0/(a * a * k * k + b * b)) + KeyPoint[0].x;
        y =- k * a * b * sqrt(1.0/(a * a * k * k + b * b)) + KeyPoint[0].y;
    }
    else
    {
        x =- a * b * sqrt(1.0/(a * a * k * k + b * b)) + KeyPoint[0].x;
        y = k * a * b * sqrt(1.0/(a * a * k * k + b * b)) + KeyPoint[0].y;
    }
    CPoint pt;
    pt.x = (int)x;
    pt.y = (int)y;
    return pt;
}
```

（2）设置识别精度。在视图类 CCADView 中添加 int 型公有成员变量 m_nSelectDistance，并初始化为 10。

（3）添加虚函数，实现图形对象选中测试。在图元类及基类中添加虚函数 IsSelected()，实现代码如下：

```
BOOL CEntityObj::IsSelected(CCADView * pView,CPoint point)
{
    return 0;
}

BOOL CLineObj::IsSelected(CCADView * pView,CPoint point)
{
    int distance, nDistance;
    nDistance = pView->m_nSelectDistance;
    //鼠标点到直线距离
    distance = (int)PointToLine(point1, point2, point);
    //判断鼠标点是否在线段附近
    CRect rect;
    BOOL bNext;
```

```
    rect.left = point1.x - nDistance/2;
    rect.top = point1.y - nDistance/2;
    rect.right = point2.x + nDistance/2;
    rect.bottom = point2.y + nDistance/2;
    bNext = (point.x >=  rect.left) && (point.x < rect.right)
&&  (point.y >=  rect.top) && (point.y < rect.bottom);
    //判断直线是否被选中
    if((distance < nDistance/2) && bNext)
        return true;
    else
        return false;
}

BOOL CRectObj::IsSelected(CCADView * pView,CPoint point)
{
    int nDistance;
    nDistance = pView->m_nSelectDistance;
    //判断鼠标点是否在矩形附近
    CRect rect;
    BOOL bNext;
    rect.left = point1.x - nDistance/2;
    rect.top = point1.y - nDistance/2;
    rect.right = point2.x + nDistance/2;
    rect.bottom = point2.y + nDistance/2;
    bNext = (point.x >=  rect.left) && (point.x < rect.right)
&&  (point.y >=  rect.top) && (point.y < rect.bottom);
    //判断矩形是否被选中
if(!bNext)
        return false;
    if(fabs(point1.y - point.y)< nDistance/2)   return true;
    else if(fabs(point2.x - point.x)< nDistance/2)   return true;
    else if(fabs(point2.y - point.y)< nDistance/2)   return true;
    else if(fabs(point1.x - point.x)< nDistance/2)   return true;
    else return false;
}

BOOL CEllipseObj::IsSelected(CCADView * pView,CPoint point)
{
    int nDistance;
    double distance;
    nDistance = pView->m_nSelectDistance;
    CPoint pt;
    pt = Intersection(point);
    //鼠标点到交点的距离
    distance = PointToPoint(point, pt);
    //判断图元是否被选中
    if(distance < nDistance/2)
        return true;
```

```
    else
        return false;
}
```

2. 建立选择集

(1) 在文档类 CCADDoc 中添加选择集动态数组 m_SelectArray。

```
CTypedPtrArray<CObArray,CEntityObj*>m_EntityArray,m_SelectArray;
```

(2) 在视图类 CCADView 的枚举类型中添加选择操作项，并将其成员变量 nShape 初始化为 selection，即设置系统的默认状态为选择状态。

① 修改定义。

```
enum Shape{line,rectangle,ellipse,selection,null};
```

② 初始化。

```
nShape = selection;
```

③ 系统在未处于绘图状态时均应设置为选择状态。为此，修改视图类的 OnLButtonDown 函数，使系统每次绘制图形完成后切换成选择状态。

```
...
    case 2:
        pObj->SetPoint(2,point);
        //橡皮筋矩形
        rect.BottomRight() = point;
        m_LMouseDownStep = 0;
        nShape = selection;
        nCursor = 0;
...
```

(3) 修改视图类的 OnLButtonDown 函数，实现选择集的建立。

```
void CCADView::OnLButtonDown(UINT nFlags, CPoint point)
{
    // TODO: Add your message handler code here and/or call default
    CCADDoc* pDoc = GetDocument();
    ASSERT_VALID(pDoc);

    CClientDC dc(this);
    OnPrepareDC(&dc, NULL);
    dc.DPtoLP(&point);

    if(nShape == selection)
    {
        int nIndex = pDoc->m_EntityArray.GetSize();
        if((nFlags & MK_SHIFT) == 0)//shift 键是否被按下
            pDoc->m_SelectArray.RemoveAll();
        while (nIndex--)
        {
```

```
            pObj = pDoc->m_EntityArray.GetAt(nIndex);
            if(pObj->IsSelected(this,point))
            {
                    pDoc->m_SelectArray.Add(pObj);//将被选对象放入选择集
                    break;
                }
            }
        Invalidate();
        return;
    }

    m_LMouseDownStep++;
...
}
```

3. 选中对象的显示

(1) 在图元基类 CEntityObj 中添加数组 KeyPoint，记录图元的关键点。

① 数组定义。

```
protected:
    CPoint KeyPoint[9];
```

② 数组初始化。

```
CEntityObj::CEntityObj()
{
    for(int i=0;i<9;i++)
    {
        KeyPoint[i].x=-100;
        KeyPoint[i].y=-100;
    }
}
```

(2) 在图元基类 CEntityObj 和各图元类中添加虚函数，用来设置关键点。

① 函数定义。

```
public:
    virtual void SetKeyPoint(CPoint point1,CPoint point2);
```

② 函数实现。

```
void CLineObj::SetKeyPoint(CPoint point1,CPoint point2)
{
    KeyPoint[0].x=(point1.x+point2.x)/2;
    KeyPoint[0].y=(point1.y+point2.y)/2;
    KeyPoint[1]=point1;
    KeyPoint[5]=point2;
}
void CRectObj::SetKeyPoint(CPoint point1,CPoint point2)
{
    KeyPoint[0].x=(point1.x+point2.x)/2;
```

```
    KeyPoint[0].y = (point1.y + point2.y)/2;
    KeyPoint[1] = point1;
    KeyPoint[2].x = KeyPoint[0].x;
    KeyPoint[2].y = point1.y;
    KeyPoint[3].x = point2.x;
    KeyPoint[3].y = point1.y;
    KeyPoint[4].x = point2.x;
    KeyPoint[4].y = KeyPoint[0].y;
    KeyPoint[5] = point2;
    KeyPoint[6].x = KeyPoint[0].x;
    KeyPoint[6].y = point2.y;
    KeyPoint[7].x = point1.x;
    KeyPoint[7].y = point2.y;
    KeyPoint[8].x = point1.x;
    KeyPoint[8].y = KeyPoint[0].y;
}
void CEllipseObj::SetKeyPoint(CPoint point1,CPoint point2)
{
    KeyPoint[0].x = (point1.x + point2.x)/2;
    KeyPoint[0].y = (point1.y + point2.y)/2;
    KeyPoint[8].x = point1.x;
    KeyPoint[8].y = KeyPoint[0].y;
    KeyPoint[2].x = KeyPoint[0].x;
    KeyPoint[2].y = point1.y;
    KeyPoint[4].x = point2.x;
    KeyPoint[4].y = KeyPoint[0].y;
    KeyPoint[6].x = KeyPoint[0].x;
    KeyPoint[6].y = point2.y;
}
```

③ 设置关键点。

在各图元类的成员函数 Draw()中调用函数 SetKeyPoint()，设置各图元的关键点。

```
void CLineObj::Draw(CCADView * pView,CDC * pDC)
{
    ASSERT_VALID(this);
    SetKeyPoint(point1,point2);
    pDC->MoveTo(point1);
    pDC->LineTo(point2);
}
void CRectObj::Draw(CCADView * pView,CDC * pDC)
{
    ASSERT_VALID(this);
    SetKeyPoint(point1,point2);
    CRect rect(point1,point2);
    pDC->SelectStockObject(NULL_BRUSH);
    pDC->Rectangle(&rect);
}
void CEllipseObj::Draw(CCADView * pView,CDC * pDC)
{
    ASSERT_VALID(this);
```

```
    SetKeyPoint(point1,point2);
    CRect rect(point1,point2);
    pDC->SelectStockObject(NULL_BRUSH);
    pDC->Ellipse(&rect);
}
```

(3) 显示选中的图形对象。

① 在图元基类 CEntityObj 中添加公有成员函数 DisplaySelection(),显示图形关键点。

```
void CEntityObj::DisplaySelection(CCADView *pView,CDC *pDC)
{
    ASSERT_VALID(this);
    int x,y,nDistance = pView->m_nSelectDistance;
    for(int i = 0;i<9;i++)
    {
        x = KeyPoint[i].x - nDistance/2;
        y = KeyPoint[i].y - nDistance/2;
        pDC->PatBlt(x,y,nDistance,nDistance,BLACKNESS);
    }
}
```

② 修改文档类 CCADDoc 的成员函数 Draw(),实现选中对象的显示。

```
void CCADDoc::Draw(CDC* pDC, CCADView* pView)
{
…
    nIndex = m_SelectArray.GetSize();
    while (nIndex--)
    {
        CEntityObj* pObj = m_SelectArray.GetAt(nIndex);
        pObj->DisplaySelection(pView,pDC);
    }
}
```

2.3.8 图形的编辑

图形编辑包括图形位置、大小的改变和对图形复制、删除、剪切等标准文档编辑两个方面。图形编辑功能是任何 CAD 系统必须具有的功能。

1. 修改图形

本实例实现的修改图形是指通过拖动某个图形的关键点来改变图形的位置和大小的操作。

(1) 判断图形关键点是否被击中。

在图元基类 CEntityObj 中添加成员函数 HitKeyPointTest(),判断图形关键点是否被击中。若被击中,则返回该关键点序号；否则,返回-1。

```
int CEntityObj::HitKeyPointTest(CCADView* pView, CPoint point)
{
    ASSERT_VALID(this);
```

```
    ASSERT(pView != NULL);
    int nDistance = pView->m_nSelectDistance;
    CRect rect;
    for (int i = 0; i<9; i++ )
    {
        rect.left = KeyPoint[i].x - nDistance/2;
        rect.top = KeyPoint[i].y - nDistance/2;
        rect.right = KeyPoint[i].x + nDistance/2;
        rect.bottom = KeyPoint[i].y + nDistance/2;
        if ((point.x >= rect.left) && (point.x < rect.right) && (point.y >= rect.top) &&
(point.y < rect.bottom))
            return i;
    }
    return -1;
}
```

（2）获取图元关键点 point1 和 point2。

在图元基类 CEntityObj 中添加成员函数 GetPoint()，获取决定图形大小的两个关键点 point1 和 point2。

```
CPoint CEntityObj::GetPoint(int ptNumber)
{
    CPoint pt;
    switch(ptNumber)
    {
    case 1:
        pt = point1;
        break;
    case 2:
        pt = point2;
        break;
    }
    return pt;
}
```

（3）添加函数修改图形参数。

在视图类 CCADView 中添加成员变量，记录被击中关键点的序号。

```
protected:
    int nKeyPoint;//单击的关键点
```

在视图类 CCADView 中添加成员函数，实现如下：

```
void CCADView::ChangeObj(CEntityObj * pObj,CPoint point)
{
    int deltaX,deltaY;
    CPoint point1,point2,pt1,pt2;
    point1 = pObj->GetPoint(1);
    point2 = pObj->GetPoint(2);

    switch(nKeyPoint)
    {
```

```
case 0://移动图形
    deltaX = point.x - (point1.x + point2.x)/2;
    deltaY = point.y - (point1.y + point2.y)/2;
    pt1.x = point1.x + deltaX;
    pt1.y = point1.y + deltaY;
    pt2.x = point2.x + deltaX;
    pt2.y = point2.y + deltaY;
    break;
case 4://水平调整
    pt1 = point1;
    pt2.x = point.x;
    pt2.y = point2.y;
    break;
case 8://水平调整
    pt2 = point2;
    pt1.x = point.x;
    pt1.y = point1.y;
    break;
case 6://垂直调整
    pt1 = point1;
    pt2.x = point2.x;
    pt2.y = point.y;
    break;
case 2://垂直调整
    pt2 = point2;
    pt1.x = point1.x;
    pt1.y = point.y;
    break;
case 1://正斜向调整
    pt2 = point2;
    pt1.x = point.x;
    pt1.y = point.y;
    break;
case 5://正斜向调整
    pt1 = point1;
    pt2.x = point.x;
    pt2.y = point.y;
    break;
case 3://反斜向调整
    pt1.x = point1.x;
    pt1.y = point.y;
    pt2.x = point.x;
    pt2.y = point2.y;
    break;
case 7://反斜向调整
    pt1.x = point.x;
    pt1.y = point1.y;
    pt2.x = point2.x;
    pt2.y = point.y;
    break;
default:
```

```
        pt1 = point1;
        pt2 = point2;
    }
    pObj -> SetPoint(1,pt1);
    pObj -> SetPoint(2,pt2);
    Invalidate();
}
```

(4) 修改视图类的 OnLButtonDown 及 OnMouseMove 消息处理函数，完成图形的修改、鼠标类型切换等操作。

为了判断系统是否处于图形修改状态，在视图类中添加 BOOL 型成员变量 bChange，并初始化为 false。本实例的图形修改操作只在选择集中只有一个图形对象，且有关键点被击中的情况下进行。

```
void CCADView::OnLButtonDown(UINT nFlags, CPoint point)
{
    // TODO: Add your message handler code here and/or call default
    CCADDoc * pDoc = GetDocument();
    ASSERT_VALID(pDoc);

    CClientDC dc(this);
    OnPrepareDC(&dc, NULL);
    dc.DPtoLP(&point);
    m_LMouseDownStep++ ;
    if(nShape == selection)
    {
        int nSelectIndex = pDoc -> m_SelectArray.GetSize();
        if(nSelectIndex == 1)
        {
            if(m_LMouseDownStep == 2)
            {
                m_LMouseDownStep = 0;
                bChange = false;
                nCursor = 1;
                return;
            }
            pObj = pDoc -> m_SelectArray.GetAt(0);
            nKeyPoint = pObj -> HitKeyPointTest(this,point);
            if(nKeyPoint != -1)
            {
                bChange = true;              //系统处于图形修改状态
                switch(nKeyPoint)            //设置鼠标类型
                {
                case 0:
                    nCursor = 3;
                    break;
                case 4:
                case 8:
                    nCursor = 4;
                    break;
```

```
                case 2:
                case 6:
                    nCursor = 5;
                    break;
                case 1:
                case 5:
                    nCursor = 6;
                    break;
                case 3:
                case 7:
                    nCursor = 7;
                    break;
                }
                return;
            }
        }
        m_LMouseDownStep = 0;
        int nIndex = pDoc->m_EntityArray.GetSize();
        ...
    }
    switch(m_LMouseDownStep)
    {
    ...
    }
    ...
}

void CCADView::OnMouseMove(UINT nFlags, CPoint point)
{
    ...
    if(m_LMouseDownStep)
    {
        ...
        switch(nShape)
        {
        default:
            break;
        case selection:
            if(bChange)
            {
                ChangeObj(pObj,point);
            }
            break;
        case line:
          ...
        }
        ...
    }
    CScrollView::OnMouseMove(nFlags, point);
}
```

2. 标准编辑

本实例是利用应用程序向导生成的，向导自动添加了一个“编辑”菜单，它包含了复制、粘贴和剪切等几个标准的编辑菜单项。到目前为止，这些编辑功能还没有实际作用，下面来实现这些功能。

(1) 复制。所谓复制，就是将视图中被选中的内容复制到剪贴板上。当从应用程序剪切或复制数据时，数据被存放到剪贴板上以便在后面的粘贴操作中使用。

① 在视图类 CCADView 中添加自定义剪贴板类型。

```
public:
    static CLIPFORMAT m_cfCAD; // 自定义剪切板格式
```

② 在视图类 CCADView 的实现文件中注册自定义剪贴板格式。

```
CLIPFORMAT CCADView::m_cfCAD = (CLIPFORMAT)
#ifdef _MAC
    ::RegisterClipboardFormat(_T("CAD"));
#else
    ::RegisterClipboardFormat(_T("MFC Draw Sample"));
#endif
```

③ 在应用程序类 CCADApp 的初始化函数 InitInstance()中添加代码，初始化 OLE 库。

```
BOOL CCADApp::InitInstance()
{
    if (!AfxOleInit())
    {
        return FALSE;
    }
    AfxEnableControlContainer();
    …
}
```

④ 在视图类 CCADView 中为菜单项“复制”添加消息处理函数。

```
void CCADView::OnEditCopy()
{
    // TODO: Add your command handler code here
    ASSERT_VALID(this);
    ASSERT(m_cfCAD != NULL);
    CCADDoc * pDoc = GetDocument();
    ASSERT_VALID(pDoc);

    CSharedFile file;
    CArchive ar(&file, CArchive::store);
    pDoc->m_SelectArray.Serialize(ar);
    ar.Close();
    COleDataSource * pDataSource = NULL;
    TRY
    {
        pDataSource = new COleDataSource;
```

```
        pDataSource->CacheGlobalData(m_cfCAD, file.Detach());
        CEntityObj* pObj = pDoc->m_SelectArray.GetAt(0);
        pDataSource->SetClipboard();
    }
    CATCH_ALL(e)
    {
        delete pDataSource;
        THROW_LAST();
    }
    END_CATCH_ALL
}
void CCADView::OnUpdateEditCopy(CCmdUI* pCmdUI)
{
    CCADDoc* pDoc = GetDocument();
    ASSERT_VALID(pDoc);
    pCmdUI->Enable(pDoc->m_SelectArray.GetSize());
}
```

（2）粘贴。

① 为视图类 CCADView 添加公有成员函数 PasteNative()。

```
void CCADView::PasteNative(COleDataObject& dataObject)
{
    CCADDoc* pDoc = GetDocument();
    ASSERT_VALID(pDoc);

    CFile* pFile = dataObject.GetFileData(m_cfCAD);
    if (pFile == NULL)
        return;
    CArchive ar(pFile, CArchive::load);
    TRY
    {
        ar.m_pDocument = GetDocument();
        pDoc->m_SelectArray.Serialize(ar);
    }
    CATCH_ALL(e)
    {
        ar.Close();
        delete pFile;
        THROW_LAST();
    }
    END_CATCH_ALL
    ar.Close();
    delete pFile;
}
```

② 在视图类 CCADView 中为菜单项"粘贴"添加消息处理函数。

```
void CCADView::OnEditPaste()
{
    // TODO: Add your command handler code here
    CCADDoc* pDoc = GetDocument();
```

```
    ASSERT_VALID(pDoc);

    COleDataObject dataObject;
    dataObject.AttachClipboard();
    pDoc->m_SelectArray.RemoveAll();
    if (dataObject.IsDataAvailable(m_cfCAD))
    {
        PasteNative(dataObject);
        int nIndex=pDoc->m_SelectArray.GetSize();
        CPoint point1,point2,pt1,pt2;
        while (nIndex--)
        {
            CEntityObj * pObj = pDoc->m_SelectArray.GetAt(nIndex);
            pDoc->Add(pObj);
        }
    }
    Invalidate();
}

void CCADView::OnUpdateEditPaste(CCmdUI * pCmdUI)
{
    // TODO: Add your command update UI handler code here
    COleDataObject dataObject;
    BOOL bEnable = dataObject.AttachClipboard() &&  (dataObject.IsDataAvailable(m_cfCAD)||
COleClientItem::CanCreateFromData(&dataObject));

    pCmdUI->Enable(bEnable);
}
```

（3）删除。在视图类 CCADView 中为菜单项“删除”添加消息处理函数。

```
void CCADView::OnEditClear()
{
    CCADDoc * pDoc = GetDocument();
    ASSERT_VALID(pDoc);

    int nEntityIndex,nSelectIndex;
    nSelectIndex=pDoc->m_SelectArray.GetSize();
    while (nSelectIndex--)
    {
        pObj = pDoc->m_SelectArray.GetAt(nSelectIndex);
        nEntityIndex=pDoc->m_EntityArray.GetSize();
        while(nEntityIndex--)
        {
            if(pObj==pDoc->m_EntityArray.GetAt(nEntityIndex))
                pDoc->m_EntityArray.RemoveAt(nEntityIndex);
        }
    }
    pDoc->m_SelectArray.RemoveAll();
    Invalidate();
}
```

```
void CCADView::OnUpdateEditClear(CCmdUI * pCmdUI)
{
    CCADDoc * pDoc = GetDocument();
    ASSERT_VALID(pDoc);
    pCmdUI->Enable(pDoc->m_SelectArray.GetSize());
}
```

(4) 剪切。在视图类 CCADView 中为菜单项“剪切”添加消息处理函数。

```
void CCADView::OnEditCut()
{
    // TODO: Add your command handler code here
    OnEditCopy();
    OnEditClear();
}
void CCADView::OnUpdateEditCut(CCmdUI * pCmdUI)
{
    // TODO: Add your command update UI handler code here
    CCADDoc * pDoc = GetDocument();
    ASSERT_VALID(pDoc);
    pCmdUI->Enable(pDoc->m_SelectArray.GetSize());
}
```

(5) 全选。在视图类 CCADView 中为菜单项“全选”添加消息处理函数。

```
void CCADView::OnEditSelectAll()
{
    // TODO: Add your command handler code here
    CCADDoc * pDoc = GetDocument();
    ASSERT_VALID(pDoc);

    pDoc->m_SelectArray.RemoveAll();
    int nEntityIndex = pDoc->m_EntityArray.GetSize();
    while(nEntityIndex--)
    {
        pObj = pDoc->m_EntityArray.GetAt(nEntityIndex);
        pDoc->m_SelectArray.Add(pObj);
    }
    Invalidate();
}
void CCADView::OnUpdateEditSelectAll(CCmdUI * pCmdUI)
{
    // TODO: Add your command update UI handler code here
    CCADDoc * pDoc = GetDocument();
    ASSERT_VALID(pDoc);
    pCmdUI->Enable(pDoc->m_EntityArray.GetSize());
}
```

2.4 小结

本章通过一个小型CAD系统的完整开发过程，由浅入深、循序渐进地讲解了图形系统的设计方法。限于篇幅，同时也是为了突出整体设计的思路，实例系统只实现了三种图形，即直线、矩形及椭圆的绘制、选取、复制、粘贴、删除、移动、热点编辑等基本功能。由于系统注重类的设计，并且灵活运用虚函数实现了各功能函数的多态性，读者可以非常容易地进一步完善、扩展该图形系统，使之满足自己的需要。

第3章 五子棋游戏的开发

五子棋起源于中国古代的传统黑白棋种之一，为人们所喜闻乐见。本章将讲述五子棋的制作与实现，剖析 Windows 游戏编程的思想以及人工智能（Artificial Intelligence，AI）在游戏制作中的应用。

3.1 功能描述

本实例为传统的五子棋游戏，它具有其他黑子与白子博弈游戏的基本功能，具体如下。

(1) 能使用鼠标进行走棋动作，并且能区分博弈双方的棋子。

(2) 能正确判断胜利或失败。

(3) 能正确判断走棋是否正确，是否会引起游戏结束。

(4) 可以选择对弈的类型，即是与计算机对弈还是两人在同台计算机上对弈。

(5) 可以选择落子的先后顺序。

(6) 可以设置游戏的级别。

(7) 可以进行中英文菜单切换。

实例应用程序运行界面如图 3.1 所示。该应用程序为单文档类型，"游戏"主菜单用来对游戏进行设置，如对弈的方式、落子的顺序和游戏的级别等；"选项"主菜单实现菜单切换、悔棋等功能。游戏开始后，玩家用鼠标单击棋盘上的某个坐标走棋，根据对弈类型，由玩家与计算机或玩家 1 与玩家 2 轮流走棋，直到游戏结束。

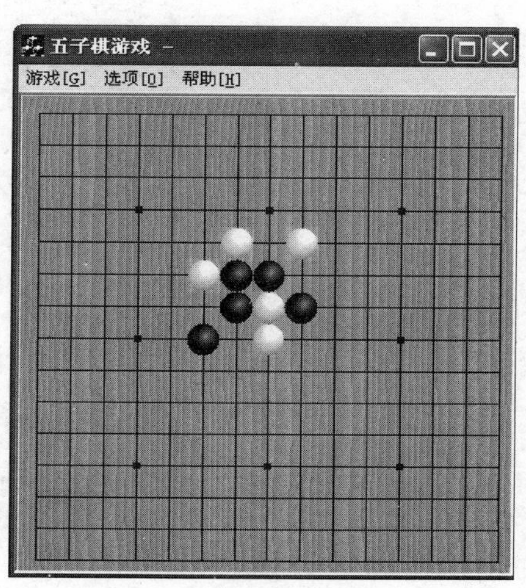

图 3.1 五子棋游戏界面

3.2 设计思路

3.2.1 总体思路

一个游戏需要分为内核与界面两个部分，界面为用户操作提供便利。本实例游戏是 2D

的，而且整个界面简单，所以使用了适合商业软件的 GDI 绘图且使用 MFC AppWizard 单文档作为游戏的主界面。

由于本实例游戏内核很小，所以全部集合到了视图类中完成。其功能主要是对用户的输入信息作出必要的响应，对用户的走棋进行必要的记录，另外，还要记录游戏状态。这些都要求每走一步棋，内核就要更新一次程序来检查当前的状态。

3.2.2 计算机的决策方式

"当局者迷，观局者清。"这句话用在由 AI 所控制的计算机玩家上是不成立的，相反地，计算机 AI 必须要在每回合下棋时都要能够知道有哪些获胜的方式，下一步是攻击还是防守，并计算出每下一步棋到棋盘任一格子上的获胜几率，判断出最佳的落子位置。

1. 求得所有得胜组合

首先，在一场五子棋的游戏中，计算机必须要知道有哪些获胜的组合，因此必须求得获胜组合的总数。求出总数后便可建立一个数组用于游戏执行时来判断胜负。

(1) 计算水平及垂直方向的获胜组合总数，如图 3.2 所示。

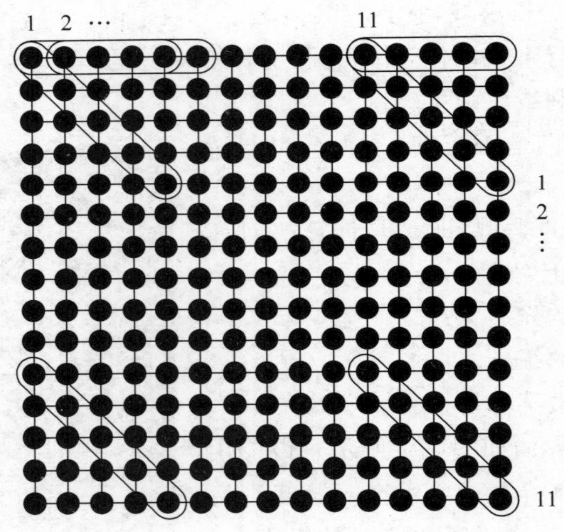

图 3.2　计算水平方向的获胜组合总数

- 水平方向：每一行的获胜组合为 11，共 15 行，则水平方向的获胜组合总数为 11×15=165。
- 垂直方向：垂直方向的获胜组合总数与水平方向相同，即 165 种。

(2) 计算正对角线及反对角线方向的获胜组合总数。

- 正对角线方向：正对角线方向获胜组合总数为(1+2+3+4+5+6+7+8+9+10)×2+11=121。
- 反对角线方向：反对角线方向的获胜组合总数与正对角线方向相同，即 121 种。

(3) 15×15 的五子棋棋盘获胜组合总数。

$$(165 + 121) \times 2 = 572$$

2. 建立与使用获胜表

前面计算出了一个 15×15 的五子棋棋盘共有 572 种获胜的方式，据此建立如下数组：

```
BOOL p1table[15][15][572];      // 玩家 1 的每一颗棋子是否在各个获胜组合中
BOOL p2table[15][15][572];      // 玩家 2 的每一颗棋子是否在各个获胜组合中
int win[2][572];                // 玩家在各个获胜组合中填入的棋子数
```

其中布尔数组 p1table 与 p2table 中的各个元素是用来代表某一个位置上的棋子是否在某一个获胜组合中的，由图 3.2 可以看出，在每一种获胜的组合中会有 5 颗棋子。

假设图 3.2 中右下角标示的获胜排列为 572 种获胜方式中的第 100 种，那么在初始化 p1table 或 p2table 时，数组元素值设定如下：

```
p1table[0][0][100] = false;
⋮
P1table[10][10][100] = true;
⋮
P1table[11][11][100] = true;
⋮
p1table[12][12][100] = true;
⋮
p1table[13][13][100] = true;
⋮
p1table[14][14][100] = true;
⋮
```

而 p2table 数组元素的初始化与 p1table 是相同的，但在程序执行时，若玩家 1 的棋占住了(11,11)的位置，那么玩家 2 的 p2table[11][11]元素便会被设定为 false，因为玩家 2 的棋不可能再下到(11,11)上，因此第 100 种的获胜方式对玩家 2 来说就变成不可能。反之，若玩家 2 的棋占住了(11,11)的位置，则玩家 1 的 p1table[11][11]元素也会被设定为 false。

win[2][572]则是用来记录玩家 1 或玩家 2 在其各个获胜组合中所填入的棋子数。假设玩家 1 为 0，若玩家 1 已在第 100 种获胜组合中填入了 4 颗棋子，那么 win[0][100]便等于 4，最后程序会判断玩家 1 的 win[0][572]数组或玩家 2 的 win[1][572]数组中是否有任一元素的值为 5，若是，则表示已经完成 5 颗棋子的连线赢得胜利。

3. 分数的设定

在游戏中，为了让计算机能够决定下一步最佳的走法，必须先计算出计算机下到棋盘上任意一点的分数，而其中的最高分数便是计算机下一步的最佳走法，如图 3.3 所示。图中未标注的点分数均为 0。

观察图 3.3 中的白子，右边黑子阻绝了它在右边方向的连线，因此右边方向点的分数为 0，而在其他方向，各点的分数都是不一样的。

在白子左边的水平方向上，各点与它连线的组合只有一种，即只有一种获胜的可能，所以分数均为 5；它的左上角有 4 个点，其中最上面的点与它连线后获胜的可能只有一种，该点分数为 5，接下来的第二个点与它连线后获胜的可能有两种，该点分数为 10，依此类推。每一种获胜的组合将该点的获胜分数累加 5 分，而如果某点与 2 连子、3 连子、4 连子可达成连线，那么所要加上的分数便更高了。

5				5				5					
	10			10			10						
		15		15		15							
			20	20	20								
5	5	5	5										
			20	20	20								
		15		15		15							
	10			10			10						
5				5				5					

图 3.3　分数的确定

每当计算机在落子之前，必须依这样的方法来计算每盘棋上每一个点的获胜分数，分数最高的点位就是计算机下子的最佳位置。

4. 攻击与防守

以上的方式，事实上计算机只是计算出了最佳的攻击位置，也就是让计算机自己达成连线的最佳下法。但是，如果玩家快获胜了，计算机也还是依然找自己最佳的位置来下，也就是计算机并不会进行防守，这样当然是不行的。如何让计算机进行防守呢？其实道理还是相同的，为了让计算机能够知道玩家目前的状态，程序同样必须计算玩家目前在所有空格点上的获胜分数，其中分数最高的点就是玩家的最佳下子位置。如果玩家最佳攻击位置上的分数大于计算机最佳攻击位置上的分数，那么计算机就将下一步的棋子摆在玩家的最佳攻击位置上以阻止玩家的攻击进行防守，否则，便将棋子下在自己的最佳攻击位置上来进行攻击。

3.3　系统详细设计

3.3.1　项目创建

根据需求分析和系统的功能，本案例使用 Visual C++6.0 创建一个基于单文档的 MFC AppWizard[exe]项目，项目名为 FiveChess。使用 AppWizard 配置得到的项目信息如图 3.4 所示。

3.3.2　窗体设计

1. 棋盘设计

(1) 插入棋盘位图资源。从菜单栏中选择 Insert | Resource 命令，弹出 Insert Resource 对

话框。在 Resource type 下拉列表中选择 Bitmap，单击 Import 按钮插入棋盘位图资源，其 ID 设为 IDB_BOARD。

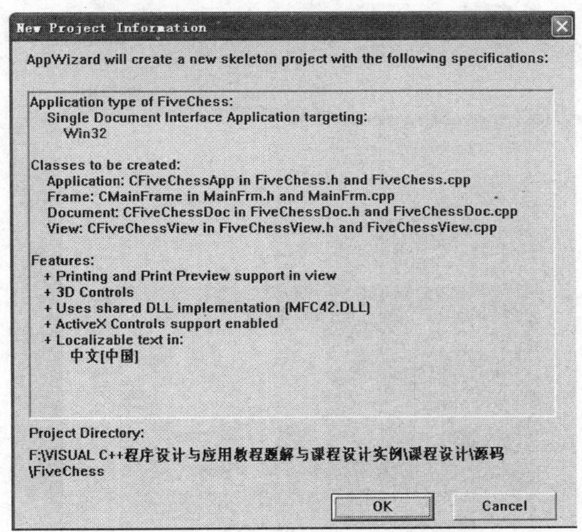

图 3.4　FiveChess 项目信息

(2) 添加成员函数。在 CFiveChessView 中添加显示棋盘及调整窗体大小、位置的成员函数 DisplayBoard()。实现如下：

```
void CFiveChessView::DisplayBoard(CDC * pDC,UINT IDResource)
{
  CBitmap Bitmap;
  Bitmap.LoadBitmap(IDResource);                    //将位图装入内存
  CDC MemDC;
  MemDC.CreateCompatibleDC(pDC);                    //创建内存设备环境
  CBitmap * OldBitmap = MemDC.SelectObject(&Bitmap);
  BITMAP bm;                                        //创建 BITMAP 结构变量
  Bitmap.GetBitmap(&bm);                            //获取位图信息
  CWnd * pMainFrame = AfxGetMainWnd();
  int cxScreen  =  ::GetSystemMetrics(SM_CXSCREEN);
  int cyScreen  =  ::GetSystemMetrics(SM_CYSCREEN);
  int cxDlgFrame  =  ::GetSystemMetrics(SM_CXDLGFRAME);
  int cyDlgFrame  =  ::GetSystemMetrics(SM_CYDLGFRAME);
  int cxCaption  =  ::GetSystemMetrics(SM_CYCAPTION);
  int cyMenu  =  ::GetSystemMetrics(SM_CYMENU);
  int nWidth  =  bm.bmWidth  +  2 * cxDlgFrame;
  int nHeight  =  bm.bmHeight  +  cxCaption  +  2 * cyDlgFrame  +  cyMenu;
  pMainFrame -> MoveWindow((cxScreen - nWidth)/2, (cyScreen - nHeight)/2,
                      nWidth, nHeight);      //调整窗体位置及大小
  pDC -> BitBlt(0,0,bm.bmWidth,bm.bmHeight,&MemDC,0,0,SRCCOPY);//输出位图
  pDC -> SelectObject(OldBitmap);                   //恢复设备环境
}
```

(3) 显示棋盘。在 CFiveChessView 类的 OnDraw 函数中调用 DisplayBoard 函数。代

码如下：

```
void CFiveChessView::OnDraw(CDC * pDC)
{
  CFiveChessDoc * pDoc = GetDocument();
  ASSERT_VALID(pDoc);
  // TODO: add draw code for native data here
  DisplayBoard(pDC,IDB_BOARD);
}
```

运行效果如图 3.5 所示。

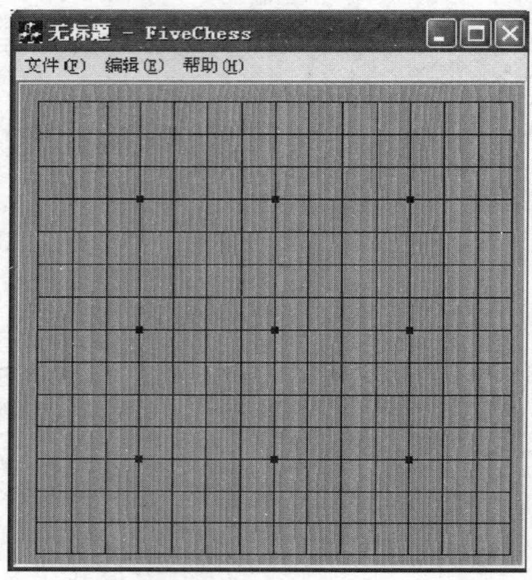

图 3.5　棋盘显示效果

2. 菜单设计

本实例中设置中、英文两种菜单，以便用户根据需要进行切换。

(1) 编辑菜单资源。插入两个菜单资源，ID 分别设为 IDR_MENU_CHINESE 和 IDR_MENU_ENGLISH。中文菜单资源如图 3.6 所示，各菜单项 ID 及属性如表 3.1 所示。

图 3.6　中文菜单资源

表 3.1　菜单项属性

主菜单	菜单项	ID	属性
游戏[&G]	新局[&N]	ID_FILE_NEW	默认
	初级[&1]	IDM_GRADE1	Checked

续表

主菜单	菜单项	ID	属性
	中级[&2]	IDM_GRADE2	默认
	设置[&S]	IDM_SET	默认
	退出[&X]	ID_FILE_CLOSE	默认
选项[&O]	悔棋[&U]	IDM_UNDO	Grayed
	声音效果[&S]	IDM_SOUND	Checked
	英文[&E]	IDM_LANGUAGE	默认

(2) 菜单的切换。

① 加载菜单资源并设置中文菜单为初始菜单。

在类 CMainFrame 中添加成员变量：

```
public:
  CMenu m_pChinese,m_pEnglish;
```

在类 CMainFrame 的函数 OnCreate()中添加实现代码：

```
int CMainFrame::OnCreate(LPCREATESTRUCT lpCreateStruct)
{
  if (CFrameWnd::OnCreate(lpCreateStruct) == -1)
    return -1;
  // TODO: Add your specialized creation code here
  m_pChinese.LoadMenu(IDR_MENU_CHINESE);
  m_pEnglish.LoadMenu(IDR_MENU_ENGLISH);
  SetMenu(&m_pChinese);
  return 0;
}
```

② 添加全局变量，控制菜单切换。

在类 CMainFrame 的实现文件 MainFrm.cpp 的前面添加控制菜单切换的全局变量，并初始化为 TRUE：

```
BOOL bChineseMenu = TRUE;
```

③ 为菜单项“英文”添加消息处理函数。

```
void CMainFrame::OnLanguage()
{
  // TODO: Add your command handler code here
  bChineseMenu = !bChineseMenu;
  SetMenu(bChineseMenu ? &m_pChinese:&m_pEnglish);
}
```

3. 游戏设置

(1) 添加对话框资源。从菜单栏中选择 Insert | Resource 命令，插入图 3.7 和图 3.8 所示的对话框资源，ID 分别为 IDD_SETUPDLG_CHINESE 和 IDD_SETUPDLG_ENGLISH，

前者的控件及成员变量见表 3.2。

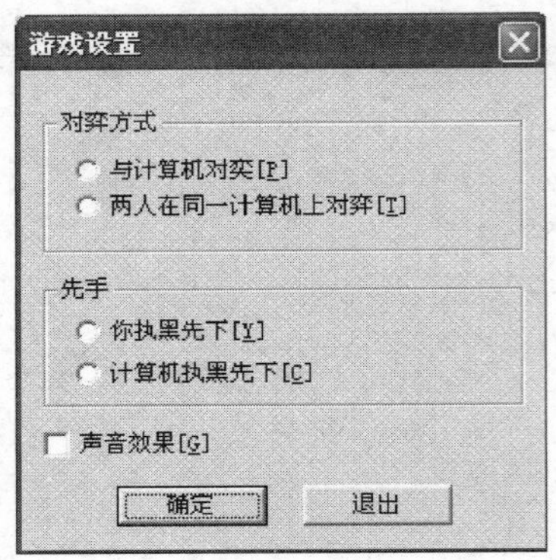

图 3.7　中文游戏设置对话框

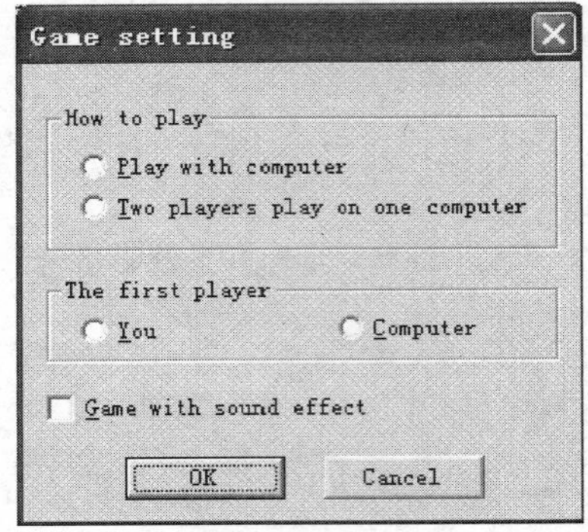

图 3.8　英文游戏设置对话框

表 3.2　对话框 IDD_SETUPDLG_CHINESE 控件及成员变量

控件类型	ID	Caption	成员变量
组框	IDC_STATIC	对弈方式	
单选按钮	IDC_RADIO_WITHCOMPUTER	与计算机对弈[&P]	int nWithComputer
单选按钮	IDC_RADIO_2PLAYER	两人在同一计算机上对弈[&T]	
组框	IDC_STATIC	先手	
单选按钮	IDC_RADIO_YOU_FIRST	你执黑先下[&Y]	int nYouFirst
单选按钮	IDC_RADIO_COMPUTER_FIRST	计算机执黑先下[&C]	
复选按钮	IDC_CHECK_SOUND	声音效果[&G]	BOOL bCheckSound
按钮	IDOK	确定	
按钮	IDCANCEL	退出	

(2) 显示游戏设置对话框，完成设置。

① 在视图类 CFiveChessView 中添加成员变量，记录设置参数。定义如下：

```
public:
    BOOL  bCheckSound;              //声音效果
    int   nYouFirst;                //先手
    int   nWithComputer;            //对弈方式
```

② 初始化成员变量。

由于游戏中使用了大量的变量记录游戏的状态参数，为清晰可见，在视图类 CFiveChessView 中添加一个成员函数 InitParams()，专门用来初始化变量。代码如下：

```
void CFiveChessView::InitParams()
{
  bCheckSound = true;                     //打开音效
  nYouFirst = 0;                          //
  nWithComputer = 0;                      //与计算机对弈

  player1 = true;
  player2 = false;
```

```
    over = false;
}
```

③ 添加“游戏”|“设置”菜单项消息处理函数。代码如下：

```
void CFiveChessView::OnSet()
{
    // TODO: Add your command handler code here
        CSetupDlg setupDlg;
        if (setupDlg.DoModal() == IDOK)
        {
            UpdateData(true);
            bCheckSound = setupDlg.bCheckSound;
            nYouFirst = setupDlg.nYouFirst;
            nWithComputer = setupDlg.nWithComputer;
        }
}
```

④ 更改“先手”选项区域中两个单选按钮的标题。

图 3.7 和图 3.8 对话框中“先手”选项区域中两个单选按钮是“与计算机对弈”时的标题，当选择“两人在同一计算机上对弈”单选按钮时，这两个按钮标题应修改为“玩家 1”和“玩家 2”。

在类 CSetupDlg 中为“对弈方式”选项区域中的两个单选按钮添加单击消息处理函数。代码如下：

```
void CSetupDlg::OnRadio2player()
{
    // TODO: Add your control notification handler code here
    if(bChineseMenu)
    {
        SetDlgItemText(IDC_RADIO_YOU_FIRST,"玩家 1");
        SetDlgItemText(IDC_RADIO_COMPUTER_FIRST,"玩家 2");
    }
    else
    {
        SetDlgItemText(IDC_RADIO_YOU_FIRST,"Player1");
        SetDlgItemText(IDC_RADIO_COMPUTER_FIRST,"Player2");
    }
    Invalidate();
}

void CSetupDlg::OnRadioWithcomputer()
{
    // TODO: Add your control notification handler code here
    if(bChineseMenu)
    {
        SetDlgItemText(IDC_RADIO_YOU_FIRST,"你执黑先下");
        SetDlgItemText(IDC_RADIO_COMPUTER_FIRST,"计算机执黑先下");
    }
    else
```

```
    {
        SetDlgItemText(IDC_RADIO_YOU_FIRST,"You");
        SetDlgItemText(IDC_RADIO_COMPUTER_FIRST,"Computer");
    }
    Invalidate();
}
```

3.3.3 光标及音效设计

1. 光标设计

(1) 插入光标资源。

本实例中设置 3 种类型的光标：标准箭头光标和两种自定义光标，如图 3.9 所示。游戏进行中，当鼠标位于棋盘以外时，采用标准箭头光标。当鼠标位于棋盘以内且下一步该黑方落子时，采用自定义光标(1)；白方落子时，采用自定义光标(2)。游戏结束后，采用标准箭头光标。

(1) 黑方落子光标

(2) 白方落子光标

图 3.9 自定义光标

从菜单栏中选择 Insert | Resource 命令，插入图 3.9 所示的自定义光标资源，ID 分别为 IDC_BLACK_HAND 和 IDC_WHITE_HAND。

(2) 不同类型光标的转换。

```
BOOL CFiveChessView::OnSetCursor(CWnd * pWnd, UINT nHitTest, UINT message)
{
    // TODO: Add your message handler code here and/or call default
    if (! over && ! nWithComputer)
    {
        SetCursor(AfxGetApp() -> LoadCursor(nYouFirst ?
IDC_WHITE_HAND:IDC_BLACK_HAND));
        return true;
    }
    else if(! over && nWithComputer)
    {
        SetCursor(AfxGetApp() -> LoadCursor(player1 ?
IDC_BLACK_HAND:IDC_WHITE_HAND));
        return true;
    }
        return CView::OnSetCursor(pWnd, nHitTest, message);
}
```

2. 添加音效

(1) 插入音效资源。其 ID 及说明如下：

```
IDSOUND_WELCOME          欢迎声音资源
IDSOUND_PUTSTONE         落子声音资源
IDSOUND_BLACKWIN         黑方胜声音资源
IDSOUND_WHITEWIN         白方胜声音资源
```

（2）在视图类 CFiveChessView 中添加成员函数。实现代码如下：

```
void CFiveChessView::PlayMySound(UINT IDSoundRes)
{
  if (g_bSoundOn)
    PlaySound(MAKEINTRESOURCE(IDSoundRes),
        NULL,
        SND_ASYNC|SND_RESOURCE|SND_NODEFAULT);
}
```

（3）在 stdafx. h 头文件中添加代码，导入多媒体运行库 winmm. lib。实现代码如下：

```
#include <mmsystem.h>
#pragma comment(lib, "winmm.lib")
```

（4）在 CFiveChessView 类的 PreCreateWindow 函数中调用 PlayMySound 函数，播放游戏启动欢迎音乐：

```
BOOL CFiveChessView::PreCreateWindow(CREATESTRUCT& cs)
{
  // TODO: Modify the Window class or styles here by modifying
  //  the CREATESTRUCT cs
  PlayMySound(IDSOUND_WELCOME);          // 播放游戏启动欢迎音乐
  return CView::PreCreateWindow(cs);
}
```

3.3.4　核心程序设计

1. 确定落子位置

（1）在视图类 CFiveChessView 中添加成员变量，记录棋盘网格大小：

```
public:
  int xGrid,yGrid;
```

（2）在视图类 CFiveChessView 的成员函数 DisplayBoard()中添加代码，获得网格大小：

```
void CFiveChessView::DisplayBoard(CDC * pDC,UINT IDResource)
{
  ⋮
  xGrid = (int)(bm.bmWidth/15);
  yGrid = (int)(bm.bmHeight/15);
  pDC->BitBlt(0,0,bm.bmWidth,bm.bmHeight,&MemDC,0,0,SRCCOPY);//输出位图
  pDC->SelectObject(OldBitmap);//恢复设备环境
}
```

（3）在视图类 CFiveChessView 中添加成员函数 PointToStonePos()并进行重载，实现逻辑坐标与棋盘网格坐标的相互转换：

```
CPoint CFiveChessView::PointToStonePos(CPoint point)
{
  int xpt = (int)floor(point.x/xGrid);
```

```
    int ypt = (int)floor(point.y/yGrid);
    CPoint pt(xpt,ypt);
    return pt;
}
CPoint CFiveChessView::PointToStonePos(int m,int n)
{
    int xpt = m * xGrid + 1;
    int ypt = n * yGrid + 2;
    CPoint pt(xpt,ypt);
    return pt;
}
```

在 FiveChessView.cpp 文件中添加文件包含 #include "math.h"。

2. 显示棋子

(1) 插入棋子资源。其 ID 及说明如下：

```
IDB_BLACK      黑棋子
IDB_WHITE      白棋子
IDB_MASK       消除棋子背景的遮罩
```

(2) 在视图类 CFiveChessView 中添加成员函数 DisplayStone()，完成棋子的显示：

```
void CFiveChessView::DisplayStone(CDC * pDC,UINT IDResource,CPoint point)
{
    CBitmap Bitmap;
    Bitmap.LoadBitmap(IDResource);                    //将位图装入内存
    CDC MemDC;
    MemDC.CreateCompatibleDC(pDC);                    //创建内存设备环境
    CBitmap * OldBitmap = MemDC.SelectObject(&Bitmap);
    BITMAP bm;                                        //创建 BITMAP 结构变量
    Bitmap.GetBitmap(&bm);                            //获取位图信息
    if(IDResource == IDB_MASK)
        pDC->BitBlt(point.x,point.y,bm.bmWidth,bm.bmHeight,
                                        &MemDC,0,0,SRCAND);//输出位图
    else
        pDC->BitBlt(point.x,point.y,bm.bmWidth,
                          bm.bmHeight,&MemDC,0,0,SRCPAINT);//输出位图
    pDC->SelectObject(OldBitmap);//恢复设备环境
    MemDC.DeleteDC();
}
```

3. 确定计算机落子位置

(1) 在 CFiveChessView 类中添加成员变量及数组。定义如下：

```
public:
    int i,j,k,m,n,count;
    int board[15][15];
    BOOL p1table[15][15][572],p2table[15][15][572];
    int cgrades[15][15],pgrades[15][15],cgrade,pgrade;
```

```
int win[2][572];
int p1count,p2count;
BOOL p1win,p2win,tie;
int mat,nat,mde,nde;
char str[15];
//悔棋时使用的成员变量
BOOL bUndo;
int m_xCur1,m_yCur1,m_xCur2,m_yCur2;
int m_p1table[572],m_p2table[572];
int m_win1[572],m_win2[572];
```

上述成员变量及数组的用途说明如表 3.3 所示。

表 3.3　成员变量及数组的用途说明

变　　量	说　　明
board	记录游戏中目前棋盘的状况
ptable 与 ctable	棋盘上的每一颗棋子是否在玩家和计算机的获胜组合中
数组 pgrades 与 cgrades	玩家与计算机在棋盘空格子上的获胜分数
变量 pgrades 与 cgrades	暂存玩家与计算机的最高获胜分数
win	玩家与计算机在各个获胜组合中所填入的棋子数
p1count 与 p2count	目前玩家与计算机各下的棋子数
p1win 与 p2win	玩家与计算机是否获胜
tie	是否平局
mat 与 nat	计算机攻击时的点位
mde 与 nde	计算机防守时的点位

(2) 在 CFiveChessView 类的成员函数 InitParams()中，对上述变量及数组进行初始化：

```
void CFiveChessView::InitParams()
{
  ⋮
  p1win = false;
  p2win = false;
  tie = false;
  xGrid = 0;
  yGrid = 0;
  count = 0;
  cgrade = 0;
  pgrade = 0;
  p1count = 0;
  p2count = 0;
  mat = 0;
  nat = 0;
  mde = 0;
  nde = 0;
  bUndo = false;
  m_xCur1 = 0;
  m_yCur1 = 0;
  m_xCur2 = 0;
```

```
m_yCur2 = 0;
for(i = 0;i <= 1;i++ )
    for(j = 0;j < 572;j++ )
        win[i][j] = 0;
for(i = 0;i < 15;i++ )
    for(j = 0;j < 15;j++ )
    {
        board[i][j]  = 2;
        cgrades[i][j] = 0;
        pgrades[i][j] = 0;
    }
for(i = 0;i < 15;i++ )
    for(j = 0;j < 15;j++ )
        for(k = 0;k < 572;k++ )
        {
            p1table[i][j][k]  = false;
            p2table[i][j][k]  = false;
      }
for(i = 0;i < 15;i++ )
    for(j = 0;j < 11;j++ )
    {
        for(k = 0;k < 5;k++ )
        {
            p1table[j + k][i][count]  = true;
            p2table[j + k][i][count]  = true;
        }
        count++ ;
    }
for(i = 0;i < 15;i++ )
    for(j = 0;j < 11;j++ )
    {
        for(k = 0;k < 5;k++ )
        {
            p1table[i][j + k][count]  = true;
            p2table[i][j + k][count]  = true;
        }
        count++ ;
    }
for(i = 0;i < 11;i++ )
    for(j = 0;j < 11;j++ )
    {
        for(k = 0;k < 5;k++ )
        {
            p1table[j + k][i + k][count]  = true;
            p2table[j + k][i + k][count]  = true;
        }
        count++ ;
    }
for(i = 0;i < 11;i++ )
    for(j = 14;j >= 4;j-- )
    {
```

```
            for(k = 0;k < 5;k ++ )
            {
                p1table[j - k][i + k][count]   = true;
                p2table[j - k][i + k][count]   = true;
            }
            count ++ ;
        }
    count  =  0;
}
```

(3) 在 CFiveChessView 类中添加成员函数,确定计算机落子位置。实现如下:

```
void CFiveChessView::ComputerTurn()
{
    //计算玩家分数
  for(i = 0;i <= 14;i ++ )
      for(j = 0;j <= 14;j ++ )
      {
          pgrades[i][j] = 0;
          if(board[i][j]   == 2)// board[i][j]   == 2 表示位置为空
              for(k = 0;k < 572;k ++ )
                  if(p1table[i][j][k])
                  {
                      switch(win[0][k])
                      {
                      case 1:
                          pgrades[i][j] += 5;
                          break;
                      case 2:
                          pgrades[i][j] += 50;
                          break;
                      case 3:
                          pgrades[i][j] += 100;
                          break;
                      case 4:
                          pgrades[i][j] += 400;
                          break;
                      }
                  }
      }
      //计算计算机分数
      for(i = 0;i <= 14;i ++ )
          for(j = 0;j <= 14;j ++ )
          {
              cgrades[i][j] = 0;
              if(board[i][j]   == 2)
                  for(k = 0;k < 572;k ++ )
                      if(p2table[i][j][k])
                      {
                          switch(win[1][k])
                          {
```

```
                        case 1:
                            cgrades[i][j] += 5;
                            break;
                        case 2:
                            cgrades[i][j] += 50;
                            break;
                        case 3:
                            cgrades[i][j] += 100;
                            break;
                        case 4:
                            cgrades[i][j] += 400;
                            break;
                        }
                    }
}
//确定计算机落子位置(攻击或防守)
for(i = 0;i < 15;i++ )
    for(j = 0;j < 15;j++ )
        if(board[i][j]  == 2)
        {
            if(cgrades[i][j]> = cgrade)
            {
                cgrade = cgrades[i][j];
                mat = i;
                nat = j;
            }
            if(pgrades[i][j]> = pgrade)
            {
                pgrade = pgrades[i][j];
                mde = i;
                nde = j;
            }
        }
if(cgrade > = pgrade)
{
    m = mat;
    n = nat;
}
else
{
    m = mde;
    n = nde;
}
cgrade = 0;
pgrade = 0;

m_xCur2 = m;                    //记录落子位置,以备悔棋时使用
m_yCur2 = n;

board[m][n]  = 1;               //确定(m,n)为落子位置
p2count ++ ;
```

```
        //本实例设定各下 80 手为平局
        if((p2count == 80) && (p1count == 80))
        {
            tie = true;
            over = true;
        }
        //更新获胜组合数组状态,win[][]  == 7 表示这种组合已不可能获胜
        for(i = 0;i < 572;i ++ )
        {
            if(p2table[m][n][i]  && win[1][i]  != 7)
            {
                (win[1][i])++ ;
            }
            if(p1table[m][n][i])
            {
                m_p1table[i] = p1table[m][n][i];
                m_win1[i] = win[0][i];

                p1table[m][n][i]   = false;
                win[0][i] = 7;
            }
        }
        player1 = true;
        player2 = false;
}
```

4. 判断输赢

在 CFiveChessView 类中添加成员函数 Judge()判断输赢。实现如下：

```
void CFiveChessView::Judge()
{
  if((p2count == 80) && (p1count == 80))//判断是否平手(本例设定各下 80 手)
  {
      tie = true;
      over = true;
  }
  for(i = 0;i <= 1;i ++ )
      for(j = 0;j < 572;j ++ )
      {
          if(win[i][j]  == 5)
              if(i == 0) //玩家赢
              {
                  p1win = true;
                  over = true;
                  break;
              }
              else    //计算机赢
              {
                  p2win = true;
                  over = true;
```

```
                break;
            }
        if(over)
            break;
    }
}
```

5. 落子操作的实现

(1) 如果是计算机先手，由于本实例中没有设置“开始”按钮，所以把计算机的第一手棋放在“游戏设置”菜单消息处理函数中。OnSet 函数的完整代码如下：

```
void CFiveChessView::OnSet()
{
  // TODO: Add your command handler code here
  if(p1count!= 0||p2count!= 0)//游戏未结束,用户进行游戏参数设置
      MessageBox("请先选择[新局]收好棋盘上的棋子!");
  else
  {
      CDC * pDC = GetDC();
      CPoint point;

      CSetupDlg setupDlg;
      if (setupDlg.DoModal() == IDOK)
      {
          UpdateData(true);
          nWithComputer = setupDlg.nWithComputer;
          nYouFirst = setupDlg.nYouFirst;

          bCheckSound = setupDlg.bCheckSound;
      }
      if(nYouFirst)
      {
          point = PointToStonePos(7,7);//计算机先下时的初始位置
          DisplayStone(pDC,IDB_MASK,point);
          DisplayStone(pDC,IDB_BLACK,point);
      }
      player1 = true;
  }
}
```

(2) 在 CFiveChessView 类中添加鼠标左键单击消息处理函数。实现代码如下：

```
void CFiveChessView::OnLButtonDown(UINT nFlags, CPoint point)
{
  // TODO: Add your message handler code here and/or call default
  CDC * pDC = GetDC();
  if(nWithComputer)
  {
      CPoint point1;
      point1 = PointToStonePos(point);
```

```
        if(board[point1.x][point1.y]  != 2) return;
        TwoPlayerGame(pDC, point);
        player1 = !player1;
        player2 = !player2;
        return;
    }
    CPoint yPoint;
    CPoint cPoint;
    yPoint = PointToStonePos(point);
    if(!over && player1)
    {
        m = yPoint.x;
        n = yPoint.y;
        m_xCur1 = m;
        m_yCur1 = n;
        if(board[m][n]  == 2)
        {
            board[m][n]  = 0;
            p1count++;
            for(i = 0;i<572;i++)
            {
                if(p1table[m][n][i]  && win[0][i]  != 7)
                    win[0][i]++;
                if(p2table[m][n][i])
                {
                    m_p2table[i] = p2table[m][n][i];
                    m_win2[i] = win[1][i];
                    p2table[m][n][i]  = false;
                    win[1][i] = 7;
                }
            }
            player1 = false;
            player2 = true;
        }
        if(!over)
        {
            if(player2)
                ComputerTurn();
            Judge();                          //判断输赢
        }
        for(i = 0;i<= 14;i++)
            for(j = 0;j<= 14;j++)
            {
                if(board[i][j]  == 0)
                {
                    yPoint = PointToStonePos(i,j);
                    DisplayStone(pDC,IDB_MASK,yPoint);
                    if(nYouFirst)
                        DisplayStone(pDC,IDB_WHITE,yPoint);
                    else
                        DisplayStone(pDC,IDB_BLACK,yPoint);
```

```
                if(bCheckSound) PlayMySound(IDSOUND_PUTSTONE);
            }
            if(board[i][j]  == 1)
            {

                cPoint = PointToStonePos(i,j);
                DisplayStone(pDC,IDB_MASK,cPoint);
                if(nYouFirst)
                    DisplayStone(pDC,IDB_BLACK,cPoint);
                else
                    DisplayStone(pDC,IDB_WHITE,cPoint);
                if(bCheckSound) PlayMySound(IDSOUND_PUTSTONE);
            }
        }
        if(p1win)
        {
            if(bCheckSound) PlayMySound(IDSOUND_BLACKWIN);
            Sleep(100);
            MessageBox("您赢了!按下[新局]重新开始游戏..");
        }
        if(p2win)
        {
            if(bCheckSound) PlayMySound(IDSOUND_WHITEWIN);
            Sleep(100);
            MessageBox("电脑赢了!按下[新局]重新进行游戏..");
        }
        if(tie)
            MessageBox("不分胜负!按下[新局]重新进行游戏..");
    }
    if(!over)
        bUndo = true;
    else
        bUndo = false;
    CView::OnLButtonDown(nFlags, point);
}
```

(3) 选择“两人在同一台计算机上对弈”方式时，落子操作的实现。

在 CFiveChessView 类中添加成员函数 TwoPlayerGame()。实现如下：

```
void CFiveChessView::TwoPlayerGame(CDC  * pDC, CPoint point)
{
    CPoint yPoint;
    CPoint cPoint;
    yPoint = PointToStonePos(point);
    if(!over && player1)
    {
        m  =  yPoint.x;
        n  =  yPoint.y;
        yPoint = PointToStonePos(m,n);
        DisplayStone(pDC,IDB_MASK,yPoint);
        if(nYouFirst)
```

```
        DisplayStone(pDC,IDB_WHITE,yPoint);
    else
        DisplayStone(pDC,IDB_BLACK,yPoint);
    PlayMySound(IDSOUND_PUTSTONE);
    if(board[m][n] == 2)
    {
        board[m][n] = 0;
        p1count++;
        for(i=0;i<572;i++)
        {
            if(p1table[m][n][i] && win[0][i] != 7)
                win[0][i]++;
            if(p2table[m][n][i])
            {
                p2table[m][n][i] = false;
                win[1][i]=7;
            }
        }
    }
}
if(!over && player2)
{
    m = yPoint.x;
    n = yPoint.y;
    cPoint=PointToStonePos(m,n);
    DisplayStone(pDC,IDB_MASK,cPoint);
    if(nYouFirst)
        DisplayStone(pDC,IDB_BLACK,cPoint);
    else
        DisplayStone(pDC,IDB_WHITE,cPoint);
    PlayMySound(IDSOUND_PUTSTONE);
    if(board[m][n] == 2)
    {
        board[m][n] = 0;
        p2count++;
        for(i=0;i<572;i++)
        {
            if(p2table[m][n][i] && win[1][i] != 7)
                win[1][i]++;
            if(p1table[m][n][i])
            {
                p1table[m][n][i] = false;
                win[0][i]=7;
            }
        }
    }
}

Judge();

if(p1win)
```

```
    {
        PlayMySound(IDSOUND_WHITEWIN);
        Sleep(100);
        MessageBox("您赢了！按下[新局]重新开始游戏..");
    }
    if(p2win)
    {
        PlayMySound(IDSOUND_WHITEWIN);
        Sleep(100);
        MessageBox("您的对手赢了！按下[新局]重新进行游戏..");
    }
    if(tie)
        MessageBox("不分胜负！按下[新局]重新进行游戏..");
}
```

6. 悔棋的实现

在 CFiveChessView 类中为菜单项“悔棋”添加消息处理函数。实现代码如下：

```
void CFiveChessView::OnUndo()
{
    // TODO: Add your command handler code here
    CDC * pDC = GetDC();
    bUndo = false;
    board[m_xCur1][m_yCur1] = 2;
    p1count -- ;
    for(i = 0;i < 572;i ++ )
    {
        if(p1table[m_xCur1][m_yCur1][i]  && win[0][i]  != 7)
            win[0][i]-- ;
        if(p2table[m_xCur1][m_yCur1][i])
        {
            p2table[m_xCur1][m_yCur1][i] = m_p2table[i];
            win[1][i] = m_win2[i];
        }
    }
    board[m_xCur2][m_yCur2] = 2;
    p2count -- ;

    for(i = 0;i < 572;i ++ )
    {
        if(p2table[m_xCur2][m_yCur2][i]  && win[1][i]  != 7)
            win[1][i] -- ;
        if(p1table[m_xCur2][m_yCur2][i])
        {
            p1table[m_xCur2][m_yCur2][i] = m_p1table[i];
            win[0][i] = m_win1[i];
        }
    }
        CPoint point;
    DisplayBoard(pDC,IDB_BOARD);
```

```
    for(i = 0;i < 15;i++ )
        for(j = 0;j < 15;j++ )
        {
            point = PointToStonePos(i,j);
            if(board[i][j] == 0)
            {
                DisplayStone(pDC,IDB_MASK,point);
                DisplayStone(pDC,IDB_BLACK,point);
            }
            if(board[i][j] == 1)
            {
                DisplayStone(pDC,IDB_MASK,point);
                DisplayStone(pDC,IDB_WHITE,point);
            }
        }
}
void CFiveChessView::OnUpdateUndo(CCmdUI * pCmdUI)
{
    pCmdUI -> Enable(bUndo);
}
```

3.3.5　游戏启动封面的设计

(1) 从菜单中选择 Project | Add To Project | Components and Controls 命令，弹出 Components and Controls Gallery。双击 Visual C++ Components 文件夹，选择 Splash screen 组件，再单击 Close 按钮。

(2) 选择 IDB_SPLASH 位图资源，编辑它，以设计自己的封面。

(3) 修改 CSplashWnd::OnCreate()，增加封面存在的延时(增至 17s)。代码如下：

```
int CSplashWnd::OnCreate(LPCREATESTRUCT lpCreateStruct)
{
    if (CWnd::OnCreate(lpCreateStruct) == -1)
        return -1;
    // Center the window.
    CenterWindow();
    // Set a timer to destroy the splash screen.
    SetTimer(1, 17000, NULL);
    return 0;
}
```

(4) 在 CSplashWnd::HideSplashScreen 函数中添加代码，关闭欢迎音乐：

```
void CSplashWnd::HideSplashScreen()
{
    // Destroy the window, and update the mainframe.
    PlaySound(NULL,NULL,NULL);//关闭欢迎音乐
    DestroyWindow();
    AfxGetMainWnd() -> UpdateWindow();
}
```

3.4 小结

本章通过一个简单的五子棋游戏，循序渐进地讲解了 Visual C++游戏制作最核心的内容，包括画面绘制、游戏动画、游戏消息处理和基本的人工智能思想等。在学习中，读者应重点掌握游戏界面的制作方法、基本功能的实现以及人工智能在游戏制作中的应用。本实例完成了传统五子棋游戏的大部分功能，读者可以在此基础上进一步修改优化，例如，为游戏设置更多的级别、设置英雄榜、设置提示功能等，使之成为一个非常完善的游戏系统。

第4章 学生个人事务管理系统

本章通过一个简易的学生个人事务管理系统的完整开发过程，向读者介绍目前流行的ADO对象操作技术以及运用这种技术操作数据库的具体方法。系统以单文档结构为设计基础，在界面设计方面，采用多视图并提供快捷菜单操纵。数据库采用 Microsoft Access 2000。

4.1 功能描述

本实例系统是根据在校大学生的具体情况，在 Visual C++环境下，采用 ADO 操作数据库技术而编写的一个学生个人信息管理系统。系统主要功能包括个人信息管理、课程管理、课表管理、图书借阅管理、好友信息管理、娱乐信息管理、网站信息管理以及待办事务管理。系统能够进行上述各种信息的查询、添加与删除。其运行界面如图 4.1 所示。

图 4.1 学生个人事务管理系统

4.2 系统分析与设计

4.2.1 系统分析

按照上面所描述的功能，将系统划分为个人信息管理、课程管理、课表管理、图书借阅管理、好友信息管理、娱乐信息管理、网站信息管理、待办事务管理、添加信息管理以及删除信息管理10个子模块。

1. 个人信息管理

学生个人信息分为两大类，即基本信息及保密信息。基本信息主要指姓名、年龄、出生年月和班级等一些可以公开的信息；保密信息包括邮箱密码、QQ密码以及银行卡密码等一些个人私有信息。基本信息可以任意查询，而私有信息的查询必须通过验证。

2. 课程管理

课程管理是对学生已修课程的信息管理，分为必修课及选修课两大类。对于每门课程设置课程名称、教材、开课时间、成绩、学分和主讲教师等信息项，以方便查询。

3. 课表管理

课表管理是对学生本期课程表的管理，分为总课表和日课表两种。总课表显示本期所有课程安排信息，包括课程名称、起始周、时间、节次、上课地点和主讲教师等。日课表显示某天的课程安排，查询时用户需输入以星期表示的查询时间。

4. 图书借阅管理

图书借阅是在校学生的一项主要活动，根据图书的来源，将其分为图书馆书籍及其他书籍两类来进行管理。设置图书名称、来源、借阅日期、还书日期和还书地点等信息项。

5. 好友信息管理

好友信息管理就是要实现一个简易的个人通信信息系统，用来查询不同类别的联系人的详细信息。为简单起见，本系统将好友分为同学和普通朋友两大类，设置姓名、工作单位、单位地址、办公室电话和家庭住址等信息项。系统支持通过不同视图浏览相应的好友信息，而且能够控制查看好友详细信息视图的显隐状态。

6. 娱乐信息管理

娱乐信息主要是指音乐、动画和视频等一些多媒体信息。对这些信息的管理应包括编辑、查询及播放三个部分。限于篇幅，本系统只实现娱乐信息的编辑及查询功能。

7. 网站信息管理

随着计算机技术的发展，网络已成为学生获取知识的一个重要途径。网站信息管理就是根据学生不同的需要，将网站进行分类，以便快捷地获得网络资源。

8. 待办事务管理

待办事务是指在短期内学生计划或已约定要做的事情。设置事务名称、日期及备注说明等信息项。

9. 添加与删除信息管理

添加与删除信息是一个信息管理系统必不可少的功能，本系统通过快捷菜单命令实现信息的添加与删除。由于信息的种类及信息项的设置各不相同，本系统采用属性页对话框作为信息输入界面，输入的信息经过用户确认之后，直接添加到相应的数据库表中，并实时地在视图中进行显示。删除信息时，系统根据用户在视图窗口中所单击的记录，在相应的数据库表中进行查找，经过用户确认之后，直接从数据库中进行删除。

4.2.2 数据库设计

根据系统功能需求，数据库采用 Microsoft Access 2000。Microsoft Access 2000 是一个基于关系模型的数据库管理系统，它易学好用，用户界面友好，通过直观的可视化操作就能建立一个数据库。它并不强求用户具备程序设计能力，完全可以适合我们的工作需求，并且所支持的数据类型十分丰富，维护费用低，容易升级。

1. 概念设计

学生个人事务管理系统的概念设计描述如图 4.2 所示。

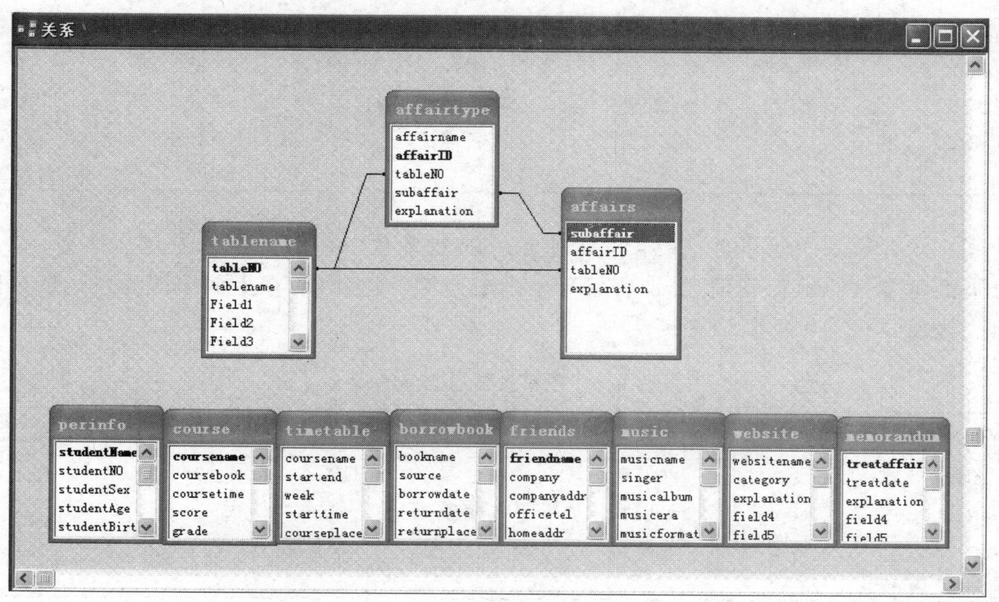

图 4.2　学生个人事务管理系统各表之间的关系图

2. 逻辑设计及表设计

逻辑设计阶段的任务是把概念结构转换为选用 DBMS(数据库管理系统)所支持的模式。根据模块的设计以及规范化的设计要求，本实例系统的数据库设计如表 4.1～表 4.11 所示。

表 4.1 主要用来存放数据库中表的信息，包括表号、表名、各表的字段名以及对该表的说明。为了便于对数据库中不同的表进行统一操作，为每张表设置了 12 个字段，即表 4.1 中的 Field1～Field12。

表 4.2 存放系统总事务项信息，即个人信息、课程管理、课表查询、图书借阅、我的好友、我的音乐、我的酷网和提示备忘 8 项事务，这些事务是事先设置好的，作为数据输入到表 affairtype 中，系统运行时根据该表生成左边树视图。

表 4.1　数据库表信息(tablename)

字段名称	数据类型	字段大小	标题	必填字段	索引	是否主键
tableNO	自动编号	长整型	表号		有(无重复)	是
tablename	文本	20	表名	是	无	否
Field1	文本	20	字段 1	否	无	否
Field2	文本	20	字段 2	否	无	否
⋮	⋮	⋮	⋮	⋮	⋮	⋮
Field12	文本	20	字段 12	否	无	否
Explanation	文本	50	说明	否	无	否

表 4.2　总事务信息表(affairtype)

字段名称	数据类型	字段大小	标题	必填字段	索引	是否主键
affairname	文本	10	事务名称	是	无	否
affairID	数字	长整型	事务编号	是	有(无重复)	是
tableNO	数字	整型	表号	是	有(有重复)	否
subaffair	文本	20	子项名称	是	有(有重复)	否
explanation	文本	50	说明	否	无	否

表 4.3 存放系统子事务信息。系统子事务是指各项总事务的下一个层次事务，如个人信息下的基本信息及保密信息、课程管理下的必修课及选修课，在界面中即为左边树视图中的第二级目录。

表 4.3　子事务信息表(affairs)

字段名称	数据类型	字段大小	标题	必填字段	索引	是否主键
subaffair	文本	20	子项名称	是	有(无重复)	是
affairID	数字	长整型	事务编号	是	无	否
tableNO	数字	长整型	表号	否	有(有重复)	否
explanation	文本	50	说明	否	无	否

表 4.4～表 4.11 分别用来存放个人信息、课程信息、课表信息、图书借阅信息、好友信息、娱乐信息、网站信息和待办事务信息。根据表 4.1 的设定，这些表的字段数都为 12 个，

所以程序实现时应将字段数补齐。例如，对于表4.8所示的好友信息表，它只有11个字段，程序实现时应在表后添加字段Field12。

表4.4 个人信息表(perinfo)

字段名称	数据类型	字段大小	标题	必填字段	索引	是否主键
studentName	文本	20	姓名	是	有(无重复)	否
studentNO	文本	20	学号	否	无	否
studentSex	文本	10	性别	否	无	否
studentAge	数字	整型	年龄	否	无	否
studentBirth	文本	20	出生年月	否	无	否
studentClass	文本	20	班级	否	无	否
studentID	文本	20	身份证号	否	无	否
bankPassword	文本	20	银卡密码	否	无	否
emailPassword	文本	20	邮箱密码	否	无	否
QQPassword	文本	20	QQ密码	否	无	否

表4.5 课程信息表(course)

字段名称	数据类型	字段大小	标题	必填字段	索引	是否主键
coursename	文本	20	课程名称	是	有(无重复)	否
coursebook	文本	20	教材	否	无	否
coursetime	文本	20	开课时间	否	无	否
score	数字	整型	成绩	否	无	否
grade	数字	整型	学分	否	无	否
teacher	文本	20	主讲教师	否	无	否
category	文本	20	类别	是	无	否

表4.6 课表信息表(timetable)

字段名称	数据类型	字段大小	标题	必填字段	索引	是否主键
coursename	文本	20	课程名称	是	无	否
startend	文本	20	起止周	否	无	否
coursetime	文本	20	开课时间	否	无	否
week	文本	20	星期	是	无	否
starttime	文本	20	节次	是	无	否
courseplace	文本	20	上课地点	是	无	否
teacher	文本	20	主讲教师	否	无	否
category	文本	20	类别	否	无	否

表4.7 图书借阅信息表(borrowbook)

字段名称	数据类型	字段大小	标题	必填字段	索引	是否主键
bookname	文本	20	图书名称	是	有(有重复)	否
source	文本	20	来源	是	无	否
borrowdate	文本	20	借阅日期	否	无	否
returndate	文本	20	还书日期	是	无	否
returnplace	文本	20	还书地点	否	无	否

表 4.8　好友信息表(timetable)

字段名称	数据类型	字段大小	标题	必填字段	索引	是否主键
friendname	文本	20	姓名	是	有(无重复)	否
company	文本	50	工作单位	否	无	否
companyaddr	文本	50	单位地址	否	无	否
officetel	文本	20	办公电话	否	无	否
homeaddr	文本	50	家庭地址	否	无	否
hometel	文本	20	家庭电话	否	无	否
mobile	文本	20	移动电话	否	无	否
email	文本	20	电子邮箱	否	无	否
mysite	文本	50	个人主页	否	无	否
birthday	日期		出生日期	否	无	否
relation	文本	20	关系	是	无	否

表 4.9　娱乐信息表(music)

字段名称	数据类型	字段大小	标题	必填字段	索引	是否主键
musicname	文本	20	名称	是	无	否
singer	文本	20	演唱(奏)	否	无	否
musicalbum	文本	20	专辑	否	无	否
musicera	文本	20	年代	否	无	否
musicformat	文本	20	格式	否	无	否
filepath	文本	20	文件路径	否	无	否
category	文本	20	类别	是	无	否

表 4.10　网站信息表(website)

字段名称	数据类型	字段大小	标题	必填字段	索引	是否主键
websitename	文本	50	网址	是	无	否
category	文本	20	类别	是	无	否
explanation	文本	50	说明	否	无	否

表 4.11　待办事务信息表(memorandum)

字段名称	数据类型	字段大小	标题	必填字段	索引	是否主键
treataffair	文本	50	待办事务	是	无	否
treatdate	文本	20	日期	是	无	否
explanation	文本	50	说明	否	无	否

4.3　系统详细设计

4.3.1　项目创建

根据需求分析和系统的功能，本案例使用 Visual C++6.0 创建一个基于单文档的 MFC

AppWizard[exe]项目，项目名为SAMS(Student Affair Management System)。使用AppWizard配置得到的项目信息如图4.3所示。

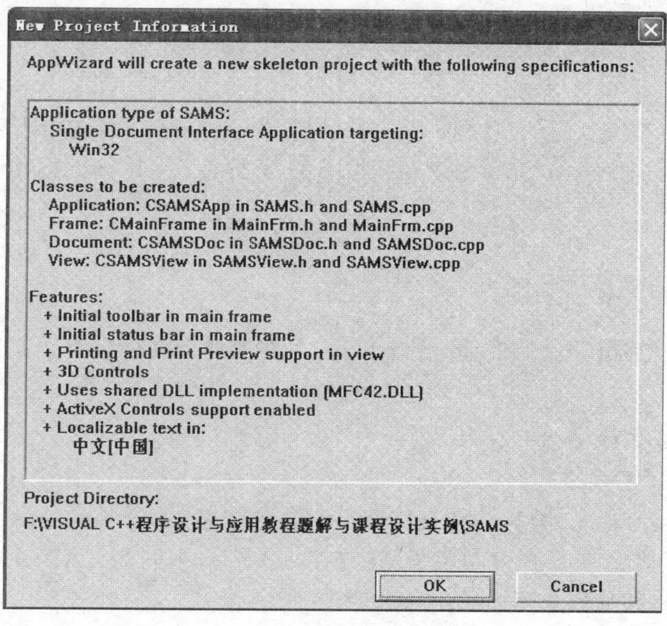
New Project Information

AppWizard will create a new skeleton project with the following specifications:

Application type of SAMS:
Single Document Interface Application targeting:
Win32

Classes to be created:
Application: CSAMSApp in SAMS.h and SAMS.cpp
Frame: CMainFrame in MainFrm.h and MainFrm.cpp
Document: CSAMSDoc in SAMSDoc.h and SAMSDoc.cpp
View: CSAMSView in SAMSView.h and SAMSView.cpp

Features:
+ Initial toolbar in main frame
+ Initial status bar in main frame
+ Printing and Print Preview support in view
+ 3D Controls
+ Uses shared DLL implementation (MFC42.DLL)
+ ActiveX Controls support enabled
+ Localizable text in:
中文[中国]

Project Directory:
F:\VISUAL C++程序设计与应用教程题解与课程设计实例\SAMS

OK　Cancel

图4.3　SAMS项目信息

4.3.2　主框架的设计

1. 添加新类

(1) 添加左边显示事务项目的树视图类CLeftTreeView。从菜单栏中选择Insert | New Class命令，添加一个新类CLeftTreeView，其基类为CTreeView。基类CTreeView以及下面的CListView类的定义被包含在afxcview.h头文件中，在stdafx.h中添加文件包含语句#include <afxcview.h>。

(2) 添加显示系统封面的Form视图类CAffairTypeView。首先插入一个Form资源。从菜单栏中选择Insert | Resource命令，弹出Insert Resource对话框。在Resource type列表中选择Dialog下的IDD_FORMVIEW，单击New按钮插入对话框资源，其ID设为IDD_FORMVIEW_TYPEINFO。然后在Form资源上右击，从弹出的快捷菜单中选择Class Wizard命令，根据提示完成新类CAffairTypeView的建立。注意，其基类为CFormView。

为了突出重点，本教材中该类只用来显示系统封面，实际上，可以利用该类实现许多其他的功能，为拓展系统做准备。

(3) 添加显示事务信息的列表视图CUserListView。从菜单栏中选择Insert | New Class命令，添加一个新类CUserListView，其基类为CListView。

(4) 添加显示详细信息的Form视图类CPerInfoView。与步骤(2)相同，完成新类CPerInfoView的建立。对应的Form资源ID设为IDD_INFO_VIEW。

(5) 添加辅助框架类CRightPaneFrame。从菜单栏中选择Insert | New Class命令，添

加一个新类 CRightPaneFrame，其基类为 CFrameWnd。

辅助框架类 CRightPaneFrame 用来管理上述步骤(3)、(4)中添加的两个视图类，同时也可以简化对主框架的编程。

2. 视图分隔

(1) 添加成员变量。为了将客户区分为左、中、右三部分，需要使用分隔条。在类 CMainFrame 中增加一个 CSplitterWnd 类型的成员变量 m_wndSplitter，访问方式为 public，其代码如下：

```
public:
  CSplitterWnd m_wndSplitter;
```

(2) 添加文件包含语句。在 MainFrm. cpp 中添加如下文件包含语句：

```
#include "LeftTreeView.h"
#include "AffairTypeView.h"
#include "RightPaneFrame.h"
```

(3) 通过 ClassWizard 为类 CMainFrame 增加虚函数 OnCreateClient()，在该函数中创建被分为三部分的客户区。其中左边为 CLeftTreeView，中间为 CAffairTypeView，右边为 CRightPaneFrame，其代码如下：

```
BOOL CMainFrame::OnCreateClient(LPCREATESTRUCT lpcs, CCreateContext * pContext)
{
  // TODO: Add your specialized code here and/or call the base class
  if(!m_wndSplitter.CreateStatic(this,1,3))
      return FALSE;
  if(!m_wndSplitter.CreateView(0,0,RUNTIME_CLASS(CLeftTreeView),
                                   CSize(200,200),pContext))
      return FALSE;
  if(!m_wndSplitter.CreateView(0,1,RUNTIME_CLASS(CAffairTypeView),
                                   CSize(100,100),pContext))
      return FALSE;
  //右窗格是一个包含几个具有不同视图的辅助框架窗口
  if (!m_wndSplitter.CreateView(0, 2, RUNTIME_CLASS(CRightPaneFrame),
                                   CSize(0, 0), pContext))
      return FALSE;
  return TRUE;
}
```

(4) 将右窗格分为上下两个视图，其中上面为 CUserListView，下面为 CPerInfoView。在类 CRightPaneFrame 中增加一个 CSplitterWnd 类型的成员变量 m_wndSplitter1，访问方式为 public。在 RightPaneFrame. cpp 中添加文件包含语句：

```
#include "UserListView.h"
#include "PerInfoView.h"
```

通过 ClassWizard 为类 CRightPaneFrame 增加虚函数 OnCreateClient()，实现视图分隔。

```
BOOL CRightPaneFrame::OnCreateClient(LPCREATESTRUCT lpcs, CCreateContext * pContext)
{
    m_wndSplitter1.CreateStatic(this, 2, 1);
    m_wndSplitter1.CreateView(0,0,RUNTIME_CLASS(CUserListView),
                              CSize(500,200), pContext);
    m_wndSplitter1.CreateView(1,0,RUNTIME_CLASS(CPerInfoView),
                              CSize(0,0), pContext);
      return TRUE;
}
```

分隔完成后的主框架窗口效果如图 4.4 所示。

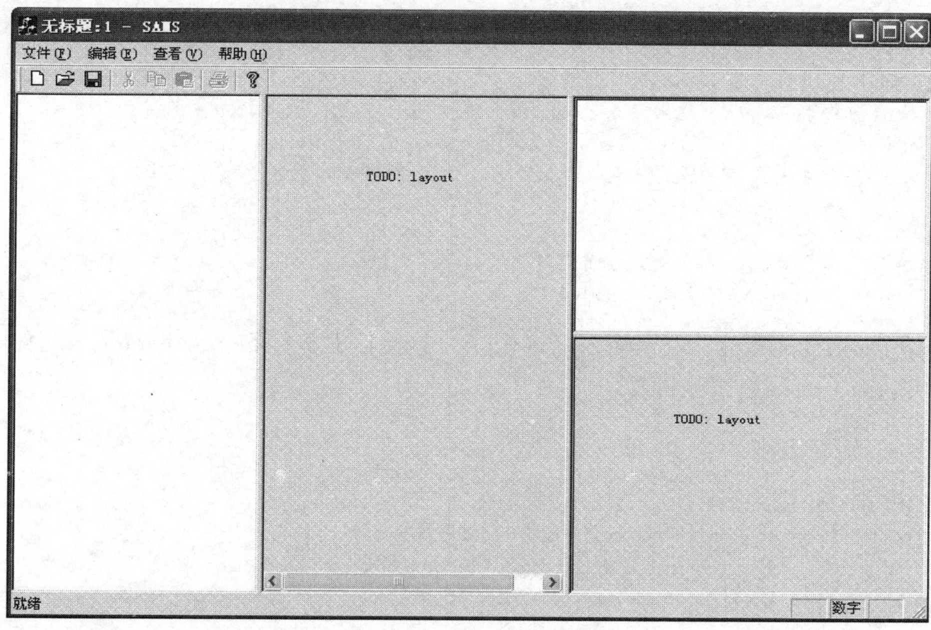

图 4.4　窗口分隔效果图

4.3.3　数据库操作

1. 数据库操作准备

(1) 导入 ADO 动态链接库。在项目的 stdafx.h 头文件中,用直接导入符号 # import 导入 ADO 库文件,代码如下:

```
# import "C:\program files\common files\System\ado\msado15.dll" no_namespace \
rename("EOF","EndOfFile") \
rename("LockTypeEnum","newLockTypeEnum")\
rename("DataTypeEnum","newDataTypeEnum")\
rename("FieldAttributeEnum","newFieldAttributeEnum")\
rename("EditModeEnum","newEditModeEnum")\
rename("RecordStatusEnum","newRecordStatusEnum")\
rename("ParameterDirectionEnum","newParameterDirectionEnum")
```

（2）初始化 OLE/COM 库环境。

```
BOOL CSAMSApp::InitInstance()
{
  AfxEnableControlContainer();
  //初始化 OLE DLLs
  if (!AfxOleInit())
  {
      AfxMessageBox("初始化 OLE DLL 失败!");
      return FALSE;
  }
  ⋮
}
```

2. 连接数据库

（1）定义智能指针对象。在类 CSAMSApp 中添加如下公有成员变量：

```
public:
  _ConnectionPtr m_pConn;     //连接对象
  _RecordsetPtr m_pRs;        //记录集对象
```

（2）初始化智能指针。在类 CSAMSApp 的初始化成员函数 InitInstance()中，库环境初始化代码的下面添加如下代码：

```
try
{
  m_pConn.CreateInstance(__uuidof(Connection));
  m_pConn->Open("Provider = Microsoft.Jet.OLEDB.4.0;
               Data Source = SAMS.mdb","","",adConnectUnspecified);

}
catch(_com_error &e)
{
  CString err;
  err.Format("%s", (char*)(e.Description()) );
  AfxMessageBox(err);
}
catch(...)
{
  AfxMessageBox("Unknown Error...");
}
m_pRs.CreateInstance(__uuidof(Recordset)); //初始化记录集
```

3. 操作数据库

在类 CSAMSApp 中添加成员函数 DbExecute()，定义如下：

```
public:
  bool DbExecute(_RecordsetPtr &ADOSet,_variant_t &strSQL);
```

实现如下：

```
bool CSAMSApp::DbExecute(_RecordsetPtr &ADOSet, _variant_t &strSQL)
{
  if ( ADOSet->State == adStateOpen)
      ADOSet->Close();
  try
  {
      ADOSet->Open(strSQL, m_pConn.GetInterfacePtr(),
                          adOpenStatic, adLockOptimistic, adCmdUnknown);
      return true;
  }
  catch(_com_error &e)
  {
        CString err;
      err.Format("ADO Error: %s",(char*)e.Description());
      AfxMessageBox(err);
      return false;
  }
}
```

4.3.4 左树视图中事务项的添加

1. 插入图标资源

树视图中的每一个树项都对应一个图标，分别表示事务父项、事务子项。为了增加界面的活泼性，采用图像列表来随机选择树视图图标。

首先通过菜单命令 Insert | Resource 插入位图资源，其 ID 为 IDB_TREE，然后在类 CLeftTreeView 中添加两个变量。

```
protected:
  CImageList m_ImageList;  //树项图标图像列表
  int m_iImage;            //随机产生树项图标
```

2. 显示树视图

(1) 添加成员函数。为类 CLeftTreeView 增加 protected 类型的成员函数 AddAffairTypeToTree()和 AddAffairToTree()、AddAffair()，前一个函数的作用是将事务父项显示到树视图中，后两个函数实现事务子项在相应事务父项下的显示。其定义如下：

```
protected:
  HTREEITEM AddAffairTypeToTree(CString strTypeName);
  HTREEITEM AddAffairToTree(HTREEITEM hTypeItem, CString strsubaffair);
  void AddAffair(CString strTypeName, CString strsubaffair);
```

实现如下：

```
HTREEITEM CLeftTreeView::AddAffairTypeToTree(CString strTypeName)
{
```

```
    CTreeCtrl * pCtrl = &GetTreeCtrl();

    HTREEITEM hRootItem = pCtrl->GetRootItem();
    if(hRootItem)
    {
        while(hRootItem)
        {
            CString strItemText = pCtrl->GetItemText(hRootItem);
            if(strItemText == strTypeName)
                return hRootItem;
            hRootItem = pCtrl->GetNextSiblingItem(hRootItem);
        }
    }
    TV_INSERTSTRUCT TCItem;                    //插入数据项数据结构
    TCItem.hParent = hRootItem;
    TCItem.hInsertAfter = TVI_LAST;
    //设屏蔽
    TCItem.item.mask = TVIF_TEXT|TVIF_PARAM|TVIF_IMAGE|TVIF_SELECTEDIMAGE;
    TCItem.item.lParam = 0;                    //序号
    TCItem.item.iImage = m_iImage;             //正常图标
    //选中时图标
    TCItem.item.iSelectedImage = m_iImage > 4? m_iImage - 4:m_iImage + 1;
    TCItem.item.pszText = (LPTSTR)(LPCTSTR)strTypeName;
    HTREEITEM affairItem = pCtrl->InsertItem(&TCItem);
    return affairItem;
}

HTREEITEM CLeftTreeView::AddAffairToTree(HTREEITEM hTypeItem, CString strsubaffair)
{
    if(hTypeItem == NULL)
        return NULL;
    CTreeCtrl * pCtrl = &GetTreeCtrl();
    if(pCtrl->ItemHasChildren(hTypeItem))
    {
        HTREEITEM hItem = pCtrl->GetChildItem(hTypeItem);
        while(hItem)
        {
            CString strItemText = pCtrl->GetItemText(hItem);
            if(strItemText == strsubaffair)
                return hItem;
            hItem = pCtrl->GetNextSiblingItem(hItem);
        }
    }
    TV_INSERTSTRUCT TCItem;                    //插入数据项数据结构
    TCItem.hParent = hTypeItem;                // TVI_ROOT;
    TCItem.hInsertAfter = TVI_LAST;
    //设屏蔽
    TCItem.item.mask = TVIF_TEXT|TVIF_PARAM|TVIF_IMAGE|TVIF_SELECTEDIMAGE;
    TCItem.item.lParam = 0;                    //序号
    TCItem.item.iImage = m_iImage;             //正常图标
    //选中时图标
```

```
    TCItem.item.iSelectedImage = m_iImage > 4? m_iImage - 4:m_iImage + 1;
    TCItem.item.pszText = (LPTSTR)(LPCTSTR)strsubaffair;
    HTREEITEM subaffairItem = pCtrl -> InsertItem(&TCItem);
    return subaffairItem;
}

void CLeftTreeView::AddAffair(CString strTypeName, CString strsubaffair)
{
    CTreeCtrl * pCtrl = &GetTreeCtrl();
    HTREEITEM hRootItem = pCtrl -> GetRootItem();
    if(hRootItem)
    {
        while(hRootItem)
        {
            CString strItemText = pCtrl -> GetItemText(hRootItem);
            if(strItemText == strTypeName)
                break;
            hRootItem = pCtrl -> GetNextSiblingItem(hRootItem);
        }
        AddAffairToTree(hRootItem,strsubaffair);
    }
}
```

(2) 生成树。为类 CLeftTreeView 增加 public 类型的成员函数 FullfillTree(),该函数调用时将根据数据库的信息自动生成相应的树到树视图。

```
void CLeftTreeView::FullfillTree()
{
    CTreeCtrl * pCtrl = &GetTreeCtrl();
    pCtrl -> DeleteAllItems();                    //清空
    //添加事务父项
    _variant_t Holder, strQuery;
    strQuery = "select affairID,affairname from affairtype ";
    theApp.DbExecute(theApp.m_pRs, strQuery);
    int iCount = theApp.m_pRs -> GetRecordCount();
    if (iCount == 0) return;
    CString str;
    theApp.m_pRs -> MoveFirst();
    for(int i = 0; i < iCount; i++ )
    {
      //添加事务父项
      Holder = theApp.m_pRs -> GetCollect("affairname");
      str = Holder.vt == VT_NULL?"":(char * )(_bstr_t)Holder;
      AddAffairTypeToTree(str);
      theApp.m_pRs -> MoveNext();
    }
    //添加事务子项
      strQuery = "select affairtype.affairname, affairs.subaffair from affairs, affairtype
where affairs.affairID = affairtype.affairID";
    theApp.DbExecute(theApp.m_pRs, strQuery);
    iCount = theApp.m_pRs -> GetRecordCount();
```

```
    if ( iCount == 0 ) return;
    CString strTypeName,strsubaffair;
    theApp.m_pRs->MoveFirst();
    for(i = 0; i < iCount; i++ )
    {
        Holder = theApp.m_pRs->GetCollect("affairname");
        strTypeName = Holder.vt == VT_NULL?"":(char *)(_bstr_t)Holder;
        Holder = theApp.m_pRs->GetCollect("subaffair");
        strsubaffair = Holder.vt == VT_NULL?"":(char *)(_bstr_t)Holder;
        AddAffair(strTypeName,strsubaffair);
        theApp.m_pRs->MoveNext();
    }
}
```

(3) 设置树风格和初始化树视图。初始化树视图时,将自动设置风格以及生成树。在虚函数 OnInitialUpdate()中添加以下代码：

```
void CLeftTreeView::OnInitialUpdate()
{
    //设置树风格
    ::SetWindowLong(m_hWnd,GWL_STYLE,WS_VISIBLE | WS_TABSTOP
                    | WS_CHILD | WS_BORDER| TVS_HASBUTTONS
                    | TVS_LINESATROOT | TVS_HASLINES
                    | TVS_DISABLEDRAGDROP|TVS_SHOWSELALWAYS);

    CTreeCtrl * pTreeCtrl = &GetTreeCtrl();

    m_ImageList.Create(IDB_TREE, 32, 1, RGB(255, 0, 255));
    pTreeCtrl->SetImageList(&m_ImageList, LVSIL_NORMAL);
    m_hSelItem = NULL;
    //随机图标
    srand((unsigned)time(NULL));
    //首先调用一次 rand(),确保 m_iImage 起始值不同
    rand();
    m_iImage = (int)((float)rand() * 8.0/(float)RAND_MAX);

    FullfillTree();
    CTreeView::OnInitialUpdate();
}
```

(4) 全局变量的使用。由于数据库的操作函数 DbExecute()是应用程序类 CSAMSApp 的成员函数,因此,在 CLeftTreeView 类中调用时需使用 CSAMSApp 类的全局对象 theApp。在 LeftTreeView.cpp 文件的前面添加使用全局变量声明语句：

```
extern CSAMSApp theApp;
```

至此,事务添加完毕。效果如图 4.5 所示。

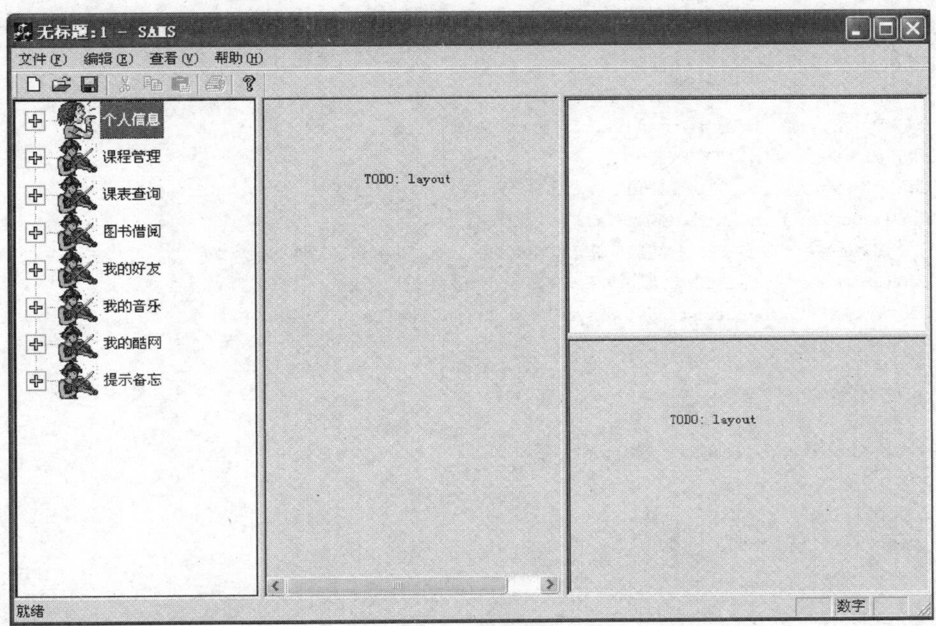

图 4.5　事务添加效果图

4.3.5　中间及右边视图详细设计

1. 中间视图 CAffairTypeView

(1) 导入作为系统封面的位图资源。这里导入三幅封面图片，其 ID 分别为 IDB_BITMAP1、IDB_BITMAP2 和 IDB_BITMAP3。

(2) 添加图片控件。在对话框资源 IDD_FORMVIEW_TYPEINFO 中添加一个图片控件，其 ID 设为 IDC_PICTURE，利用类向导为它添加关联的 CStatic 型成员变量 m_picture。

(3) 添加初始化代码，随机选择系统封面。

```
void CAffairTypeView::OnInitialUpdate()
{
  CFormView::OnInitialUpdate();
  // TODO: Add your specialized code here and/or call the base class
  CTime Time;
  Time = CTime::GetCurrentTime();
  srand(Time.GetSecond());                              //采用系统时间产生随机数
  int i = rand() % 3;
  m_picture.SetBitmap(LoadBitmap(AfxGetInstanceHandle(),
                     MAKEINTRESOURCE(IDB_BITMAP1 + i)));    //设置位图
}
```

2. 右上视图 CUserListView

(1) 设置列表视图风格。在类 CUserListView 中添加 protected 型成员函数 SetStyle()，代

码如下：

```
void CUserListView::SetStyle()
{
  DWORD dwStyle = GetWindowLong(m_hWnd, GWL_STYLE);
  dwStyle &= ~(LVS_TYPEMASK);
  dwStyle &= ~(LVS_EDITLABELS);
  SetWindowLong( m_hWnd, GWL_STYLE,
      dwStyle | LVS_REPORT|LVS_NOLABELWRAP|LVS_SHOWSELALWAYS);
  DWORD styles = LVS_EX_FULLROWSELECT|LVS_EX_GRIDLINES;
  ListView_SetExtendedListViewStyleEx(m_hWnd, styles, styles );
}
```

(2) 初始化列表视图。

```
void CUserListView::OnInitialUpdate()
{
  SetStyle();
  CListView::OnInitialUpdate();
}
```

3. 右下视图 CPerInfoView

在对话框 IDD_INFO_VIEW 中添加图 4.6 所示的控件，主要控件属性及关联的成员变量如表 4.12 所示。

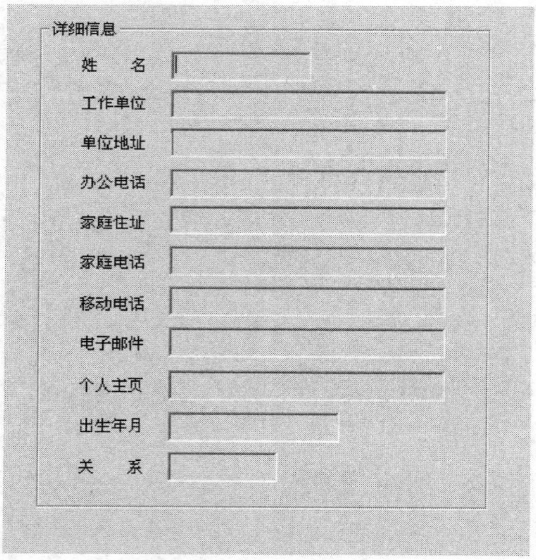

图 4.6　右下视图界面

表 4.12　对话框 IDD_INFO_VIEW 控件及成员变量

控件类型	ID	对应的静态文本 Caption	成员变量
编辑框	IDC_FRIEND_FIELD1	姓名	CString m_field1
编辑框	IDC_FRIEND_FIELD2	工作单位	CString m_field2

续表

控件类型	ID	对应的静态文本 Caption	成员变量
编辑框	IDC_FRIEND_FIELD3	单位地址	CString m_field3
编辑框	IDC_FRIEND_FIELD4	办公电话	CString m_field4
编辑框	IDC_FRIEND_FIELD5	家庭住址	CString m_field5
编辑框	IDC_FRIEND_FIELD6	家庭电话	CString m_field6
编辑框	IDC_FRIEND_FIELD7	移动电话	CString m_field7
编辑框	IDC_FRIEND_FIELD8	电子邮件	CString m_field8
编辑框	IDC_FRIEND_FIELD9	个人主页	CString m_field9
编辑框	IDC_FRIEND_FIELD10	出生年月	CString m_field10
编辑框	IDC_FRIEND_FIELD11	关系	CString m_field11

至此,系统视图设计完毕,效果如图 4.7 所示。

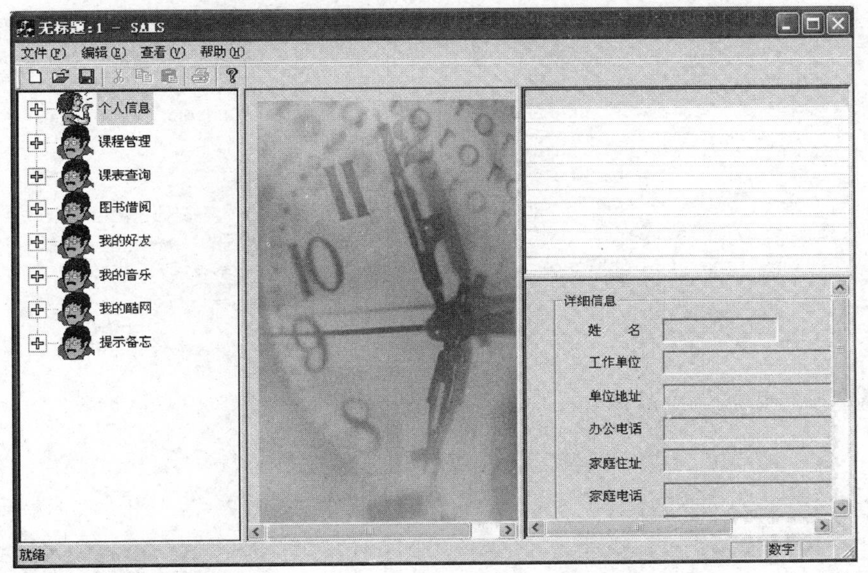

图 4.7　系统视图效果图

4.3.6　视图切换的实现

系统启动或用户在左视图中进行操作时,中间及右边的视图应能正确切换,并进行对应的显示。本系统的三个视图的对应关系是这样的:系统启动时,隐藏右视图,显示左视图及中间视图;当用户选择事务父项时,隐藏右视图,显示左视图及中间视图;用户选择事务子项时,隐藏中间视图,显示左视图及右视图。

1. 添加指向视图的指针

(1) 左视图指针。由于左视图为控制区,其他视图的大部分操作需要调用左边视图来了解系统所处的状态,故将其定义为全局变量。在应用程序类的实现文件 SAMS. cpp 的前面加上如下定义语句,并包含相应的头文件 #include "LeftTreeView. h"。

```
CLeftTreeView * m_pLeftView;
```

（2）中间及右边视图指针。在主框架类 CMainFrame 中添加如下两个指针变量，并在 OnCreateClient 函数中初始化。

定义：

```
class CAffairTypeView;
class CRightPaneFrame;
class CMainFrame : public CFrameWnd
{
public:
  CAffairTypeView * m_pAffairTypeView;
  CRightPaneFrame * m_pRightPaneFrame;
  ⋮
}
```

初始化：

```
class CAffairTypeView;
BOOL CMainFrame::OnCreateClient(LPCREATESTRUCT lpcs, CCreateContext * pContext)
{
   ⋮
  m_pLeftView = (CLeftTreeView * )m_wndSplitter.GetPane(0,0);
  m_pAffairTypeView = (CAffairTypeView * )m_wndSplitter.GetPane(0,1);
  m_pRightPaneFrame = (CRightPaneFrame * )m_wndSplitter.GetPane(0,2);
  return true;
}
```

2. 添加事务信息显示函数

在 CUserListView 类中添加显示各项事务信息的成员函数。

① 系统事务父项“课表查询”下设有“总课表”和“日课表”两个事务子项，课表按日进行查询时，需要用户指定日期，这里先添加一个对话框资源，如图 4.8 所示。

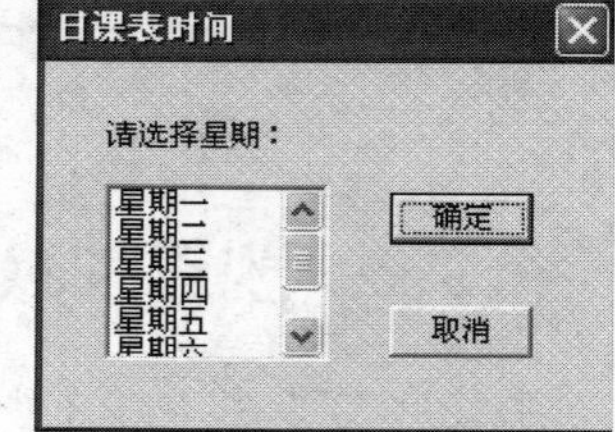

图 4.8　日期选择对话框

创建相应的类 CTimeTableDlg，添加对话框初始化函数及列表框控件的 LBN_SELCHANGE 消息处理函数。代码如下：

```
BOOL CTimeTableDlg::OnInitDialog()
{
  CDialog::OnInitDialog();
  // TODO: Add extra initialization here
  CString str[] = {"星期一","星期二","星期三","星期四","星期五","星期六","星期日"};
  for(int i = 0;i < 7;i ++ )
      int nIndex = m_list.AddString(str[i]);

  return TRUE;   // return TRUE unless you set the focus to a control
                 // EXCEPTION: OCX Property Pages should return FALSE
}
```

```
void CTimeTableDlg::OnSelchangeTimetableList()
{
  // TODO: Add your control notification handler code here
  nSelIndex = m_list.GetCurSel();
}
```

② 在文件 UserListView.cpp 的前面添加如下代码，将全局变量 theApp 导入列表视图。

```
extern CSAMSApp theApp;
```

③ 在 CUserListView 类中添加成员函数。

定义如下：

```
public:
  void ShowFriend(CString strSubaffair);
  void ShowPerInfo(CString strSubaffair);
  void ShowCourse(CString strSubaffair);
  void ShowTimeTable(CString strSubaffair);
  void ShowBorrowBook(CString strSubaffair);
  void ShowMusic(CString strSubaffair);
  void ShowSite(CString strSubaffair);
  void ShowMemor(CString strSubaffair);
```

实现代码：

```
void CUserListView::ShowPerInfo(CString strSubaffair)
{
  SetTitle();
  CListCtrl * p = &GetListCtrl();
  //清空列表
  p->DeleteAllItems();
  if(strSubaffair == "")
      return;
  _variant_t Holder,strQuery;
    strQuery = "select * from perinfo";
  // Get all records
    theApp.DbExecute(theApp.m_pRs, strQuery);
  int iCount = theApp.m_pRs->GetRecordCount();
  if ( 0 == iCount ) return;
    CString str;
  theApp.m_pRs->MoveFirst();
  for(int i = 0; i < iCount; i++ )
  {
      Holder = theApp.m_pRs->GetCollect("studentName");
      str = Holder.vt == VT_NULL?"":(char * )(_bstr_t)Holder;
      GetListCtrl().InsertItem(i, str);
      if(strcmp(strSubaffair,"保密信息") == 0)
      {
          Holder = theApp.m_pRs->GetCollect("studentID");
          str = Holder.vt == VT_NULL?"":(char * )(_bstr_t)Holder;
          GetListCtrl().SetItemText(i, 1, str);
```

```
            Holder = theApp.m_pRs->GetCollect("bankPassword");
            str = Holder.vt == VT_NULL?"":(char *)(_bstr_t)Holder;
            GetListCtrl().SetItemText(i, 2, str);
            Holder = theApp.m_pRs->GetCollect("emailPassword");
            str = Holder.vt == VT_NULL?"":(char *)(_bstr_t)Holder;
            GetListCtrl().SetItemText(i, 3, str);
            Holder = theApp.m_pRs->GetCollect("QQPassword");
            str = Holder.vt == VT_NULL?"":(char *)(_bstr_t)Holder;
            GetListCtrl().SetItemText(i, 4, str);
        }
        else
        {
            Holder = theApp.m_pRs->GetCollect("studentNO");
            str = Holder.vt == VT_NULL?"":(char *)(_bstr_t)Holder;
            GetListCtrl().SetItemText(i, 1, str);
            Holder = theApp.m_pRs->GetCollect("studentSex");
            str = Holder.vt == VT_NULL?"":(char *)(_bstr_t)Holder;
            GetListCtrl().SetItemText(i, 2, str);
            Holder = theApp.m_pRs->GetCollect("studentAge");
            str.Format("%d", Holder.vt == VT_NULL? 0:Holder.iVal);
            GetListCtrl().SetItemText(i, 3, str);
            Holder = theApp.m_pRs->GetCollect("studentBirth");
            str = Holder.vt == VT_NULL?"":(char *)(_bstr_t)Holder;
            GetListCtrl().SetItemText(i, 4, str);
            Holder = theApp.m_pRs->GetCollect("studentClass");
            str = Holder.vt == VT_NULL?"":(char *)(_bstr_t)Holder;
            GetListCtrl().SetItemText(i, 5, str);
        }
        theApp.m_pRs->MoveNext();
    }
}
void CUserListView::ShowCourse(CString strSubaffair)
{
    SetTitle();
    CListCtrl * p = &GetListCtrl();
    //清空列表
    p->DeleteAllItems();
    if(strSubaffair == "")
        return;
    _variant_t Holder,strQuery;
    strQuery = "select * from course where category='" + strSubaffair + "'";
     theApp.DbExecute(theApp.m_pRs, strQuery);
    int iCount = theApp.m_pRs->GetRecordCount();
    if ( 0 == iCount ) return;
     CString str;
    theApp.m_pRs->MoveFirst();
    for(int i = 0; i < iCount; i++ )
    {
        Holder = theApp.m_pRs->GetCollect("coursename");
        str = Holder.vt == VT_NULL?"":(char *)(_bstr_t)Holder;
```

```
        GetListCtrl().InsertItem(i, str);
        Holder = theApp.m_pRs->GetCollect("coursebook");
        str = Holder.vt == VT_NULL?"":(char *)(_bstr_t)Holder;
        GetListCtrl().SetItemText(i, 1, str);
        Holder = theApp.m_pRs->GetCollect("coursetime");
        str = Holder.vt == VT_NULL?"":(char *)(_bstr_t)Holder;
        GetListCtrl().SetItemText(i, 2, str);
        Holder = theApp.m_pRs->GetCollect("score");
        str.Format("%d", Holder.vt == VT_NULL? 0:Holder.iVal);
        GetListCtrl().SetItemText(i, 3, str);
        Holder = theApp.m_pRs->GetCollect("grade");
        str.Format("%d", Holder.vt == VT_NULL? 0:Holder.iVal);
        GetListCtrl().SetItemText(i, 4, str);
        Holder = theApp.m_pRs->GetCollect("teacher");
        str = Holder.vt == VT_NULL?"":(char *)(_bstr_t)Holder;
        GetListCtrl().SetItemText(i, 5, str);
        Holder = theApp.m_pRs->GetCollect("category");
        str = Holder.vt == VT_NULL?"":(char *)(_bstr_t)Holder;
        GetListCtrl().SetItemText(i, 6, str);
        theApp.m_pRs->MoveNext();
    }
}
void CUserListView::ShowTimeTable(CString strSubaffair)
{
    SetTitle();
    CListCtrl * p = &GetListCtrl();
    //清空列表
    p->DeleteAllItems();
    if(strSubaffair == "")
        return;
    _variant_t Holder,strQuery;
    CString str,strWeekday[] = {"星期一","星期二","星期三","星期四","星期五","星期六",
"星期日"};
    if(strSubaffair == "总课表")
        strQuery = "select * from timetable" ;
    else if(strSubaffair == "日课表")
    {
        CTimeTableDlg dlg;
        if(dlg.DoModal() == IDOK)
        {
            int nIndex = dlg.nSelIndex;
            str = strWeekday[nIndex];
            strQuery = "select * from timetable where week = '" + str + "'";
        }
        else
            return;
    }
    theApp.DbExecute(theApp.m_pRs, strQuery);
    int iCount = theApp.m_pRs->GetRecordCount();
    if ( 0 == iCount ) return;
    theApp.m_pRs->MoveFirst();
```

```
for(int i = 0; i < iCount; i++ )
{
    Holder = theApp.m_pRs->GetCollect("coursename");
    str = Holder.vt == VT_NULL?"":(char * )(_bstr_t)Holder;
    GetListCtrl().InsertItem(i, str);
    Holder = theApp.m_pRs->GetCollect("startend");
    str = Holder.vt == VT_NULL?"":(char * )(_bstr_t)Holder;
    GetListCtrl().SetItemText(i, 1, str);
    Holder = theApp.m_pRs->GetCollect("week");
    str = Holder.vt == VT_NULL?"":(char * )(_bstr_t)Holder;
    GetListCtrl().SetItemText(i, 2, str);
    Holder = theApp.m_pRs->GetCollect("starttime");
    str = Holder.vt == VT_NULL?"":(char * )(_bstr_t)Holder;
    GetListCtrl().SetItemText(i, 3, str);
    Holder = theApp.m_pRs->GetCollect("courseplace");
    str = Holder.vt == VT_NULL?"":(char * )(_bstr_t)Holder;
    GetListCtrl().SetItemText(i, 4, str);
    Holder = theApp.m_pRs->GetCollect("teacher");
    str = Holder.vt == VT_NULL?"":(char * )(_bstr_t)Holder;
    GetListCtrl().SetItemText(i, 5, str);
    Holder = theApp.m_pRs->GetCollect("category");
    str = Holder.vt == VT_NULL?"":(char * )(_bstr_t)Holder;
    GetListCtrl().SetItemText(i, 6, str);
    theApp.m_pRs->MoveNext();
}
}
void CUserListView::ShowBorrowBook(CString strSubaffair)
{
  SetTitle();
  CListCtrl * p = &GetListCtrl();
  //清空列表
  p->DeleteAllItems();
  if(strSubaffair == "")
      return;
  _variant_t Holder,strQuery;
  strQuery = "select * from borrowbook where source = '" + strSubaffair + "'";
    theApp.DbExecute(theApp.m_pRs, strQuery);
  int iCount = theApp.m_pRs->GetRecordCount();
  if ( 0 == iCount ) return;
  CString str;
  theApp.m_pRs->MoveFirst();
  for(int i = 0; i < iCount; i++ )
  {
      Holder = theApp.m_pRs->GetCollect("bookname");
      str = Holder.vt == VT_NULL?"":(char * )(_bstr_t)Holder;
      GetListCtrl().InsertItem(i, str);
      Holder = theApp.m_pRs->GetCollect("source");
      str = Holder.vt == VT_NULL?"":(char * )(_bstr_t)Holder;
      GetListCtrl().SetItemText(i, 1, str);
      Holder = theApp.m_pRs->GetCollect("borrowdate");
      str = Holder.vt == VT_NULL?"":(char * )(_bstr_t)Holder;
```

```
        GetListCtrl().SetItemText(i, 2, str);
        Holder = theApp.m_pRs->GetCollect("returndate");
        str = Holder.vt == VT_NULL?"":(char *)(_bstr_t)Holder;
        GetListCtrl().SetItemText(i, 3, str);
        Holder = theApp.m_pRs->GetCollect("returnplace");
        str = Holder.vt == VT_NULL?"":(char *)(_bstr_t)Holder;
        GetListCtrl().SetItemText(i, 4, str);
        theApp.m_pRs->MoveNext();
    }
}
void CUserListView::ShowMusic(CString strSubaffair)
{
    SetTitle();
    CListCtrl * p = &GetListCtrl();
    //清空列表
    p->DeleteAllItems();
    if(strSubaffair == "")
        return;
    _variant_t Holder,strQuery;
    strQuery = "select * from music where category = '" + strSubaffair + "'";
     theApp.DbExecute(theApp.m_pRs, strQuery);
    int iCount = theApp.m_pRs->GetRecordCount();
    if ( 0 == iCount ) return;
    CString str;
    theApp.m_pRs->MoveFirst();
    for(int i = 0; i < iCount; i++ )
    {
        Holder = theApp.m_pRs->GetCollect("musicname");
        str = Holder.vt == VT_NULL?"":(char *)(_bstr_t)Holder;
        GetListCtrl().InsertItem(i, str);
        Holder = theApp.m_pRs->GetCollect("singer");
        str = Holder.vt == VT_NULL?"":(char *)(_bstr_t)Holder;
        GetListCtrl().SetItemText(i, 1, str);
        Holder = theApp.m_pRs->GetCollect("musicalbum");
        str = Holder.vt == VT_NULL?"":(char *)(_bstr_t)Holder;
        GetListCtrl().SetItemText(i, 2, str);
        Holder = theApp.m_pRs->GetCollect("musicera");
        str = Holder.vt == VT_NULL?"":(char *)(_bstr_t)Holder;
        GetListCtrl().SetItemText(i, 3, str);
        Holder = theApp.m_pRs->GetCollect("musicformat");
        str = Holder.vt == VT_NULL?"":(char *)(_bstr_t)Holder;
        GetListCtrl().SetItemText(i, 4, str);
        Holder = theApp.m_pRs->GetCollect("filepath");
        str = Holder.vt == VT_NULL?"":(char *)(_bstr_t)Holder;
        GetListCtrl().SetItemText(i, 5, str);
        Holder = theApp.m_pRs->GetCollect("category");
        str = Holder.vt == VT_NULL?"":(char *)(_bstr_t)Holder;
        GetListCtrl().SetItemText(i, 6, str);
        theApp.m_pRs->MoveNext();
    }
}
```

```
void CUserListView::ShowSite(CString strSubaffair)
{
  SetTitle();
  CListCtrl * p = &GetListCtrl();
  //清空列表
  p->DeleteAllItems();
  if(strSubaffair == "")
      return;
  _variant_t Holder,strQuery;
  strQuery = "select * from website where category = '" + strSubaffair + "'";
    theApp.DbExecute(theApp.m_pRs, strQuery);
  int iCount = theApp.m_pRs->GetRecordCount();
  if ( 0 == iCount ) return;
  CString str;
  theApp.m_pRs->MoveFirst();
  for(int i = 0; i < iCount; i++ )
  {
      Holder = theApp.m_pRs->GetCollect("websitename");
      str = Holder.vt == VT_NULL?"":(char * )(_bstr_t)Holder;
      GetListCtrl().InsertItem(i, str);
      Holder = theApp.m_pRs->GetCollect("category");
      str = Holder.vt == VT_NULL?"":(char * )(_bstr_t)Holder;
      GetListCtrl().SetItemText(i, 1, str);
      Holder = theApp.m_pRs->GetCollect("explanation");
      str = Holder.vt == VT_NULL?"":(char * )(_bstr_t)Holder;
      GetListCtrl().SetItemText(i, 2, str);
      theApp.m_pRs->MoveNext();
  }
}
void CUserListView::ShowMemor(CString strSubaffair)
{
  SetTitle();
  CListCtrl * p = &GetListCtrl();
  //清空列表
  p->DeleteAllItems();
  if(strSubaffair == "")
      return;
  _variant_t Holder,strQuery;
  strQuery = "select * from memorandum";
  theApp.DbExecute(theApp.m_pRs, strQuery);
  int iCount = theApp.m_pRs->GetRecordCount();
  if ( 0 == iCount ) return;
  CString str;
  theApp.m_pRs->MoveFirst();
  for(int i = 0; i < iCount; i++ )
  {
      Holder = theApp.m_pRs->GetCollect("treataffair");
      str = Holder.vt == VT_NULL?"":(char * )(_bstr_t)Holder;
      GetListCtrl().InsertItem(i, str);
      Holder = theApp.m_pRs->GetCollect("treatdate");
      str = Holder.vt == VT_NULL?"":(char * )(_bstr_t)Holder;
```

```
        GetListCtrl().SetItemText(i, 1, str);
        Holder = theApp.m_pRs->GetCollect("explanation");
        str = Holder.vt == VT_NULL?"":(char *)(_bstr_t)Holder;
        GetListCtrl().SetItemText(i, 2, str);
        theApp.m_pRs->MoveNext();
    }
}
void CUserListView::ShowFriend(CString strSubaffair)
{
    SetTitle();
    CListCtrl * p = &GetListCtrl();
    CString str;
    //清空列表
    p->DeleteAllItems();
    if(strSubaffair == "")
        return;
    _variant_t Holder,strQuery;
    //设置查询条件
    strQuery = "select * from friends where relation = '" + strSubaffair + "'";
        theApp.DbExecute(theApp.m_pRs, strQuery);
    int iCount = theApp.m_pRs->GetRecordCount();
    if ( 0 == iCount ) return;
    for(int i = 0; i < iCount; i++ )
    {
        Holder = theApp.m_pRs->GetCollect("friendname");
        str = Holder.vt == VT_NULL?"":(char *)(_bstr_t)Holder;
        GetListCtrl().InsertItem(i, str);
        Holder = theApp.m_pRs->GetCollect("company");
        str = Holder.vt == VT_NULL?"":(char *)(_bstr_t)Holder;
        GetListCtrl().SetItemText(i, 1, str);
        Holder = theApp.m_pRs->GetCollect("hometel");
        str = Holder.vt == VT_NULL?"":(char *)(_bstr_t)Holder;
        GetListCtrl().SetItemText(i, 2, str);
        Holder = theApp.m_pRs->GetCollect("mobile");
        str = Holder.vt == VT_NULL?"":(char *)(_bstr_t)Holder;
        GetListCtrl().SetItemText(i, 3, str);
        Holder = theApp.m_pRs->GetCollect("relation");
        str = Holder.vt == VT_NULL?"":(char *)(_bstr_t)Holder;
        GetListCtrl().SetItemText(i, 4, str);

        theApp.m_pRs->MoveNext();
    }
}
```

3. 添加视图切换函数

(1) 定义视图类型常量。除左视图始终显示外，中间及右边视图的显示是不确定的。为方便起见，在头文件 stdafx.h 中定义两个常量来表示它们的类型。AFFAIRTYPEVIEW 表示中间视图，RIGHTPANEFRAME 表示右边的辅助框架。

```
#define AFFAIRTYPEVIEW        0
#define RIGHTPANEFRAME        1
```

(2) 在类 CRightPaneFrame 中添加指向视图的指针变量并初始化。

```
class CUserListView;
class CPerInfoView;
class CRightPaneFrame : public CFrameWnd
{
   ⋮
// Attributes
public:
  CUserListView * m_pListView;
  CPerInfoView * m_pFriendInfoView;
   ⋮
}
```

初始化指针变量：

```
BOOL CRightPaneFrame::OnCreateClient(LPCREATESTRUCT lpcs, CCreateContext * pContext)
{
   ⋮
  //初始化指针
  m_pListView = (CUserListView * )m_wndSplitter1.GetPane(0,0);
  m_pFriendInfoView = (CPerInfoView * )m_wndSplitter1.GetPane(1,0);
  RecalcLayout();
  return TRUE;
}
```

(3) 添加全局变量并导入到视图类。

① 在应用程序类的头文件 SAMS.h 的前面加上如下语句，定义一个结构。

```
typedef struct stRecorder
{
  CString strParent;
  CString strSelItem;
  CString strField1;
  CString strField2;
  CString strField3;
  CString strField4;
  CString strField5;
  CString strField6;
  CString strField7;
  CString strField8;
  CString strField9;
  CString strField10;
  CString strField11;
  CString strField12;
  CString strField13;
  CString strField14;
  CString strField15;
}stRecorder;
```

② 在应用程序类的实现文件 SAMS.cpp 的前面加上如下语句，定义 stRecorder 结构的全局变量。

```
stRecorder selRecorder;
```

③ 在列表视图类的实现文件 UserListView.cpp 的前面添加如下代码，将全局变量 selRecorder 及 m_pLeftView 导入列表视图。

```
extern stRecorder selRecorder;
extern CLeftTreeView * m_pLeftView;
```

④ 在 CMainFrame 类的实现文件 MainFrm.cpp 的前面添加如下代码，将全局变量 selRecorder 及 m_pLeftView 导入主框架。

```
extern CLeftTreeView * m_pLeftView;
extern stRecorder selRecorder;
```

(4) 在 CMainFrame 类中添加视图切换函数 SwitchToView()。实现代码如下：

```
void CMainFrame::SwitchToView(int nViewType)
{
  CString str,strParent;
  int cyCur1,cyMin1,cyCur2,cyMin2;
  str = selRecorder.strSelItem;
  strParent = selRecorder.strParent;
  m_wndSplitter.GetColumnInfo(1,cyCur1,cyMin1);
  m_wndSplitter.GetColumnInfo(2,cyCur2,cyMin2);
  if(nViewType == AFFAIRTYPEVIEW)
  {
      //重新设置
      m_wndSplitter.SetColumnInfo(1, cyCur1 + cyCur2, cyMin1);
      m_wndSplitter.SetColumnInfo(2, 0, 0);
      m_pAffairTypeView->OnInitialUpdate();
  }
  else if(nViewType == RIGHTPANEFRAME)
  {
      m_wndSplitter.SetColumnInfo(2, cyCur1 + cyCur2, cyMin2);
      m_wndSplitter.SetColumnInfo(1, 0, 0);

      if(strcmp(strParent,"个人信息") == 0 )
         m_pRightPaneFrame->m_pListView->ShowPerInfo(str);
      else if(strcmp(strParent,"课程管理") == 0)
         m_pRightPaneFrame->m_pListView->ShowCourse(str);
      else if(strcmp(strParent,"课表查询") == 0)
         m_pRightPaneFrame->m_pListView->ShowTimeTable(str);
      else if(strcmp(strParent,"图书借阅") == 0)
         m_pRightPaneFrame->m_pListView->ShowBorrowBook(str);
      else if(strcmp(strParent,"我的好友") == 0)
         m_pRightPaneFrame->m_pListView->ShowFriend(str);
      else if(strcmp(strParent,"我的音乐") == 0)
         m_pRightPaneFrame->m_pListView->ShowMusic(str);
```

```
        else if(strcmp(strParent,"我的酷网") == 0)
            m_pRightPaneFrame->m_pListView->ShowSite(str);
        else if(strcmp(strParent,"提示备忘") == 0)
            m_pRightPaneFrame->m_pListView->ShowMemor(str);
    }
    m_wndSplitter.RecalcLayout();
}
```

在 MainFrm.cpp 中添加文件包含语句#include "UserListView.h"。

4. 实现视图切换及信息显示

(1) 添加密码输入对话框。系统事务父项“个人信息”下设有“基本信息”和“保密信息”两个事务子项,显示保密信息时用户需输入密码。添加图 4.9 所示的对话框资源。

创建相应的类 CPrivateInfoDlg,为编辑框添加如下关联的成员变量。

```
CString  m_password
```

图 4.9　密码输入对话框

为简单起见,本系统设置密码为 123456。

(2) 为左视图添加选择变化消息处理函数。

① 在 CLeftTreeView 类中添加成员变量。

```
public:
  HTREEITEM m_hHitItem ;
  HTREEITEM  m_hRootItem;
```

② 在 LeftTreeView.cpp 文件中加入文件包含语句#include "MainFrm.h"。

③ 在 LeftTreeView.cpp 文件中添加 OnSelchanged()实现代码。

```
void CLeftTreeView::OnSelchanged(NMHDR * pNMHDR, LRESULT * pResult)
{
  NM_TREEVIEW * pNMTreeView = (NM_TREEVIEW * )pNMHDR;
  // TODO: Add your control notification handler code here
  //获得被选择项
  CTreeCtrl * pCtrl = &GetTreeCtrl();
  HTREEITEM hSelItem = pCtrl->GetSelectedItem();
  m_hHitItem = hSelItem;
  CMainFrame * pFrame = (CMainFrame * )AfxGetApp()->m_pMainWnd;
  //判断选择项在树中的位置
  HTREEITEM hParentItem = pCtrl->GetParentItem(hSelItem);
  selRecorder.strSelItem = pCtrl->GetItemText(hSelItem);
  selRecorder.strParent = pCtrl->GetItemText(hParentItem);
  if(hParentItem == NULL)
  {
      pFrame->SwitchToView(AFFAIRTYPEVIEW);
      return;
  }
  else
```

```
    {
        if(strcmp(pCtrl->GetItemText(hSelItem),"保密信息") == 0)
        {
            CPrivateInfoDlg dlg;
            if(dlg.DoModal() == IDOK)
            {
                UpdateData(true);
                if(strcmp(dlg.m_password,"123456") == 0)
                    pFrame->SwitchToView(RIGHTPANEFRAME);
                else
                {
                    AfxMessageBox("密码不正确!");
                    return;
                }
            }
            else
                return;
        }
        pFrame->SwitchToView(RIGHTPANEFRAME);
        return;
    }
    *pResult = 0;
}
```

(3) 设置列表视图标题。在类 CUserListView 中添加 protected 型成员函数 SetTitle(),实现代码如下:

```
void CUserListView::SetTitle()
{
    CString strHitText,strHitText1,*str;
    CTreeCtrl* pCtrl = &m_pLeftView->GetTreeCtrl();
    strHitText = selRecorder.strParent;
    CString str0[] = {"姓名","学号","性别","年龄","出生年月","班级",""};
    CString str01[] = {"姓名","身份证号","银行卡密码","邮箱密码",
                      "QQ 密码","",""};
    CString  str1[] = {"课程名称","教材","开课时间","成绩","学分",
                      "主讲教师","类别"};
    CString  str2[] = {"课程名称","起始周","星期","节次","上课地点",
                      "主讲教师","类别"};
    CString  str3[] = {"图书名称","来源","借阅日期","还书日期","还书地点","",""};
    CString  str4[] = {"姓名","工作单位","家庭电话","手机","关系","",""};
    CString  str5[] = {"乐曲名称","演唱演奏","专辑","年代","格式","文件","类别"};
    CString  str6[] = {"网址","类别","说明","","","",""};
    CString  str7[] = {"待办事务","日期","说明","","","",""};
    str = str0;
    if(strcmp(selRecorder.strSelItem,"保密信息") == 0 ) str = str01;
    else if(strcmp(strHitText,"课程管理") == 0) str = str1;
    else if(strcmp(strHitText,"课表查询") == 0) str = str2;
    else if(strcmp(strHitText,"图书借阅") == 0) str = str3;
    else if(strcmp(strHitText,"我的好友") == 0) str = str4;
```

```
    else if(strcmp(strHitText,"我的音乐") == 0) str = str5;
    else if(strcmp(strHitText,"我的酷网") == 0) str = str6;
    else if(strcmp(strHitText,"提示备忘") == 0) str = str7;
    CRect rect;
    GetListCtrl().GetClientRect(&rect);
    //设置列表控件风格
    DWORD dwStyle = ::GetWindowLong(m_hWnd,GWL_STYLE);
    dwStyle| = LVS_REPORT|LVS_SHOWSELALWAYS|LVS_EDITLABELS;
    ::SetWindowLong(m_hWnd,GWL_STYLE,dwStyle);
    dwStyle = GetListCtrl().GetExtendedStyle();
    dwStyle| = LVS_EX_FULLROWSELECT;
    //设置扩展风格
    GetListCtrl().SetExtendedStyle(dwStyle);
    for(int i = 0;i < 7;i++ )
      GetListCtrl().DeleteColumn(0);
    for(i = 0;i < 7;i++ )
      GetListCtrl().InsertColumn(i, str[i], LVCFMT_CENTER, 100);
}
```

5. 实现事务信息的详细显示

有时列表视图中显示的信息是不够全面的，需要采取进一步的措施将数据库中的所有信息详细显示出来。下面以“我的好友”事务项为例进行说明。

(1) 添加文件包含语句。在 UserListView.cpp 文件前面添加如下包含语句：

```
#include "MainFrm.h"
#include "RightPaneFrame.h"
#include "PerInfoView.h"
```

(2) 为类 CUserListView 添加鼠标左键单击消息处理函数。代码如下：

```
void CUserListView::OnLButtonDown(UINT nFlags, CPoint point)
{
  // TODO: Add your message handler code here and/or call default
  CString strTree;
  strTree = selRecorder.strSelItem;
  CListCtrl * pCtrl  = &GetListCtrl();
  nHitItem  = pCtrl->HitTest(point,NULL);
  if( nHitItem < 0 )
      return;
  if(strcmp(strTree,"同学") == 0 || strcmp(strTree,"朋友") == 0)
  {
      CString strAffair,strRecorder,strTableName,strField1,str;
      strAffair = selRecorder.strSelItem;
      strRecorder = pCtrl->GetItemText(nHitItem,0);
      _variant_t Holder,strQuery;
      strQuery = "select * from affairs,tablename where
      affairs.tableNO = tablename.tableNO and
      affairs.subaffair = '" + strAffair + "'";
      theApp.DbExecute(theApp.m_pRs, strQuery);
```

```
Holder = theApp.m_pRs->GetCollect("tablename");
strTableName = Holder.vt==VT_NULL?"":(char*)(_bstr_t)Holder;
Holder = theApp.m_pRs->GetCollect("Field1");
strField1 = Holder.vt==VT_NULL?"":(char*)(_bstr_t)Holder;
strQuery="select * from "+strTableName+" where
"+strField1+"='"+strRecorder+"'";
theApp.DbExecute(theApp.m_pRs, strQuery);
Holder = theApp.m_pRs->GetCollect("friendname");
str = Holder.vt==VT_NULL?"":(char*)(_bstr_t)Holder;
selRecorder.strField1=str;
Holder = theApp.m_pRs->GetCollect("company");
str = Holder.vt==VT_NULL?"":(char*)(_bstr_t)Holder;
selRecorder.strField2=str;
Holder = theApp.m_pRs->GetCollect("companyaddr");
str = Holder.vt==VT_NULL?"":(char*)(_bstr_t)Holder;
selRecorder.strField3=str;
Holder = theApp.m_pRs->GetCollect("officetel");
str = Holder.vt==VT_NULL?"":(char*)(_bstr_t)Holder;
selRecorder.strField4=str;
Holder = theApp.m_pRs->GetCollect("homeaddr");
str = Holder.vt==VT_NULL?"":(char*)(_bstr_t)Holder;
selRecorder.strField5=str;
Holder = theApp.m_pRs->GetCollect("hometel");
str = Holder.vt==VT_NULL?"":(char*)(_bstr_t)Holder;
selRecorder.strField6=str;
Holder = theApp.m_pRs->GetCollect("mobile");
str = Holder.vt==VT_NULL?"":(char*)(_bstr_t)Holder;
selRecorder.strField7=str;
Holder = theApp.m_pRs->GetCollect("email");
str = Holder.vt==VT_NULL?"":(char*)(_bstr_t)Holder;
selRecorder.strField8=str;
Holder = theApp.m_pRs->GetCollect("mysite");
str = Holder.vt==VT_NULL?"":(char*)(_bstr_t)Holder;
selRecorder.strField9=str;
Holder = theApp.m_pRs->GetCollect("birthday");
str = Holder.vt==VT_NULL?"":(char*)(_bstr_t)Holder;
selRecorder.strField10=str;
Holder = theApp.m_pRs->GetCollect("relation");
str = Holder.vt==VT_NULL?"":(char*)(_bstr_t)Holder;
selRecorder.strField11=str;
CPerInfoView* m_pFriendInfoView;
CMainFrame* pMainFrm=(CMainFrame*)AfxGetMainWnd();
m_pFriendInfoView=pMainFrm->m_pRightPaneFrame->m_pFriendInfoView;
m_pFriendInfoView->m_field1=selRecorder.strField1;
m_pFriendInfoView->m_field2=selRecorder.strField2;
m_pFriendInfoView->m_field3=selRecorder.strField3;
m_pFriendInfoView->m_field4=selRecorder.strField4;
m_pFriendInfoView->m_field5=selRecorder.strField5;
m_pFriendInfoView->m_field6=selRecorder.strField6;
m_pFriendInfoView->m_field7=selRecorder.strField7;
m_pFriendInfoView->m_field8=selRecorder.strField8;
```

```
        m_pFriendInfoView->m_field9 = selRecorder.strField9;
        m_pFriendInfoView->m_field10 = selRecorder.strField10;
        m_pFriendInfoView->m_field11 = selRecorder.strField11;
        m_pFriendInfoView->OnInitialUpdate();
        ShowFriend(selRecorder.strField11);
    }
    CListView::OnLButtonDown(nFlags, point);
}
```

4.3.7 记录的添加与删除

1. 界面设计

本系统中事务类型比较多,且各项事务之间均无关联,因此,每项事务都需要一个输入对话框。为了便于管理,采用属性页对话框进行信息的添加。效果如图 4.10 所示。

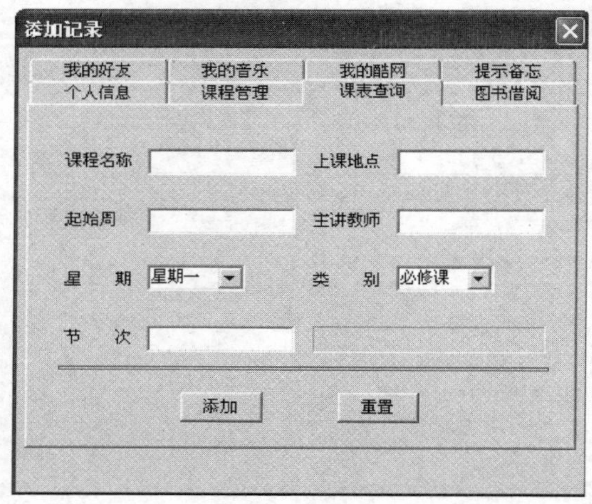

图 4.10 记录添加界面

(1) 添加页面对话框资源。这里仅以"课表查询"页面为例进行说明,其他页面请参考源代码。

① 创建对话框资源 IDD_DIALOG_ADDTIMETABLE,如图 4.9 所示。

② 创建相应的对话框类 CAddTimeTable,注意基类为 CPropertyPage。

③ 添加与页面中控件对应的成员变量,如表 4.13 所示。

表 4.13 对话框 IDD_DIALOG_ADDCOURSE 控件及成员变量

控件类型	ID	对应的静态文本 Caption	成员变量
编辑框	IDC_FIELD1	课程名称	CString m_field1
编辑框	IDC_FIELD2	起始周	CString m_field2
组合框	IDC_FIELD3	星期	CComboBox m_field3
编辑框	IDC_FIELD4	节次	CString m_field4
编辑框	IDC_FIELD5	上课地点	CString m_field5
编辑框	IDC_FIELD6	主讲教师	CString m_field6

续表

控件类型	ID	对应的静态文本 Caption	成员变量
组合框	IDC_FIELD7	类别	CComboBox m_field7
按钮	IDC_ADD_OK	添加	
按钮	IDC_ADD_CLEAR	重置	

④ 为按钮"添加"添加单击消息处理函数,代码如下:

```
void CAddTimeTable::OnAddOk()
{
  // TODO: Add your control notification handler code here
  CMainFrame* pMainFrame = (CMainFrame*)AfxGetMainWnd();
  UpdateData();
  selRecorder.strField1 = m_field1;
  selRecorder.strField2 = m_field2;
  selRecorder.strField4 = m_field4;
  selRecorder.strField5 = m_field5;
  selRecorder.strField6 = m_field6;
  selRecorder.strField7 = m_field7.GetCurSel()?"选修课":"必修课";
  int nIndex = m_field3.GetCurSel();
  CString strWeekday[] = {"星期一","星期二","星期三","星期四","星期五","星期六","星期日"};
  selRecorder.strField3 = strWeekday[nIndex];
  if(selRecorder.strField1 == "")
  {
      MessageBox("课程名称不能为空!","添加信息提示",MB_ICONEXCLAMATION);
      return;
  }
  if(MessageBox("确定要添加吗?","添加信息提示",MB_ICONQUESTION | MB_OKCANCEL) == IDOK)
      pMainFrame->m_pRightPaneFrame->m_pListView->AddRecorder();
}
```

⑤ 为按钮"重置"添加单击消息处理函数,代码如下:

```
void CAddTimeTable::OnAddClear()
{
  // TODO: Add your control notification handler code here
  m_field1 = _T("");
  m_field2 = _T("");
  m_field3.SetCurSel(0);
  m_field4 = _T("");
  m_field5 = _T("");
  m_field6 = _T("");
  m_field7.SetCurSel(0);
  UpdateData(false);
}
```

⑥ 初始化页面,代码如下:

```
BOOL CAddTimeTable::OnInitDialog()
{
  CPropertyPage::OnInitDialog();
```

```
    // TODO: Add extra initialization here
    m_field3.SetCurSel(0);
    m_field7.SetCurSel(0);
    return TRUE;   // return TRUE unless you set the focus to a control
                   // EXCEPTION: OCX Property Pages should return FALSE
}
```

（2）创建 CPropertySheet 派生类 CRecorderSheet。创建 CPropertySheet 派生类 CRecorderSheet，添加页面对象，并将各页面添加到属性页对话框。

```
#include "AddPerInfo.h"
#include "AddCourse.h"
#include "AddTimeTable.h"
#include "AddBorrow.h"
#include "AddFriend.h"
#include "AddMusic.h"
#include "AddSite.h"
#include "AddMemor.h"
class CRecorderSheet : public CPropertySheet
{
    ⋮
    // Attributes
public:
    CAddPerInfo m_addPerInfo;
    CAddCourse  m_addCourse;
    CAddTimeTable m_addTimeTable;
    CAddBorrow m_addBorrow;
    CAddFriend m_addFriend;
    CAddMusic m_addMusic;
    CAddSite m_addSite;
    CAddMemor m_addMemor;
    ⋮
}
CRecorderSheet::CRecorderSheet(LPCTSTR pszCaption, CWnd * pParentWnd, UINT iSelectPage)
    :CPropertySheet(pszCaption, pParentWnd, iSelectPage)
{
    AddPage(&m_addPerInfo);
    AddPage(&m_addCourse);
    AddPage(&m_addTimeTable);
    AddPage(&m_addBorrow);
    AddPage(&m_addFriend);
    AddPage(&m_addMusic);
    AddPage(&m_addSite);
    AddPage(&m_addMemor);
}
```

2. 添加记录

为类 CUserListView 添加 public 型成员函数 AddRecorder()。实现代码如下：

```
void CUserListView::AddRecorder()
```

```
{
  CString strTableName,straffair,strField1;
  straffair = selRecorder.strParent;
  _variant_t Holder,strQuery;
  strQuery = "select * from affairtype,tablename where
  affairtype.tableNO = tablename.tableNO and
  affairtype.affairname = '" + straffair + "'";
  theApp.DbExecute(theApp.m_pRs, strQuery);
  Holder = theApp.m_pRs->GetCollect("tablename");
  strTableName = Holder.vt == VT_NULL?"":(char *)(_bstr_t)Holder;
  Holder = theApp.m_pRs->GetCollect("Field1");
  strField1 = Holder.vt == VT_NULL?"":(char *)(_bstr_t)Holder;
  strQuery = "select * from " + strTableName + " where
  " + strField1 + " = '" + selRecorder.strField1 + "'";
  theApp.DbExecute(theApp.m_pRs, strQuery);
  int iCount = theApp.m_pRs->GetRecordCount();
  if (iCount!= 0)
  {
        AfxMessageBox(_T("该记录已经存在!"), MB_ICONEXCLAMATION);
          return;
  }
  strQuery = "insert into " + strTableName + "
  values('" + selRecorder.strField1 + "', \
       '" + selRecorder.strField2 + "','" + selRecorder.strField3 + "', \
      '" + selRecorder.strField4 + "','" + selRecorder.strField5 + "', \
      '" + selRecorder.strField6 + "','" + selRecorder.strField7 + "', \
      '" + selRecorder.strField8 + "','" + selRecorder.strField9 + "', \
      '" + selRecorder.strField10 + "','" + selRecorder.strField11 + "', \
      '" + selRecorder.strField12 + "')";
  if ( theApp.DbExecute(theApp.m_pRs, strQuery) )
  {
      AfxMessageBox(_T("添加记录成功!"), MB_ICONINFORMATION);
  }
  else
  {
      AfxMessageBox(_T("添加记录失败!"), MB_ICONEXCLAMATION);
      return;
  }
  CMainFrame* pMainFrame = (CMainFrame*)AfxGetMainWnd();
  pMainFrame->SwitchToView(RIGHTPANEFRAME);
}
```

3. 删除记录

为类 CUserListView 添加 public 型成员函数 DelRecorder()。实现代码如下：

```
void CUserListView::DelRecorder()
{
  CString strAffair,strRecorder,strTableName,strField1;
  strAffair = selRecorder.strSelItem;
  CListCtrl* pCtrl = &GetListCtrl();
```

```
    strRecorder = pCtrl -> GetItemText(nHitItem,0);
    _variant_t Holder,strQuery;
    strQuery = "select * from affairs,tablename where
    affairs.tableNO = tablename.tableNO and
    affairs.subaffair = '" + strAffair + "'";
    theApp.DbExecute(theApp.m_pRs, strQuery);
    Holder = theApp.m_pRs -> GetCollect("tablename");
    strTableName = Holder.vt == VT_NULL?"":(char *)(_bstr_t)Holder;
    Holder = theApp.m_pRs -> GetCollect("Field1");
    strField1 = Holder.vt == VT_NULL?"":(char *)(_bstr_t)Holder;
    strQuery = "delete from " + strTableName + " where
    " + strField1 + " = '" + strRecorder + "'";
    if(theApp.DbExecute(theApp.m_pRs, strQuery))
    {
        AfxMessageBox("删除成功!");
        CMainFrame * pMainFrame = (CMainFrame *)AfxGetMainWnd();
        pMainFrame -> SwitchToView(RIGHTPANEFRAME);
        return;
    }
    else
        AfxMessageBox("删除失败!");
}
```

4.3.8 快捷菜单的实现

1. 编辑快捷菜单资源

插入快捷菜单资源 IDR_MENU_RECORDER，添加“添加记录”和“删除记录”两个菜单项，ID 分别为 ID_RECORDER_ADD 和 ID_RECORDER_DEL。

2. 显示快捷菜单

快捷菜单的显示一般通过右击鼠标来完成，所以应在列表视图类 CUserListView 中添加消息处理函数。代码如下：

```
void CUserListView::OnRButtonDown(UINT nFlags, CPoint point)
{
    // TODO: Add your message handler code here and/or call default
    CListView::OnRButtonDown(nFlags, point);
    CMenu menu, * pSubMenu;
    menu.LoadMenu(IDR_MENU_RECORDER);
    CPoint oPoint;
    GetCursorPos(&oPoint);
    pSubMenu = menu.GetSubMenu(0);
    pSubMenu -> TrackPopupMenu(TPM_LEFTALIGN,oPoint.x,oPoint.y,this);
}
```

3. 快捷菜单功能实现

(1) 在 CUserListView 类中添加成员变量 m_RecorderSheet。定义如下：

```
#include "RecorderSheet.h"
class CUserListView : public CListView
{
⋮
// Attributes
public:
  CRecorderSheet m_RecorderSheet;
⋮
}
```

成员变量 m_RecorderSheet 为类 CUserListView 的子对象，应对 CUserListView 类的构造函数进行修改，以便能正确初始化子对象。

```
CUserListView::CUserListView():m_RecorderSheet("添加记录")
{
}
```

(2) 利用类向导为快捷菜单的两个菜单项添加消息处理函数。实现代码如下：

```
void CUserListView::OnRecorderAdd()
{
  // TODO: Add your command handler code here
  int nIndex = 0;
  if(strcmp(selRecorder.strParent,"个人信息") == 0 ) nIndex = 0;
  else if(strcmp(selRecorder.strParent,"课程管理") == 0) nIndex = 1;
  else if(strcmp(selRecorder.strParent,"课表查询") == 0) nIndex = 2;
  else if(strcmp(selRecorder.strParent,"图书借阅") == 0) nIndex = 3;
  else if(strcmp(selRecorder.strParent,"我的好友") == 0) nIndex = 4;
  else if(strcmp(selRecorder.strParent,"我的音乐") == 0) nIndex = 5;
  else if(strcmp(selRecorder.strParent,"我的酷网") == 0) nIndex = 6;
  else if(strcmp(selRecorder.strParent,"提示备忘") == 0) nIndex = 7;
  m_RecorderSheet.SetActivePage(nIndex);
  m_RecorderSheet.DoModal();
}
void CUserListView::OnRecorderDel()
{
  // TODO: Add your command handler code here
  if(MessageBox("确定要删除该记录吗?","删除信息提示",MB_ICONQUESTION |
MB_OKCANCEL) == IDOK)
  DelRecorder();
}
```

4.3.9 其他设计

1. 系统标题及最大化

在应用程序类 CSAMSApp 的初始化函数 InitInstance()中添加代码，将系统标题修改为“学生个人事务管理系统”，并设置最大化显示属性。

```
BOOL CSAMSApp::InitInstance()
```

```
{
:
  // The one and only window has been initialized, so show and update it.
  m_pMainWnd->SetWindowText("学生个人事务管理系统");
  m_pMainWnd->ShowWindow(SW_SHOWMAXIMIZED);
:
}
```

2. 系统启动时视图切换

系统启动时只显示左视图及中间的封面视图，因此应调用视图切换函数。这里设置一个计时器来完成对视图切换函数的一次调用。

在 CMainFrame 类的 OnCreate()中设置计时器，并添加 WM_TIMER 消息处理函数。

设置计时器：

```
SetTimer(1,0,NULL);
```

添加消息处理函数：

```
void CMainFrame::OnTimer(UINT nIDEvent)
{
  // TODO: Add your message handler code here and/or call default
  SwitchToView(AFFAIRTYPEVIEW);
  KillTimer(1);
  CFrameWnd::OnTimer(nIDEvent);
}
```

3. 主菜单及工具栏设计

(1) 删除主菜单中的"编辑"菜单，删除"文件"菜单下除"退出"以外的所有菜单项，并将"文件"修改为"系统"。

(2) 在"查看"主菜单中添加"详细信息"菜单项，用来控制 CPerInfoView 视图的显示与隐藏。

① 在辅助框架类 CRightPaneFrame 中添加 BOOL 型成员变量 m_bInfo。

② 在辅助框架类 CRightPaneFrame 中添加"详细信息"菜单项的消息处理函数，代码如下：

```
void CRightPaneFrame::OnMenuitemInfo()
{
  int cyCur0,cyMin0,cyCur1,cyMin1;
  m_wndSplitter1.GetRowInfo(1,cyCur1,cyMin1);
  if(!cyCur1)
  {
      //重新设置
      m_wndSplitter1.GetRowInfo(0,cyCur0,cyMin0);
      m_wndSplitter1.SetRowInfo(0, cyCur0 - (3 * cyCur0/5), cyCur0/4);
      m_wndSplitter1.SetRowInfo(1, 3 * cyCur0/5, cyCur0/4);
  }
```

```
    else
    {
        m_wndSplitter1.GetRowInfo(0,cyCur0,cyMin0);
        m_wndSplitter1.SetRowInfo(0, cyCur0 + cyCur1,cyCur0 + cyCur1);
        m_wndSplitter1.SetRowInfo(1, 0, 0);
    }
    m_wndSplitter1.RecalcLayout();
    m_bInfo = ! m_bInfo;

}
void CRightPaneFrame::OnUpdateMenuitemInfo(CCmdUI * pCmdUI)
{
    // TODO: Add your command update UI handler code here
    pCmdUI -> SetCheck(m_bInfo);
}
```

③ 由于"详细信息"菜单项位于主框架内，因而需重定义消息，以便辅助框架类 CRightPaneFrame 也能接收来自主框架类的消息。重载 CMainFrame 类的虚函数 OnCmdMsg()，代码如下：

```
BOOL CMainFrame::OnCmdMsg(UINT nID, int nCode, void * pExtra,
AFX_CMDHANDLERINFO * pHandlerInfo)
{
    // TODO: Add your specialized code here and/or call the base class
    CRightPaneFrame * pRightPaneFrame =
                        (CRightPaneFrame * )m_wndSplitter.GetPane(0,2);
    if(pRightPaneFrame -> OnCmdMsg(nID, nCode, pExtra, pHandlerInfo))
        return TRUE;
    return CFrameWnd::OnCmdMsg(nID, nCode, pExtra, pHandlerInfo);
}
```

4.4 小结

本章使用了以 ADO 对象操纵数据库、视图界面切分、树状结构处理和快捷菜单动态显示等技术，各种技术紧密融合。读者可通过模仿制作来掌握其原理，为以后的复杂软件制作打下良好的基础。因需要突出每章不同的学习重点，所以这里减少了关于信息管理系统部分功能的介绍，如登录界面的制作、视图的优化和出错纠正等。另外，系统所管理的事项都是预先设定好的，不能根据具体的情况进行增加与删除，这些都有待于进一步完善。

第5章 OpenGL图形程序的开发

随着计算机技术的飞速发展,计算机动画(Computer Animation)、科学计算可视化(Visualization in Scientific Computer)和虚拟现实(Virtual Reality)逐渐成为计算机图形学领域中三大重要技术,而三维真实感图形又是这三大技术的核心内容。OpenGL 作为一个工业标准的三维图形软件接口,已成为目前三维图形开发标准,是从事三维图形开发工作的技术人员所必须掌握的开发工具。

Visual C++作为一个强大的 Windows 应用程序开发平台,已经将 OpenGL 当成重要的模块扩展进来,从而大大增强了该编译平台对图形的处理能力。本章通过一个简单的 OpenGL 应用程序,来实现光照的设置、三维图形绘图与旋转等功能,详细讲解 Visual C++中扩展模块的使用方法以及利用 OpenGL 进行三维图形程序设计的步骤。

5.1 OpenGL 基础

5.1.1 什么是 OpenGL

OpenGL(Open Graphics Library,开放式图形库)是一个三维的计算机图形和模型库,其最大特点是与硬件无关,可以在不同的硬件平台上得到实现。GL 支持立即模式的接口,立即模式的好处是可以省略先将图形存储于数据结构的步骤,使用立即模式修改应用软件更容易,显示图形更方便。使用 GL 技术可以轻松开发出具有实时交互能力的三维图形软件。

(1) OpenGL 是由 Silicon Graphics(SGI)公司开发的,有 Windows NT 和 Windows 9x 版,其 API 在工作站上具有可移植性,与 Microsoft 的 DirectX 平分秋色。

(2) OpenGL 是一个开放式图形库,目前在 Windows、MacOS、OS/2、UNIX/X-Windows 等系统下均可使用,且仅在窗口相关部分(系统相关)略有差异,因此具有良好的可移植性,同时调用方法简洁明了,深受好评,应用广泛。

(3) OpenGL 是对网络透明的 3D 图形处理接口,用户可以通过一个简单易用的模块化接口生成高质量的 3D 图形图像。它在硬件、操作系统等方面是独立的,支持 C、C++、Pascal 和 Lisp 等多种语言。

(4) OpenGL 为图形显示提供了宽广的范围,从渲染一个简单的几何点、线、多边形,到利用 Phong 光线、Gouraud 阴影、纹理映射贴图,以及反锯齿的点、线、面和对一个 3D 物体进行最复杂的3D变换、剪贴、采集和描绘。由于采用了模块和累加缓冲技术，OpenGL可实现几何实体、阴影、全景反锯齿和动态模糊等效果。

(5) OpenGL程序应用接口的最大贡献，就是通过高级语言降低了专用图形加速卡的成本，最终导致整个PC图形系统价格的降低，从而抢占了RISC/UNIX系统工作站。

5.1.2　OpenGL的发展历史

1992年，OpenGL1.0版正式发布，并立即得到推广。1995年12月，由OpenGL ARB (Architecture Review Board，体系结构评审委员会)批准了OpenGL1.1版本，这一版本的OpenGL性能得到了加强，并引入了一些新特征，其中包括在增强元文件中包含OpenGL调用，引进打印机支持，通过顶点数组的新特征提高了顶点位置、法向、颜色及色彩指数、纹理坐标、多边形边缘标志等的传输速度。SGI等ARB成员以投票方式产生标准，并制成规范文档(Specification)公布。只有通过了ARB规范全部测试的实现才能称为OpenGL。1999年5月通过了1.2.1版。

现在，OpenGL已经成为应用最为广泛的二维和三维图形编程接口，各种平台上利用OpenGL开发的图形应用软件大量地涌现出来。OpenGL的主要版本有1.0、1.1、1.2和1.2.1，其中以1.1版最为常用。

Microsoft最先是把OpenGL集成到Windows NT中，后来又把它集成到Windows 95 OSR2中。而在Windows 98中，OpenGL已成为标准组成部分之一，其执行性能也得到了相应的优化提高。值得一提的是，由于Microsoft公司在Windows NT和Windows 9x中提供OpenGL标准，使得OpenGL在计算机中得到了广泛应用。尤其是在OpenGL三维图形加速卡和计算机图形工作站推出后，人们可以在计算机上实现CAD设计、仿真模拟和三维游戏等，从而使应用OpenGL及其应用软件来创建三维图形变得更为方便。

5.1.3　OpenGL的特点

在计算机发展初期，人们就开始从事计算机图形的开发，但直到20世纪80年代末、90年代初，三维图形才开始迅速发展。于是各种三维图形工具软件包相继推出，如GL、RenderMan等。这些三维图形工具软件包有些侧重于使用方便，有些侧重于绘制效果或与应用软件的连接，但没有一种软件包能在交互式三维图形建模能力和编程方便程度上与OpenGL相媲美。恰恰相反，很多优秀的软件都是以它为基础开发出来的，著名的产品有动画制作软件3D MAX、SoftImage、Maya、VR软件和GIS软件等。与一般的图形开发工具相比，OpenGL具有以下几个突出特点。

(1) 应用广泛。OpenGL是目前最主要的二、三维交互式图形应用程序开发环境，已成为业界最受推荐的图形应用编程接口。自从1992年发表以来，OpenGL已被广泛地应用于CAD/CAM/CAE、三维动画、军事、电视广播、艺术造型、医疗影像、数字图像处理以及虚拟现实等领域。无论是在PC上，还是在工作站甚至是大型机和超级计算机上，OpenGL都能表现出它的高性能和强大威力。

(2) 跨平台性。OpenGL能够在几乎所有的主流操作系统上运行，包括UNIX、Mac OS、OS/2、Windows NT、Windows 9x和Linux等，也能够与其中绝大多数的窗口系统一起工作。

(3) 高质量和高性能。无论是在 CAD/CAM、三维动画，还是可视化仿真等领域，OpenGL 高质量和高效率的图形生成能力都能得到充分的体现。在这些领域中，开发人员可以利用 OpenGL 制作出效果逼真的二、三维图像来。

(4) 出色的编程特性。OpenGL 体系结构评审委员会(ARB)独立负责管理 OpenGL 的规范，这使得 OpenGL 具有充分的独立性；OpenGL 在各种平台上已有多年的应用实践，加上严格的规范控制，因此 OpenGL 具有良好的稳定性；良好的前瞻性、伸缩性和易使用性等也是 OpenGL 的突出编程特点。

(5) 网络透明性。建立在客户端/服务器模型上的网络透明性是 OpenGL 的固有特性，它允许一个运行在工作站上的进程在本机或通过网络在远程工作站上显示图形。利用这种透明性能够均衡地共同承担图形应用任务的各工作站的负荷，也能使得没有图形功能的服务器能够使用图形工具。

(6) 灵活性。尽管 OpenGL 有一套独特的图形处理标准，但各平台开发商可以自由地开发适合于各自系统的 OpenGL 执行实例。在这些实例中，OpenGL 功能可由特定的硬件实现，也可用纯软件例程实现，或者以软硬件结合的方式实现。

5.1.4 OpenGL 开发组件

在 Windows 9x/NT 下的 OpenGL 组件有两种，一种是 SGI 公司提供的，另一种是 Microsoft 公司提供的。两者大体上没有什么区别，都是由如下三大部分组成。

(1) 函数的说明文件。如 gl. h、glu. h、glut. h 和 glaux. h。

(2) 静态链接库文件。如 glu32. lib、glut32. lib、glaux. lib 和 opengl32. lib。

(3) 动态链接库文件。如 glu. dll、glu32. dll、glut. dll、glut32. dll 和 opengl32. dll。

5.1.5 OpenGL 常量和函数

OpenGL 基本常量的名字以 GL_开头，如 GL_LINE_LOOP；实用常量的名字以 GLU_开头，如 GLU_FILL。OpenGL 还定义了一些特殊常量，如 GLfloat、GLvoid，它们其实就是 C 语言中的 float 和 void。

OpenGL 的一些函数如 glColor * ()(定义颜色值)，函数名后可以接不同的后缀以支持不同的数据类型和格式。如 glColor3b(…)、glColor3d(…)、glColor3f(…)和 glColor3bv(…)等，这几个函数在功能上是相似的，只是适用于不同的数据类型和格式，其中 3 表示该函数带有 3 个参数，b、d、f 分别表示参数的类型是字节型、双精度浮点型和单精度浮点型，v 则表示这些参数是以向量形式出现的。

(1) OpenGL 核心函数。以 gl 为前缀，共有 115 个，这部分函数用于常规的、核心的图形处理。它们是最基本的，可以运行在任何的 OpenGL 工作平台上，可以创建二维和三维几何体，设置视点建立视觉体，设置颜色和材质，建立光源，进行纹理映射、反走样、处理融合和雾化场景等，可以接受不同的参数，派生成 300 多个函数。

(2) OpenGL 实用库函数。以 glu 为前缀，共有 43 个，这部分函数通过调用核心库中的函数，为开发者提供相对简单的用法，实现一些较为复杂的操作，如坐标变换、纹理映射、绘制球和茶壶等简单多边形。它们提供对于辅助函数特性的支持，并且执行核心的 OpenGL

交互，因而是比核心函数更为高层的函数，也更具有通用性。能够完成初始化、管理纹理映射、变换坐标、细化多边形、应用回调函数、细化物体、声明回调和细化、着色简单曲面（球、圆柱等）、产生曲线、曲面及处理错误。和 OpenGL 核心函数一样，它们可以运行于任何 OpenGL 平台。

(3) OpenGL 辅助库函数。以 aux 为前缀，共有 31 个，这部分函数提供窗口管理、输入输出处理以及绘制一些简单三维物体。它们是一类特殊的 OpenGL 函数，帮助使用者尽快进入 OpenGL 编程做简单练习使用。它们并不能在所有的平台上使用，但是 Windows 98(Me)和 Windows NT(2000)支持它们。这些函数简化了像素格式的设置，集成了窗口管理系统的生成控制及背景过程，简化了可以定制的输入事件及其交互手段，可以绘制简单的典型的三维物体等。使用者采用它们的目的是进行集合物体的数学描述，而不是着重于 Windows 编程的基本知识。但在产品程序中尽量不要用它们，这是因为：第一，消息循环不是在代码中进行；第二，没有为其他所需要的消息添加句柄的方法；第三，几乎不支持调色板。

(4) OpenGL 工具库函数。以 glut 为前缀，共有 30 多个，这部分函数主要提供基于窗口的工具，如多窗口绘制、空消息和定时器，以及一些绘制较复杂物体的函数。由于 glut 中的窗口管理函数是不依赖于运行环境的，因此 OpenGL 中的工具库可以在所有的 OpenGL 平台上运行。

(5) Windows 专用库函数。以 wgl 为前缀，共有 6 个，这部分函数主要用于连接 OpenGL 和 Windows 95/NT，以弥补 OpenGL 在文本方面的不足。Windows 专用库只能用于 Windows 95/98/NT 环境中。

(6) Win32 API 函数库。无专用前缀，共有 5 个，这部分函数主要用于处理像素存储格式和双帧缓存。这 5 个函数将替换 Windows GDI 中原有的同样的函数。Win32 API 函数库只能用于 Windows 95/98/NT 环境中。

5.1.6 OpenGL 提供的基本操作

1. 绘制物体

真实世界里的任何物体都可以在计算机中用简单的点、线、多边形来描述。OpenGL 提供了丰富的基本图元绘制命令，从而可以方便地绘制物体。

2. 变换

可以说，无论多复杂的图形都是由基本图元组成并经过一系列变换来实现的。OpenGL 提供了一系列基本的变换，如取景变换、模型变换、投影变换及视区变换。

3. 光照处理

正如自然界不可缺少光一样，绘制有真实感的三维物体必须做光照处理。

4. 着色

OpenGL 提供了两种物体着色模式，一种是 RGBA 颜色模式，另一种是颜色索引模式。

5. 反走样

在 OpenGL 绘制图形过程中，由于使用的是位图，所以绘制出的图像的边缘会出现锯齿形状，称为走样。为了消除这种缺陷，OpenGL 提供了点、线、多边形的反走样技术。

6. 融合

为了使三维图形更加具有真实感，经常需要处理半透明或透明的物体图像，这就需要用到融合技术。

7. 雾化

正如自然界中存在烟雾一样，OpenGL 提供了 fog 的基本操作来达到对场景进行雾化的效果。

8. 位图和图像

在图形绘制过程中，位图和图像是非常重要的方面。OpenGL 提供了一系列函数来实现位图和图像的操作。

9. 纹理映射

在计算机图形学中，把包含颜色、Alpha 值（表示透明度）和亮度等数据的矩形数组称为纹理。而纹理映射可以理解为将纹理粘贴在所绘制的三维模型表面，以使三维图形显得更生动。

10. 动画

出色的动画效果是 OpenGL 的一大特色，OpenGL 提供了双缓存区技术来实现动画绘制。

OpenGL 并没有提供三维模型的高级命令，而是通过基本的几何图元（点、线及多边形）来建立三维模型。目前，有许多优秀的三维图形软件（如 3ds Max）可以较方便地建立物体模型，但又难以对建立的模型进行控制，若把这些模型转化为 OpenGL 程序，则可随心所欲地控制这些模型来制作三维动画，实现仿真数据的可视化和虚拟现实。

5.1.7 坐标变换

在真实世界里，所有的物体都是三维的。但是，这些三维物体在计算机世界中却必须以二维平面物体的形式表现出来，这就涉及坐标变换的问题。在 OpenGL 编程过程中，坐标变换是贯穿始终的操作，程序员必须在头脑中对整个坐标变换过程有一个清晰的图像，才能将所建的场景模型正确地显示在屏幕上。

OpenGL 的坐标变换过程类似于用照相机拍摄照片的过程，一般都要经历以下几个步骤。

(1) 取景变换（Viewing Transformation）。也叫视点变换，将照相机放在合适的地方对准三维景物。

(2) 模型变换(Modeling Transformation)。将三维物体放在合适的位置。

(3) 投影变换(Projection Transformation)。将相机镜头调整,使三维景物投影在二维胶片上。

(4) 视区变换(Viewport Transformation)。也叫视口变换,决定二维相片的大小,确定最终的照片是多大。

1. 取景变换

取景变换过程就是一个将顶点坐标从世界坐标变换到视觉坐标的过程。

世界坐标系,也称为全局坐标系。它是右手坐标系,可以认为该坐标系是固定不变的,在初始态下,其 x 轴为沿屏幕水平向右,y 轴为沿屏幕垂直向上,z 轴则为垂直屏幕面向外指向用户。当然,如果在程序中对视点进行了转换,就不能再认为是这样的了。

视觉坐标系,也称为局部坐标系。它是左手坐标系,该坐标系是可以活动的。在初始态下,其原点及 x、y 轴分别与世界坐标系的原点及 x、y 轴重合,而 z 轴则正好相反,即为垂直屏幕面向内。

在程序中,定义取景变换前,应该把当前矩阵设置成单位矩阵,即调用 glLoadIdentity 函数,这是在进行变换操作前必需的一步,然后调用 glTranslatef 函数作取景变换。由于当前矩阵的值会因为变换的顺序不同而不同,因此变换的顺序是非常重要的。

2. 模型变换

模型变换是在世界坐标系中进行的。在这个坐标系中,可以对物体实施平移(glTranslatef())、旋转(glRotatef())和放大缩小(glScalef())。这 3 个函数的声明为:

```
void glTranslated(GLdouble x, GLdouble y, GLdouble z);
void glTranslatef(GLfloat x, GLfloat y, GLfloat z);
viod glRotated(GLdouble angle, GLdouble x, GLdouble y, GLdouble z);
void glRotatef(GLfloat angle, GLfloat x, GLfloat y, GLfloat z);
void glScaled(GLdouble x, GLdouble y, GLdouble z);
void glScalef(GLfloat x, GLfloat y, GLfloat z);
```

这 3 个函数的参数相似,都使用 x、y、z 代表在 3 个坐标轴上的坐标,其中 angle 是用角度表示的旋转角度。用 glScalef 函数可以定义 x、y、z 轴的放大系数,例如把立方体沿 y 轴放大 2 倍,可以调用 glScalef(1,2,1)把立方体变成一个长方体。

3. 投影变换

投影变换除了确定观察范围之外,还决定物体投影到屏幕的方式,其作用有两个:

(1) 确定物体投影到屏幕的方式,即是正射投影还是透视投影。

(2) 确定从图像上裁剪掉哪些物体或物体的某一部分,即观察范围。

正射投影如同无穷远处的太阳光照射过来一样,没有近大远小之分,其取景体积是一个各面均为矩形的六面体。使用 glOrtho 函数建立一个正射投影:

```
void glOrtho(Gldouble  left,GLdouble right,GLdouble bottom,
             GLdouble top,GLdouble near,GLdouble far);
```

该函数创建一个平行视景体，即投射线是平行线，把第一个矩形视景投影到第二个矩形视景上，并用该矩阵乘以当前矩阵，以完成变换。近景第一个矩形的左上角三维空间坐标为(left，bottom，-near)，右下角的三维空间坐标为(right，top，-near)；远景第二个矩形左上角三维空间坐标为(left，bottom，-far)，右下角的三维空间坐标为(right，top，-far)。

如果在有限远处观察，就形成了透视投影，即近大远小，其取景体积是一个截头锥体。使用 glFrustum 函数可以建立该投影：

```
void glFrustum(GLdouble left,GLdouble right,GLdouble bottom,
               GLdouble top,GLdouble  near,GLdouble  far);
```

该函数以透视矩阵乘以当前矩阵，创建一个形如棱台的视景体，其参数 left、right 指定左、右垂直裁剪面的坐标；bottom、top 指定底和顶水平裁剪面的坐标；near、far 指定近和远深度裁剪面的距离，两个距离一定是正的。

4. 视区变换

视区就是窗口中矩形绘图区，视区变换就是将视景体内投影的物体显示在二维的视区平面上。视区变换表明映射到屏幕的可见形状，可以使用 OpenGL 的 glViewport 函数来选择一个较小的绘图区域，利用这个命令可以在同一个窗口上同时显示多个视图，达到分屏显示的目的。该函数原型如下：

```
void glViewport(GLint x,GLint y,Glsize width,Glsize height);
```

该函数定义一个视区，可视区域为(x，y，width，height)，x 和 y 是视区在屏幕窗口坐标系中左上坐标，默认是(0，0)。width、height 是宽和高。应该使可视区域的长宽比和可视空间的长宽比相等，否则在显示中会导致图像变形。

利用实用库函数 gluLookAt()设置视觉坐标系。在实际的编程应用中，用户在完成场景的建模后，往往需要选择一个合适的视角或者不停地变换视角，以对场景作观察。实用库函数 gluLookAt()就提供了这样的一个功能：

```
void gluLookAt(GLdouble eyex,GLdouble eyey,GLdouble eyez,
               GLdouble centerx,GLdouble centery,GLdouble centerz,
               GLdouble upx,GLdouble upy,GLdouble upz);
```

该函数定义一个视图矩阵，并与当前矩阵相乘，其中 eyex、eyey、eyez 指定视点的位置；centerx、centery、centerz 指定参考点的位置；upx、upy、upz 指定视点向上的方向。

5.1.8 在 OpenGL 中使用颜色

OpenGL 提供两种颜色模式：RGB(RGBA)模式和颜色索引(Color Index)模式。

RGBA 模式下所有颜色的定义用 R、G、B 3 个值来表示，有时也加上 Alpha 值(表示透明度)。计算机屏幕上像素的颜色是红、绿、蓝 3 种颜色按一定比例混合得到的，称为 RGB 值，RGB 3 个分量值的范围都在 0～1 之间，它们在最终颜色中所占的比例与它们的值成正比。例如，(1，1，0)表示黄色，(0，0，1)表示蓝色。

颜色索引模式下每个像素的颜色是用颜色索引表中的某个颜色索引值表示(类似于从

调色板中选取颜色)。

由于三维图形处理中要求颜色灵活,而且在阴影、光照、雾化和融合等效果处理中RGBA 的效果要比颜色索引模式好,所以在编程时大多采用 RGBA 模式。

OpenGL 提供了双缓存来绘制图像,即在显示前台缓存中的图像同时,后台缓存绘制第二幅图像。当后台绘制完成后,后台缓存中的图像就显示出来,此时原来的前台缓存开始绘制第三幅图像,如此循环往复,以增加图像的输出速度。

使用 OpenGL 的应用程序要在屏幕的窗口上显示彩色图形,而窗口是由像素矩阵构成的一个矩形,每个像素又有各自的颜色,像素的颜色不同组成的图形也不同,因此 OpenGL 的一切操作都是为了最终确定窗口的各像素颜色。例如,glColor3f(1.0,0.0,0.0); glVertex3f(0.0,0.0,0.0);将在屏幕或缓冲区内绘制一个红色点,glColor3f()是设置颜色的函数之一,其他的函数和该函数相似。使用不同的后缀以区分不同的参数,主要有 glColor3 和 glColor4 两种方式,其中 glColor4 函数的参数采用 RGB 值加上 Alpha 值表示,使用到以 v 结尾的函数,参数是指向包含 3 种颜色值或加上 Alpha 值的数组。用户可以根据需要任选一种数值精度,设置当前颜色的红、绿、蓝、α 值。对于以上含 3 个参数的函数,会自动地把最大值线性映射到 1.0,0 映射到 0.0,有符号整数的最大负值映射到 -1.0,最大正数映射到 1.0。

5.1.9 光照和材质

1. 简单光照模型

这里介绍的简单光照模型只考虑被照明物体表面的反射光影响,假定物体表面光滑不透明且由理想材料构成,环境假设为由白光照明。

一般来说,反射光可以分成 3 个分量,即环境反射、漫反射和镜面反射。环境反射分量假定入射光均匀地从周围环境入射至景物表面并等量地向各个方向反射出去,通常物体表面还会受到从周围环境来的反射光(如来自地面、天空和墙壁等的反射光)的照射,这些光常统称为环境光(Ambient Light); 漫反射分量表示特定光源在景物表面的反射光中那些向空间各方向均匀反射出去的光,这些光常称为漫射光(Diffuse Light); 镜面反射光为朝一定方向的反射光,如一个点光源照射一个金属球时会在球面上形成一块特别亮的区域,呈现所谓"高光(Highlight)",它是光源在金属球面上产生的镜面反射光(Specular Light),对于较光滑的物体,其镜面反射光的高光区域小而亮,相反,粗糙表面的镜面反射光呈发散状态,其高光区域大而不亮。

2. 法向量

法向量是垂直于面的方向上点的向量。在平展的面上,各个点有同一个方向; 在弯曲的面上,各个点具有不同的法向量。

几何对象的法向量定义了它在空间中的方向。在进行光照处理时,法向量是一项重要的参数,因为法向量决定了该对象可以接收多少光照。可以利用函数 glNormal*()设置当前法向量:

```
void glNormal3 {bsidf} (TYPE nx,TYPE ny,TYPE nz);
```

```
void glNormal3 {bsidf} v (const TYPE * v);
```

{ }中的内容表示多选一。nx、ny 和 nz 指定法向量的 x、y 和 z 坐标。法向量的默认值为(0,0,1)。v 指向当前法向量的 x、y 和 z 三元组(即矢量形式)的指针。

利用 glNormal *()指定的法向量不一定为单位长度。如果利用命令 glEnable(GL_NORMALIZE)激活自动规格化法向量，则经过变换后，就会自动规格化 glNormal *()所指定的法向量。

利用 glNormal *()设置当前法向量后，相继调用 glVertex *()，使指定的顶点被赋予当前的法向量。当每个顶点具有不同的法向量时，需要有一系列的交替调用，如下列构造多边形的语句，分别为该多边形顶点 v0、v1、v2、v3 指定了法向量 n0、n1、n2、n3：

```
glBegin (GL_POLYGON);
glNormal3fv(n0);
glVertex3fv(v0);
glNormal3fv(n1);
glVertex3fv(v1);
glNormal3fv(n2);
glVertex3fv(v2);
glNormal3fv(n3);
glVertex3fv(v3);
glEnd();
```

3. 光照

没有光照，图形就根本不能显示，可以在一个建立的应用程序中将用于光照的部分去掉，结果会出现一个黑色的屏幕，什么都没有，没有光照的圆球与二维的圆盘没有任何差别，而有光照的球体才是真正的三维物体。OpenGL 可以控制光照与物体的关系，产生多种不同的视觉效果。对物体作光照处理的步骤如下：

(1) 定义物体各顶点的法向矢量。借助这些法线可以确定物体与光源的相对方向。球体的法线在调用 auxSolidSphere 函数时已经自动求出，不必自己定义。

(2) 创建、放置、打开光源。使用 glLight 函数创建光源，同时使用的光源数目最多为 8 个，并设置光源位置，使用 glEnable 函数打开光照处理功能，用函数 glEnable(GL_LIGHTi)打开第 i 个光源，光源由其光源名确定。

(3) 选择光照模型。glLighModel 函数描述光照模型，即选择光源是什么光。

(4) 定义场景中物体的材料属性。物体的材料属性决定物体反光性质，包括材料的泛光、漫反射和镜面反射颜色值，光洁度及发射光的颜色。

glLight 函数提供了对光源的大部分操作，该函数原型为：

```
void glLight{if}[v](GLenum light, GLenum pname, TYPE param);
```

该函数创建具有某种特性的光源，光源包括许多特性，如颜色、位置和方向等。选择不同的特性值，则对应的光源作用在物体上的效果也不一样。函数{ }中的内容表示多选一，[ ]中的内容表示可选。

该函数有 3 个参数：光源名、光源属性和属性值。

- light：建立的光源名，同时使用的光源不能超过8个，如GL_LIGHT0、GL_LIGHT1和GL_LIGHT7。
- pname：定义光源的反射效果，其可选值和含义如表5.1所示。
- param：设置pname属性的值，其各种默认值和含义也在表5.1中列出。

表 5.1 pname 的取值

参数名	默认值	含义
GL_AMBIENT	(0,0,0,1)	光源泛光(环境光)的颜色
GL_DIFFUSE	(1,1,1,1)	光源漫反射的颜色
GL_SPECULAR	(1,1,1,1)	光源镜面反射的颜色
GL_POSITION	(0,0,1,0)	光源位置
GL_SPOT_DIRCTION	(0,0,−1)	点光源聚光灯方向
GL_SPOT_EXPONENT	0	点光源聚光灯指数
GL_SPOT_CUTOFF	180	点光源聚光灯截止(发散)角度
GL_CONSTANT_ATTENUATION	1	衰减因子常量
GL_LINEAR_ATTENUATION	0	线性衰减因子
GL_QUADRIC_ATTENUATION	0	二次衰减因子

若要得到真实的效果，GL_SPECULAR应取与GL_DIFFUSE相同的值。使用glEnable和glDisable函数可以启用光源/关闭光源，函数原型为：

```
void glEnable(GLenum cap);
void glDisable(GLenum cap);
```

其中GLenum参数给出光源的标志，例如glEnable(GL_LIGHT0)使光源GL_LIGHT0有效。

4. 材质

OpenGL通过材料对R、G、B的近似反射率来近似定义材料颜色。也分为环境、漫射和镜面反射成分，它们决定材料对环境光、漫反射光和镜面反射光的反射程度。将材料的特性与光源特性结合就是观察的最终显示效果。例如红色塑料球，大部分是红色，在光源形成的高光处，则出现光源的特性颜色。用如下函数对材质进行定义：

```
void glMaterial{if}[v](GLenum face,GLenum pname,TYPE param);
```

其中参数face可以是GL_FRONT、GL_BACK、GL_FRONT_AND_BACK，它表明当前材质应用到物体的哪一个表面上；参数pname说明特定材料属性，可以设置的参数如表5.2所示；param设置pname属性的值，其各种默认值和含义也在表5.2中列出。

表 5.2 pname 的取值

参数名	默认值	含义
GL_AMBIENT	(0.2,0.2,0.2,1.0)	材料泛光(环境光)的颜色
GL_DIFFUSE	(0.8,0.8,0.8,1.0)	材料漫反射的颜色
GL_AMBIENT_DIFFUSE	(0.8,0.8,0.8,1.0)	材料泛光、漫反射的颜色
GL_SPECULAR	(0,0,0,1)	材料镜面反射的颜色

续表

参数名	默认值	含　义
GL_SHININESS	0.0	材料镜面反射指数
GL_EMISSON	(0,0,0,1)	材料反射光的颜色
GL_COLOR_INDEX	(0,1,1)	材料镜面反射光的色彩指数

泛光影响物体的整体颜色，因为直射到物体上的漫反射最亮，而没有直射处物体的泛光最明显，泛光不受观察点位置的影响；漫反射在表现物体颜色方面起主要作用，它受到入射光颜色和入射光与法线夹角的影响，而不受观察点位置的影响，对于真实物体，泛光和漫反射通常具有相同的颜色；镜面反射强度受观察点位置的影响，在反射角方向光最强，GL_SHININESS 属性控制强光的尺寸和亮度，默认值为 0.0，取值范围为[0.0,128.0]，值越大，强度越集中，越亮。

5.1.10　三维动画程序设计

一般正规的动画制作都是通过双缓存实现的（硬件也好，软件也好），当前台显示缓存用于显示时，后台缓存已经进行计算，计算完毕把所有内容通过缓存复制一次性完成，防止闪烁的出现。

1. 帧缓存

屏幕上所绘的图形都是由像素组成的，每个像素都有一个固定的颜色或带有相应点的其他信息，如深度等。因此在绘制图形时，内存中必须为每个像素均匀地保存数据，这块为所有像素保存数据的内存区就叫缓冲区，又叫缓存（buffer）。不同的缓存可能包含每个像素的不等数位的数据，但在给定的一个缓存中，每个像素都被赋予相同数位的数据。存储一位像素信息的缓存叫位面（bitplane）。系统中所有的缓存统称为帧缓存（Framebuffer），可以利用这些不同的缓存进行颜色设置、隐藏面消除、场景反走样和模板等操作。

2. OpenGL 帧缓存的组成

OpenGL 帧缓存由以下 4 种缓存组成。

（1）颜色缓存（Color Buffer）。颜色缓存的内容可以是颜色索引或者 RGBA 数据，如果用的 OpenGL 系统支持立体视图，则有左、右两个缓存，双缓存 OpenGL 系统有前台和后台两个缓存，而单缓存系统只有前台缓存。

（2）深度缓存（Depth Buffer）。深度缓存保存每个像素的深度值。深度通常用视点到物体的距离来度量，也称为 z-Buffer，用于保存像素 z 方向的数值。因为在实际应用中，x、y 常度量屏幕上水平与垂直距离，而 z 常被用来度量眼睛到屏幕的垂直距离。

（3）模板缓存（Stencil Buffer）。用以保持屏幕上某些位置图形不变，而其他部位仍然可以进行图形绘制。例如大家熟悉的开飞机和赛车游戏的驾驶舱视角，只有挡风玻璃外面的景物变化，舱内仪表等并不变化。

（4）累积缓存（Accumulation Buffer）。累积缓存同颜色缓存一样也保存颜色数据，但它只保存 RGBA 颜色数据，不保存颜色索引数据（因为在颜色索引方式下使用累积缓存，其结果不确定）。一般用于累积一系列图像，从而形成最后的合成图像。利用这种方法可以进行场景反走样操作。

3. 缓存的清除

在许多图形程序中，清屏或清除任何一个缓存，一般来说操作开销都很大。通常，对于一个简单的绘图程序，清除操作可能要比绘图所花费的时间多得多。如果不仅仅只清除颜色缓存，而且还要清除深度和模板等缓存的话，则将花费 3～4 倍的时间开销。因此，为了解决这个问题，许多机器都用硬件来实现清屏或清除缓存操作。

OpenGL 清除缓存操作过程是：先给出要写入每个缓存的清除值，然后用单个函数命令执行操作，传入所有要清除的缓存表，若硬件能同时清除，则这些清除操作可以同时进行；否则，各个操作依次进行。下面这些函数为每个缓存设置清除值：

```
void glClearColor(GLclampf red,GLclampf green,GLclampf blue,GLclampf alpha);
void glClearIndex(GLfloat index);
void glClearDepth(GLclampd depth);
void glClearStencil(GLint s);
void glClerAccum(GLfloat red,GLfloat green,GLfloat blue,GLfloat alpha);
```

以上函数分别为颜色缓存、深度缓存、模板缓存和累积缓存说明当前的清除值。选择了要清除的缓存及其清除值后，就可以调用 glClear()来完成清除的操作了。这个清除函数为：

```
void glClear(GLbitfield mask);
```

清除指定的缓存，mask 为表 5.3 中值的逻辑位或组合。

表 5.3 mask 的取值

缓冲区名称	mask 的取值	缓冲区名称	mask 的取值
颜色缓冲区	GL_COLOR_BUFFER_BIT	模板缓冲区	GL_STENCIL_BUFFER_BIT
深度缓冲区	GL_DEPTH_BUFFER_BIT	累积缓冲区	GL_ACCUM_BUFFER_BIT

4. 双缓存动画

OpenGL 提供了双缓存，可以用来制作动画。也就是说，在显示前台缓存内容中的一帧画面时，后台缓存正在绘制下一帧画面，当绘制完毕，则后台缓存内容便在屏幕上显示出来，而前台正好相反，又在绘制下一帧画面内容。这样循环反复，屏幕上显示的总是已经画好的图形，于是看起来所有的画面都是连续的。

可以把所有的变换工作看成后台缓存的计算，然后把所有结果复制到前台。因此，只需在绘制完毕(glFinish();语句后)后调用 SwapBuffers(wglGetCurrentDC())进行缓存复制便可实现动画。

5.2 程序功能描述

本实例是利用 OpenGL 开发的一个三维图形演示程序，主要功能是对球体加光照，绘制、旋转和缩放立方体等。程序中设置了两个光源，它们既可以单独开启也可以同时开启，光源的光照效果通过施加于球体进行演示。为简单起见，程序只实现了立方体及球体的绘制，三维图形的动画程序设计也只实现了立方体和球体的绕轴旋转及缩放。程序的运行效果如图 5.1 所示。

图 5.1 光照效果

5.3 程序的基本结构设计

OpenGL 程序的基本结构可分为如下 3 个部分：

(1) 初始化。主要是设置一些 OpenGL 的状态开关，如颜色模式(RGBA 或 Alpha)的选择，是否作光照处理(若有还需设置光源的特性)，深度检验和裁剪等。这些状态一般都用函数 glEnable(???)、glDisable(???) 来设置，??? 表示特定的状态。

(2) 设置观察坐标系下的取景模式和取景框位置及大小。主要利用以下 3 个函数：

```
void glViewport(left,top,right,bottom);
void glOrtho(left,right,bottom,top,near,far);
void gluPerspective(fovy,aspect,zNear,zFar);
```

- 函数 glViewport()：设置在屏幕上的窗口大小，4 个参数描述屏幕窗口 4 个角上的坐标(以像素表示)。
- 函数 glOrtho()：设置投影方式为正射投影(平行投影)，其取景体积是一个各面均为矩形的六面体。
- 函数 gluPerspective()：设置投影方式为透视投影，其取景体积是一个截头锥体，在这个体积内的物体投影到锥的顶点。

(3) OpenGL 的主体。使用 OpenGL 的库函数构造几何物体对象的数学描述，包括点线面的位置和拓扑关系、几何变换及光照处理等。

以上 3 个部分是 OpenGL 程序的基本框架，即使移植到使用 MFC 框架下的 Windows 程序中，其基本元素还是这 3 个，只是由于 Windows 自身有一套显示方式，需要进行一些必要的改动以协调这两种不同的显示方式。

5.4 程序详细设计

5.4.1 项目创建

根据程序功能，本实例使用 Visual C++6.0 创建一个基于单文档的 MFC AppWizard [exe]项目，项目名为 OpenGL。使用 AppWizard 配置得到的项目信息如图 5.2 所示。

图 5.2　OpenGL 项目信息

5.4.2 界面设计

1. 添加菜单项

选择项目工作区中的 ResourceView 资源视图，双击 IDR_MAINFRAME 菜单资源，打开菜单编辑器。添加图 5.3 所示的“演示”主菜单。

2. 修改工具栏

选择项目工作区中的 ResourceView 资源视图，双击 IDR_MAINFRAME 工具栏资源，打开工具栏编辑器。将默认的标准工具栏进行修改，如图 5.4 所示。图中从左至右的前 10 个按钮依次与图 5.3 中的“演示”主菜单各子菜单项相对应。

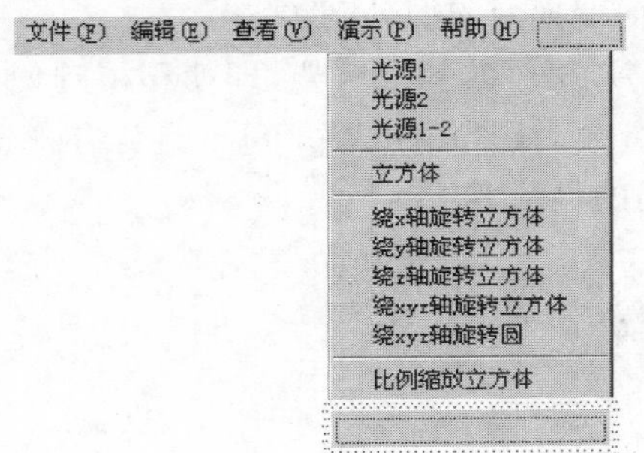

图 5.3　菜单资源

图 5.4　工具栏资源

5.4.3　代码实现

1. 添加 OpenGL 静态库

选择 Project | Setting 命令，打开 Project Settings 对话框。选择对话框右边的 Link 选项卡，在 Object/library modules 文本框中输入 opengl32. lib glu32. lib glaux. lib，中间用空格隔开，如图 5.5 所示，单击 OK 按钮完成设置。以上 3 个库文件是运行 OpenGL 程序经常用到的，在编写程序时最好把它们都包含进来，以免程序在链接时发生错误。

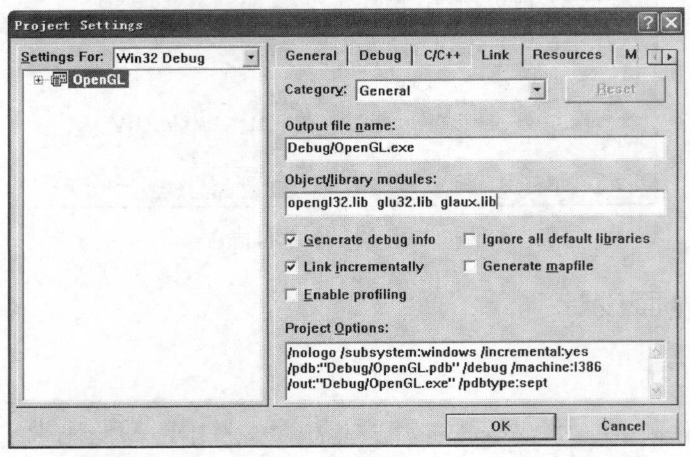

图 5.5　添加 OpenGL 静态库

2. 添加 OpenGL 头文件

选择项目工作区中的 FileView 文件视图，打开 Header Files 文件夹，双击 StdAfx. h 文件，在末尾添加 gl. h、glu. h、glaux. h 及 MFC 集合类头文件 afxtempl. h：

```
#include <gl/gl.h>
#include <gl/glu.h>
#include <gl/glaux.h>
#include <afxtempl.h>
```

3. 添加成员变量及成员函数

(1) 定义。选择项目工作区中的FileView文件视图，双击Header Files，打开OpenGLView.h头文件，添加成员变量和成员函数的声明。加入4个成员变量：DrawMode、m_play、m_bLight1和m_bLight2，类型分别为int、BOOL、BOOL和BOOL；5个void型成员函数：Init()、AddLight()、EyePointChange()、DrawCube()和DrawScene()，其中函数DrawScene()带有3个GLfloat型参数a、b、c。定义代码如下：

```
public:
    int DrawMode;
    BOOL m_play;
    BOOL m_bLight2;
    BOOL m_bLight1;
public:
    void Init();
    void AddLight();
    void EyePointChange();
    void DrawCube();
    void DrawScene(GLfloat a,GLfloat b,GLfloat c);
```

(2) 成员变量初始化。在类COpenGLView的构造函数中初始化成员变量：

```
COpenGLView::COpenGLView()
{
    // TODO: add construction code here
    DrawMode = 0;
    m_bLight1 = FALSE;
    m_bLight2 = FALSE;
    m_play = FALSE;
}
```

(3) 成员函数的实现。

① 在类COpenGLView的实现函数中添加记录立方体属性的全局数组：

```
//定义立方体顶点坐标值
static  GLfloat   p1[] = { 30, -30, -30},
                  p2[] = { 30, 30, -30},
                  p3[] = { 30, 30, 30},
                  p4[] = { 30, -30, 30},
                  p5[] = {-30, -30, 30},
                  p6[] = {-30, 30, 30},
                  p7[] = {-30, 30, -30},
                  p8[] = {-30, -30, -30};
//定义法矢量顶点方向值
static  GLfloat   m1[] = { 1.0, 0.0, 0.0},
```

```
                    m2[] = { - 1.0, 0.0, 0.0},
                    m3[] = { 0.0, 1.0, 0.0},
                    m4[] = { 0.0, - 1.0, 0.0},
                    m5[] = { 0.0, 0.0, 1.0},
                    m6[] = { 0.0, 0.0, - 1.0};
//定义立方体的颜色值
static GLfloat      c1[] = {0.0,0.0,0.0},  //黑色
                    c2[] = {0.0,0.0,1.0},  //蓝色
                    c3[] = {0.0,1.0,0.0},  //绿色
                    c4[] = {0.0,1.0,1.0},  //青色
                    c5[] = {1.0,0.0,0.0},  //红色
                    c6[] = {1.0,0.0,1.0},  //紫色
                    c7[] = {1.0,1.0,0.0},  //黄色
                    c8[] = {1.0,1.0,1.0};  //白色
```

② 添加函数实现代码：

```
//初始化 OpenGL 场景
void COpenGLView::Init()
{
  static PIXELFORMATDESCRIPTOR pfd =
  {
      sizeof(PIXELFORMATDESCRIPTOR),  // 结构体的长度
      1,                              // 结构体的版本号
      PFD_DRAW_TO_WINDOW |            // 把绘制结果输出到屏幕
      PFD_SUPPORT_OPENGL |            // 支持 OpenGL 函数
      PFD_DOUBLEBUFFER,               // 支持双缓存
      PFD_TYPE_RGBA,                  // OpenGL 采用 RGBA 模式
      24,                             // 24 位颜色
      0, 0, 0, 0, 0, 0,               // 一般不采用
      0,                              // RGBA 颜色缓存中 Alpha 的位数
      0,                              // 一般设置为 0
      0,                              // 累计缓存的位数
      0, 0, 0, 0,                     // 一般不采用
      32,                             // 32 位深度缓存
      0,                              // 模板缓存的位数
      0,                              // 辅助缓存的位数
      PFD_MAIN_PLANE,                 // 层面类型
      0,                              // 必须设置为 0
      0, 0, 0                         // 必须设置为 0
  };
  HGLRC m_hRC;
  CClientDC  clientDC(this);
  int piexlformat = ChoosePixelFormat(clientDC.m_hDC,&pfd);
  BOOL success = SetPixelFormat(clientDC.m_hDC,piexlformat,&pfd);
  m_hRC = wglCreateContext(clientDC.m_hDC);
  wglMakeCurrent(this - > GetDC() - > GetSafeHdc(),m_hRC);
  glClearDepth(1.0f);
  glEnable(GL_DEPTH_TEST);            //允许深度测试
  glMatrixMode(GL_PROJECTION);        //设置当前矩阵为取景变换矩阵
  glLoadIdentity();                   //设置取景变换
```

```
    glMatrixMode(GL_MODELVIEW);              //设置当前矩阵为投影变换矩阵
    glLoadIdentity();                        //设置投影变换
}
void COpenGLView::AddLight()
{
    //定义光源
    GLfloat mat_ambient[4] = {1.0,0.0,1.0,1.0};            //定义为紫色环境光
    GLfloat mat_diffuse1[4] = {1.0,0.5,0.5,1.0};           //定义为红色漫反射
    GLfloat mat_diffuse2[4] = {0.5,0.5,1.0,1.0};           //定义为蓝色漫反射
    GLfloat mat_specular[4] = {1.0,1.0,1.0,1.0};           //定义为白色镜面反射
    GLfloat mat_shininess1[1] = {100.0};                   //定义镜面反射的光亮度
    GLfloat mat_shininess2[1] = {50.0};                    //定义镜面反射的光亮度
    GLfloat light_position1[4] = {1000,-1000,1000,0};      //Light1 光源位置
    GLfloat light_position2[4] = {-500,500,500,0};         //Light2 光源位置
    //Light1
    if(m_bLight1 == TRUE)  {
        glLightfv(GL_LIGHT0,GL_DIFFUSE,mat_diffuse1);
        glLightfv(GL_LIGHT0,GL_SPECULAR,mat_specular);
        glLightfv(GL_LIGHT0,GL_SHININESS,mat_shininess1);
        glLightfv(GL_LIGHT0,GL_POSITION,light_position1);
        glMaterialfv(GL_FRONT_AND_BACK,GL_AMBIENT,mat_ambient);
        glMaterialfv(GL_FRONT_AND_BACK,GL_DIFFUSE,mat_diffuse1);
        glMaterialfv(GL_FRONT_AND_BACK,GL_SPECULAR,mat_specular);
        glMaterialfv(GL_FRONT_AND_BACK,GL_SHININESS,mat_shininess1);
        glEnable(GL_LIGHT0);                               //开启光源 0
        m_bLight1 = FALSE;
    }
    else  glDisable(GL_LIGHT0);                            //关闭光源 0
    //Light 2
    if(m_bLight2 == TRUE)  {
        glLightfv(GL_LIGHT1,GL_DIFFUSE,mat_diffuse2);
        glLightfv(GL_LIGHT1,GL_SPECULAR,mat_specular);
        glLightfv(GL_LIGHT1,GL_SHININESS,mat_shininess2);
        glLightfv(GL_LIGHT1,GL_POSITION,light_position2);
        glMaterialfv(GL_FRONT_AND_BACK,GL_AMBIENT,mat_ambient);
        glMaterialfv(GL_FRONT_AND_BACK,GL_DIFFUSE,mat_diffuse2);
        glMaterialfv(GL_FRONT_AND_BACK,GL_SPECULAR,mat_specular);
        glMaterialfv(GL_FRONT_AND_BACK,GL_SHININESS,mat_shininess2);
        glEnable(GL_LIGHT1);                               //开启光源 1
        m_bLight2 = FALSE;
    }
    else  glDisable(GL_LIGHT1);                            //关闭光源 1
    glEnable(GL_LIGHTING);                                 //开启光照功能
    glLightModeli(GL_LIGHT_MODEL_TWO_SIDE,GL_TRUE);        //设置双面都能接受光照
    glEnable(GL_DEPTH_TEST);                  //允许深度测试
    glDepthFunc(GL_LESS);                     //深度测试的类型
    glEnable(GL_AUTO_NORMAL);                 //自动生成法线矢量
    glEnable(GL_NORMALIZE);
}
void COpenGLView::EyePointChange()            //取景变换和投影变换
{
```

```
    glMatrixMode(GL_MODELVIEW);                //设置当前矩阵为取景变换矩阵
    glLoadIdentity();                          //设置取景变换
    gluLookAt(5,5,0,0,0,0,0,0,1);              //设置观察点为坐标(5,5,0),观察的中心点为坐标
                                               //原点(0,0,0),观察平面的向上方向为矢量(0,0,1)
    glMatrixMode(GL_PROJECTION);               //设置当前矩阵为投影变换矩阵
    glLoadIdentity();                          //设置投影变换
    /* 建立正射投影,参数为(GLdouble left,GLdouble right,GLdouble bottom,GLdouble top,
       GLdouble near,GLdouble far),近景第一个矩形左上角三维空间坐标为(left,bottom,-near),
       右下角为(right,top,-near),远景第二个矩形左上角三维空间坐标为(left,bottom,-far),
       右下角为(right,top,-far). */
    glOrtho(-200,200,-200,200,-200,200);
    glViewport(0,0,800,800);                   //设置视区变换
}
void COpenGLView::DrawCube()
{
    glBegin(GL_QUADS);                         //开始绘制立方体
        glColor3fv(c1);                        //顶点颜色
        glNormal3fv(m1);                       //法线矢量
        glVertex3fv(p1);                       //顶点坐标
        glColor3fv(c2);
        glVertex3fv(p2);
        glColor3fv(c3);
        glVertex3fv(p3);
        glColor3fv(c4);
        glVertex3fv(p4);
        glColor3fv(c5);
        glNormal3fv(m5);
        glVertex3fv(p5);
        glColor3fv(c6);
        glVertex3fv(p6);
        glColor3fv(c7);
        glVertex3fv(p7);
        glColor3fv(c8);
        glVertex3fv(p8);
        glColor3fv(c5);
        glNormal3fv(m3);
        glVertex3fv(p5);
        glColor3fv(c6);
        glVertex3fv(p6);
        glColor3fv(c3);
        glVertex3fv(p3);
        glColor3fv(c4);
        glVertex3fv(p4);
        glColor3fv(c1);
        glNormal3fv(m4);
        glVertex3fv(p1);
        glColor3fv(c2);
        glVertex3fv(p2);
        glColor3fv(c7);
        glVertex3fv(p7);
        glColor3fv(c8);
```

```
        glVertex3fv(p8);
        glColor3fv(c2);
        glNormal3fv(m5);
        glVertex3fv(p2);
        glColor3fv(c3);
        glVertex3fv(p3);
        glColor3fv(c6);
        glVertex3fv(p6);
        glColor3fv(c7);
        glVertex3fv(p7);
        glColor3fv(c1);
        glNormal3fv(m6);
        glVertex3fv(p1);
        glColor3fv(c4);
        glVertex3fv(p4);
        glColor3fv(c5);
        glVertex3fv(p5);
        glColor3fv(c8);
    glEnd();                                    //结束绘制
}

void COpenGLView::DrawScene(GLfloat a,GLfloat b,GLfloat c)
{
    static GLfloat  wAngleX =   4.0f;
    static GLfloat  wAngleY = 10.0f;
    static GLfloat  wAngleZ =   5.0f;
    glClearColor(0.0f, 0.0f, 0.0f, 1.0f);  //使用黑色清屏
    //清屏和清除深度缓冲区
    glClear(GL_COLOR_BUFFER_BIT | GL_DEPTH_BUFFER_BIT);
    glPushMatrix();                             //保存矩阵状态
    glRotatef(wAngleX, a, b, c);
    glRotatef(wAngleY, a, b, c);
    glRotatef(wAngleZ, a, b, c);
    wAngleX +=   4.0f;                          //x 轴方向每旋转一次角度增加 4°
    wAngleY += 10.0f;                           //y 轴方向每旋转一次角度增加 10°
    wAngleZ +=   5.0f;                          //z 轴方向每旋转一次角度增加 5°
    if(DrawMode!=9)   DrawCube();               //绘制立方体
    else
    {
        glColor3f(0.0,0.0,1.0);                 //设置绘图色为蓝色
        auxSolidSphere(50);                     //画一个半径为 50 的圆
    }
    glPopMatrix();                              //弹出当前矩阵
    glFinish();                                 //刷新显示
    SwapBuffers(wglGetCurrentDC());             //利用双缓存机制实现动画
}
```

成员函数 DrawScene()的作用是利用双缓存机制实现动画，主要是利用 glRotatef 函数，其参数 a、b、c 分别代表 x、y、z 轴，wAngleX、wAngleY 和 wAngleZ 代表旋转角度，如 glRotatef(45, 1.0, 0.0, 0.0)表示绕 x 轴旋转 45°，glRotatef(90, 0.0, 0.0, 1.0)表示绕 z

轴旋转 90°,glRotatef(60，0.0，1.0，1.0)表示同时绕 y 轴和 z 轴旋转 60°,依此类推。

4. 为 OnDraw 函数添加代码

```
void COpenGLView::OnDraw(CDC * pDC)
{
    COpenGLDoc * pDoc = GetDocument();
    ASSERT_VALID(pDoc);
    // TODO: add draw code for native data here
    glClearColor(0.0f, 0.0f, 0.0f, 1.0f);            //使用黑色清屏
glClear(GL_COLOR_BUFFER_BIT | GL_DEPTH_BUFFER_BIT); //清屏和清除深度缓冲区
    EyePointChange();                                 //取景变换和投影变换
    switch(DrawMode)
    {
        case 1:
        case 2:
        case 12:
            //向下平移 60 个单位,向屏幕外平移 10 个单位
            glTranslatef(0.0f, -60.0f, 10.0f);
            AddLight();                               //添加光源和材料属性
            auxSolidSphere(50);                       //画一个半径为 50 的圆
            glFinish();                               //刷新显示
            SwapBuffers(pDC->GetSafeHdc());           //交换缓冲区
            break;
        case 4:
            //向下平移 60 个单位,向屏幕里平移 20 个单位
            glTranslatef(0.0f, -60.0f, -20.0f);
            glRotatef(45.0, 0.0, 1.0, 0.0);           //绕 y 轴旋转 45°
            glRotatef(315.0, 0.0, 0.0, 1.0);          //绕 z 轴旋转 315°
            DrawCube();                               //绘制立方体
            glFinish();                               //刷新显示
            SwapBuffers(pDC->GetSafeHdc());           //交换缓冲区
            break;
        case 5:
        case 6:
        case 7:
        case 8:
        case 9:
        case 10:
            //向左平移 5 个单位,向下平移 60 个单位
            glTranslatef(-5.0f, -60.0f, 0.0f);
            break;
    }
}
```

5. 添加消息处理函数

(1) 重载视图类的 OnInitialUpdate 虚函数：

```
void COpenGLView::OnInitialUpdate()
```

```
{
    CView::OnInitialUpdate();
    // TODO: Add your specialized code here and/or call the base class
    Init();                                          //初始化 OpenGL 场景
}
```

（2）添加 WM_TIMER 消息处理函数：

```
void COpenGLView::OnTimer(UINT nIDEvent)
{
    // TODO: Add your message handler code here and/or call default
    //对时间的操作,实现动画的连续性
    if(DrawMode == 5)        DrawScene(1.0f,0.0f,0.0f);     //立方体绕 x 轴旋转
    else if(DrawMode == 6)   DrawScene(0.0f,1.0f,0.0f);     //立方体绕 y 轴旋转
    else if(DrawMode == 7)   DrawScene(0.0f,0.0f,1.0f);     //立方体绕 z 轴旋转
    else if(DrawMode == 8)   DrawScene(1.0f,1.0f,1.0f);     //立方体绕 x、y、z 轴旋转
    else if(DrawMode == 9)   DrawScene(1.0f,1.0f,1.0f);     //圆绕 x、y、z 轴旋转
    else if(DrawMode == 10)  DrawScene(0.0f,0.0f,0.0f);     //对立方体进行缩放
    CView::OnTimer(nIDEvent);
}
```

（3）为菜单项光源 1、光源 2、光源 1-2、立方体添加消息处理函数：

```
void COpenGLView::OnLight1()
{
    // TODO: Add your command handler code here
    DrawMode = 1;
    if(m_bLight1)   m_bLight1 = FALSE;
    else            m_bLight1 = TRUE;
    Invalidate();                          //调用 OnDraw 函数完成绘制
}
void COpenGLView::OnLight2()
{
    // TODO: Add your command handler code here
    DrawMode = 2;
    if(m_bLight2)   m_bLight2 = FALSE;
    else            m_bLight2 = TRUE;
    Invalidate();
}
void COpenGLView::OnLight12()
{
    // TODO: Add your command handler code here
    DrawMode = 12;
    m_bLight1 = m_bLight2 = TRUE;
    Invalidate();
}
void COpenGLView::OnDrawcube()
{
    // TODO: Add your command handler code here
    DrawMode = 4;
    Invalidate();
}
```

(4) 为实现立方体、圆绕轴旋转的菜单项添加消息处理函数：

```
void COpenGLView::OnDrawrotatex()
{
    // TODO: Add your command handler code here
    DrawMode = 5;
    m_play = m_play ? FALSE : TRUE;      //是否播放动画
    if (m_play)
        //设置动画的时间步长
        SetTimer(1, 15, NULL);          //设置动画的时间步长
    else
        KillTimer(1);
    Invalidate();                       //调用 OnDraw 函数完成绘制
}
void COpenGLView::OnDrawrotatey()
{
    // TODO: Add your command handler code here
    DrawMode = 6;
    m_play = m_play ? FALSE : TRUE;
    if (m_play)
        SetTimer(1, 15, NULL);
    else
        KillTimer(1);
    Invalidate();
}
void COpenGLView::OnDrawrotatez()
{
    // TODO: Add your command handler code here
    DrawMode = 7;
    m_play = m_play ? FALSE : TRUE;
    if (m_play)
        SetTimer(1, 15, NULL);
    else
        KillTimer(1);
    Invalidate();
}
void COpenGLView::OnDrawrotatexyz()
{
    // TODO: Add your command handler code here
    DrawMode = 8;
    m_play = m_play ? FALSE : TRUE;
    if (m_play)
        SetTimer(1, 15, NULL);
    else
        KillTimer(1);
    Invalidate();
}
void COpenGLView::OnDrawrotatecircle()
{
    // TODO: Add your command handler code here
    DrawMode = 9;
```

```
    m_play = m_play ? FALSE : TRUE;
    if (m_play)
        SetTimer(1, 15, NULL);
    else
        KillTimer(1);
    Invalidate();
}
```

(5) 为实现立方体缩放的菜单项添加消息处理函数：

```
void COpenGLView::OnDrawscale()
{
    // TODO: Add your command handler code here

    DrawMode = 10;
    m_play = m_play ? FALSE : TRUE;
    if (m_play)
        SetTimer(1, 15, NULL);
    else
        KillTimer(1);
    Invalidate();
}
```

5.5 小结

本程序是在 Visual C++6.0 环境下设计完成的一个 MFC 应用程序，能够实现绘制三维球体和三维立方体，对球体和立方体加光照，绕不同方向旋转球体和立方体以及对立方体进行缩放等功能。为了突出重点，且受篇幅的限制，程序功能还有待进一步完善，例如用户界面不够完善，未进行反走样处理（消除锯齿），光照一旦打开就很难关闭，即使关闭其他功能又无法实现等。

参考文献

[1] 马石安,魏文平. Visual C++程序设计与应用教程[M]. 北京：清华大学出版社,2007.

[2] 马石安,魏文平. 面向对象程序设计教程(C++语言描述)[M]. 北京：清华大学出版社,2007.

[3] 马石安,魏文平. 面向对象程序设计教程(C++语言描述)题解与课程设计指导[M]. 北京：清华大学出版社,2008.

[4] 黄国明. 用 Visual C++. NET 开发交互式 CAD 系统[M]. 北京：电子工业出版社,2003.

[5] 夏崇镨,任海军,余健. Visual C++课程设计案例精编[M]. 北京：清华大学出版社,2008.

[6] 尚游,陈岩涛. OpenGL 图形程序设计指南[M]. 北京：中国水利水电出版社,2001.

[7] 姚领田. 精通 MFC 程序设计[M]. 北京：人民邮电出版社,2006.

[8] 普悠玛数位科技. Visual C++动感设计[M]. 北京：电子工业出版社,2002.

[9] 齐舒创作室. Visual C++6.0 用户界面制作技术与应用实例[M]. 北京：中国水利水电出版社,1999.

[10] 网冠科技. Visual C++. NET 小游戏开发时尚编程百例[M]. 北京：机械工业出版社,2004.

质检5